本书为天津社会科学院 2018 年度院重点课题项目(18YZD － 08)研究成果

并由天津社会科学院 2020 年度出版基金资助项目资助出版

多元化环境治理体系

理论框架与实现机制

张新宇　主编
牛桂敏　顾问

天津社会科学院出版社

图书在版编目（CIP）数据

多元化环境治理体系：理论框架与实现机制 / 张新
宇主编. -- 天津：天津社会科学院出版社，2021.9
　　ISBN 978-7-5563-0749-4

　　Ⅰ. ①多… Ⅱ. ①张… Ⅲ. ①环境综合整治－研究－
中国 Ⅳ. ①X322

中国版本图书馆 CIP 数据核字 (2021) 第 171435 号

多元化环境治理体系：理论框架与实现机制
DUOYUANHUA HUANJING ZHILI TIXI：LILUN KUANGJIA YU SHIXIAN JIZHI

———————————————————————————————————

出版发行：天津社会科学院出版社
地　　址：天津市南开区迎水道 7 号
邮　　编：300191
电话/传真：（022）23360165（总编室）
　　　　　　（022）23075303（发行科）
网　　址：www.tass-tj.org.cn
印　　刷：高教社（天津）印务有限公司

———————————————————————————————————

开　　本：787×1092 毫米　　　1/16
印　　张：19 印张
字　　数：288 千字
版　　次：2021 年 9 月第 1 版　　2021 年 9 月第 1 次印刷
定　　价：68.00 元

———————————————————————————————————

目　　录

第一章　多元化环境治理体系的
主体架构与治理逻辑

环境治理体系是国家治理体系的重要组成部分,包含环境治理的领导责任体系、企业责任体系、全民行动体系、监管体系、市场体系、信用体系、法律法规政策体系等。① 我国正处在转型期,资源环境生态约束日益加剧,复合型环境问题治理更加艰巨复杂,对构建科学高效的环境治理体系、提升环境治理能力的需求也日趋急迫。环境治理需兼顾政府、市场和社会三个方面的多元利益需求,任何一方面主体的缺位都会导致治理失衡,造成"政府失灵""市场失效""社会失控"。因此,构建多元化体系是开展环境治理工作、保障环境治理效果、持续发挥环境治理作用的必然之路。对此,党和国家高度重视,并对环境治理体系给予了专门关注。"十三五"规划纲要提出:要"形成政府、企业、公众共治的环境治理体系"。党的十九大报告也提出:"构建政府为主导、企业为主体、社会组织和公众共同参与的环境治理体系。"《关于构建现代环境治理体系的指导意见》提出构建党委领导、政府主导、企业主体、社会组织和公众共同参与的现代环境治理体系。多元化环境治理体系强调政府、企业和社会其他主体充分发挥各自的优势,共同参与解决生态环境问题,是国家在环境治理领

①　中共中央办公厅、国务院办公厅印发《关于构建现代环境治理体系的指导意见》,新华网,引用日期:2020 年 3 月 3 日。

域治理能力现代化的重要表现。顺应国家治理现代化要求,从完善环境治理顶层制度设计出发,创新环境治理理念和方式,构建政府、企业、公众和社会组织等共同参与的多元化环境治理体系,成为从国家领导层到学术界的普遍理念共识,也成为当前推进生态文明领域国家治理能力现代化建设亟待解决的重大实践问题。然而,多元化环境治理体系在建构过程中存在诸多理论和现实问题,如多元化环境治理体系的治理逻辑尚不明晰,制度短板和弊端有待改进,政策效果的科学评估存在疑难,政策工具组合的完善和创新面临考验等。因此,开展多元化环境治理体系的理论框架与实现机制研究具有重要的理论价值和实践意义。

本章旨在对多元化环境治理体系的理论基础进行梳理,厘清多元主体的架构与职能,探索多元主体的动力机制和互动机制,并试图建立多元化环境治理体系的概念模型,为后续系统、深入地研究多元化环境治理体系的实现机制奠定基础。

第一节　多元化环境治理体系的
理论基础与研究综述

一、多元化环境治理体系的必要性

"治理"是一个内涵庞杂的概念。全球治理委员会于 1995 年将"治理"界定为或公或私的个人和机构经营管理相同事务的诸多方式的总和。① 美国学者罗西瑙将"治理"论述为通行于规制空隙之间的那些制度安排,特别是当两个或更多规制出现重叠、冲突时,在相互竞争的利益之间发挥调节作用的原则、规范、规

---

① 俞可平主编:《治理与善治》,社会科学文献出版社 2000 年版,第 270—271 页。

则和决策程序。① 法国学者戈丹认为"治理"是一种集体产物，或多或少带有协商和混杂的特征。② 英国学者斯托克认为"治理"所偏重的统治机制并不依靠政府的权威和制裁，所创造的结构和秩序不能从外部强加，需要依靠多种行为者的互动发挥其作用。③ 实践中，治理体系是描述和界定治理实践的重要表征。治理所指向的主体结构、制度体系、方法体系、运行体系等的集合就构成治理的基本体系。治理的复杂性在很大程度上源于治理所指向的主体结构是多元化的，并由此表现出调控干预手段的灵活性、多样性以及调控干预过程的互动性。因此，治理体系在很大程度能够表征并决定着治理的现实运行特性。

环境治理以及环境治理体系的优化问题在 20 世纪后期逐步进入人们的视野。1972 年联合国通过的《联合国人类环境会议宣言》，要求各国政府、企业、公民和社会团体共同承担保护和改善人类环境的责任，一起努力应对生态环境问题。自此，生态环境保护和治理问题引起广泛关注。目前学界普遍认为环境治理包括如何进行生态环境决策以及由谁来决策的全过程④，其在空间上具有全局性和跨域性的特征，在时间上具有动态性和长期性的特征，在治理上具有整体性、公共性、无边界性和外溢性，且跨经济、生态和社会三大领域，需要依靠行政、法律、民规等复合性治理手段，涉及政府、市场、社会等多元利益主体，是一项综合性、复杂性和系统性极强的艰巨工程。伴随着环境治理实践的深化，环境治理体系优化问题成为各界关注的焦点。在全球范围，环境治理模式不断发展演进，一个总体趋势就是从单向控制模式向多元化环境治理模式转型。这一趋势的出现，是由生态环境资源的独特属性以及生态环境治理实践中面临的社会性矛盾问题所决定的。

---

① ［美］詹姆斯·N.罗西瑙主编：《没有政府的治理》，张胜军、刘小林等译，江西人民出版社 2001 年版，第 9 页。

② ［法］让－皮埃尔·戈丹：《何谓治理》，钟震宇译，社会科学文献出版社 2010 年版，第 19 页。

③ ［英］格里·斯托克：《作为理论的治理：五个论点》，华夏风译，《国际社会科学》（中文版）1999 年第 1 期。

④ United Nations Development Programme etal, *World Resources* 2002—2004: *Decisions for the Earth*: *Balance*, *Voice*, *and Power*, World Resources Institute, 2003.

1. 生态环境资源的"外部性"属性

外部性概念最早源于英国经济学家马歇尔对"外部经济"的讨论。庇古在《福利经济学》中基于马歇尔的"外部经济"提出了"外部不经济"的概念，外部性实际上就是边际私人成本与边际社会成本、边际私人收益与边际社会收益的不一致。

萨缪尔森将庇古的外部性理论从私人物品拓展到公共物品，发展出了"消费外部性"（consumption externality）的概念。萨缪尔森在1954年发表的《公共支出的纯理论》一文中将"公共物品"（public goods）界定为：每一个人对这种产品的消费并不会导致其他人对这种产品消费的减少，例如国防、路灯、环境保护、新鲜空气等。环境作为一种公共物品，具有非竞争性和非排他性的特点，因此环境治理具有强外部性。

2. 环境治理面临一系列社会性问题

在全球范围，环境治理实践日益表明，环境治理不仅仅是科学技术问题。围绕环境治理实践，各国都曾出现过一系列社会矛盾冲突或社会困境现象，如公地悲剧现象、吉登斯悖论现象、邻避效应现象等。通过优化环境治理体系破解这些社会性问题成为各国推进环境治理的必然选择。

（1）囚徒困境

1950年美国兰德公司的梅里尔·弗勒德（Merrill Flood）和梅尔文·德雷希尔（Melvin Dresher）拟定出相关困境的理论，后来这一理论由顾问艾伯特·塔克（Albert Tucker）以囚徒方式阐述，并被命名为"囚徒困境"。囚徒困境是指共谋罪犯出于对彼此的不信任和自身损失最小化，会选择互相揭发。环境治理也存在囚徒困境现象。实践中为防止利益相关方搭"环境治理成效"的便车，当局人往往倾向于选择不合作或者不治理模型。例如在区域环境治理层面，生态环境产权的模糊性和生态环境的公共性，模糊了相关地方政府间在生态环境保护与修复中的权责划分，从而导致各相关地方政府在区域生态环境保护与修复决策时陷入"囚徒困境"，即都不愿开展环境治理。

（2）搭便车

搭便车现象和理论最早是由经济学家曼柯·奥尔逊提出的。他在1965年出版了《集体行动的逻辑：公共利益和团体理论》(*The Logic of Collective Action Public Goods and the Theory of Groups*)一书,首次提出并阐释了该理论,搭便车的基本含义,即不付成本而坐享他人之利。该理论反驳了之前的集团理论,揭示出即使人们有对环境治理的共同需求,但也不一定会为了促进共同利益而产生集体合作。

（3）公地悲剧

1968 年英国哈丁教授在《公地的悲剧》(*The tragedy of the commons*)一文中首先提出了公地悲剧理论。该理论提出,作为理性人,每个牧羊者都希望自己的收益最大化。在公共草地上,每增加一只羊会有两种结果：一是获得增加一只羊的收入；二是加重草地的负担,并有可能使草地过度放牧。经过思考,牧羊者决定不顾草地的承受能力而增加羊群数量。于是他便会因羊的增加而收益增多。看到有利可图,许多牧羊者也纷纷加入这一行列。由于羊群的进入不受限制,所以牧场被过度使用,草地状况迅速恶化,悲剧就这样发生了。它意味着多个主体共同使用一种稀缺的公共环境资源时,必然导致过度使用和环境退化。

（4）增长极限与可持续发展的矛盾

增长极限理论是由学者德内拉·梅多斯、乔根·兰德斯、丹尼斯·梅多斯等人于 1972 年提出的。该理论认为如果人口以及工业化按照现有的增长趋势继续下去,会在未来某个时点达到极限,导致资源枯竭、生态恶化,因此必须"限制增长"。1987 年,以布伦特兰为主席的联合国世界与环境发展委员会发表了一份报告《我们共同的未来》,正式提出可持续发展概念。该报告提出将环境保护和经济发展协调起来,认为发展经济不应该以破坏人类赖以生存的环境为代价,"世界必须尽快拟定战略,使各国从目前的经常是破坏性的增长和发展过程,转而走向持续发展的道路"。

（5）吉登斯悖论

2009 年安东尼·吉登斯在《气候变化的政治》一书中提出以自己名字命名的概念,即吉登斯悖论,指"既然全球变暖带来的危害在人们的日常生活中不是具体的、直接的和可见的,那么不管它实际上多么可怕,大部分人就依然是袖手旁观,不做任何具体的事情。但是,一旦等情况变得具体和真实,并且迫使他们采取实质性行动的时候,那一切又为时太晚"。虽然吉登斯悖论的提出主要针对的是全球气候问题,但是它所揭示的这种环境治理负面效应具有普遍性,适用于现代环境治理的各个领域。吉登斯悖论的本质在于社会主体对环境问题具有强烈的利益短视性,并由此生成了行动惰性。

(6)邻避效应

邻避效应(Not in my back yard)是指居民或在地单位因担心建设项目对身体健康、环境质量和资产价值等带来不利后果,而采取强烈和坚决的、有时高度情绪化的集体反对甚至抗争行为。在环境问题上,对于建设项目潜在环境风险的关心和规避本身符合人的理性追求,但是这种规避心理在更多时候是被夸大和误导的,在邻避效应中普遍存在盲目的不信任心理和对抗心理,同时充斥着对个体利益的过度维护和对集体、他人利益的明显漠视。邻避效应的典型心理特征表现为"只要不在我家后院就行",这种心理特征明显具有社会非理性倾向,与社会整体利益相悖。现实生活中,邻避效应最典型的负面现象之一,就是公众一方面极力要求政府增加环保设施,如垃圾处理场,但另一方面又极力反对在自家附近建设相关设施项目。邻避效应的存在给环境治理带来很大的社会困难。特别是随着社会民主法制的逐步发展,对私权的保护在相当长时期内会超越对社会集体利益的关照,这给现代社会环境治理带来了极大挑战。能否有效协调不同群体、个体和社会整体环境利益之间的关系,是对一个国家或地区环境治理者治理能力、治理智慧的重要考验,更是对该国家或地区包括政策制定和政策执行机制在内的整体环境治理体系是否科学有效的重要考验。

上述理论揭示了现实中环境治理面临的社会性矛盾现象和困境。但是上述理论或多或少地忽略了政府、市场和社会层面的主体合作与发展的可能性。例如,因徒困境、集体行动和公地悲剧理论论证了个体的理性选择可能会导致集体的非理性,这在一定程度上给当前生态环境的恶化提供了理论解释。但"因徒困境"忽视了公共资源博弈中的合作—博弈结构,"集体行动的逻辑"则忽视了影响集体行动的制度是宪法层次、集体选择层次和操作层次共同作用的结果,"公地悲剧"放弃了人们在公共事务上会采取合作以达到互惠目的的假设。"增长极限理论"在资源"用之不觉"中提出其"失之难存"。"吉登斯悖论"和"邻避效应"则从积极中的消极和消极中的积极两个方面提出生态环境问题的发展假设,揭示了社会公众参与生态环境治理的非理性表现。因此,在上述理论和现象的基础上进一步探讨多元共治、构建多元化环境治理体系成为环境治理的必要进路。

二、多元化环境治理体系的理论基础

环境治理从单向控制向多元化机制的演进过程中,生成了一系列理论成果,有效地指导实践并被不断修正。相关主流理论按演化阶段划分,大体可以分为单主体、双主体、多主体三个阶段。其中,无论是庇古的政府主导还是科斯的市场交易,都没有跳出政府与市场非此即彼的思维定式,本质上都是一种单主体的治理思路。环境治理的跨界性和动态性模糊了政府间的权责边界,区际利益博弈中不可避免地出现"政府失灵"。社会力量的介入一定程度上可以弥补市场机制与政府治理中的不足,但不具备替代能力。① 可见,单一主体均无法承担并完成生态环境治理的全部责任,其治理的形势仍然很严峻。② 双主体治理分政府—社会和政府—市场两类,协同理论和新公共管理理论将政府主体和社会主体相结合,前者提出统筹公共利益和私人利益,后者强调政府与公民社会的协商与合作;生态现代化理论和波特假说通过发挥政府主体和市场主体的生态转型作用,实现经济发展和环境保护的双赢。奥斯特罗姆的自主治理理论和多中心治理理论探索多主体的共同利益,认为一群相互依赖的个体"有可能将自己组织起来,进行自主治理,从而能在所有人都面对搭便车、规避责任或其他机会主义行为诱惑的情况下,取得持续的共同收益"。③ 21 世纪以来,随着多元化主体社会的发展,企业、居民、社会组织等各种社会力量也要求参与到生态治理中去,形成多元

---

① 董珍:《生态治理中的多元协同:湖北省长江流域治理个案》,《湖北社会科学》2018 年第 3 期。

② Crona,Beatrice I,Parker,John N,"Learning in Support of Governance:Theories,Methods,and a Framework to Assess How Bridging Organizations Contribute to Adaptive Resource Governance",*Ecology And Society*,2012,17(1):32.

③ 刘峰、孔新峰:《多中心治理理论的启迪与警示——埃莉诺·奥斯特罗姆获诺贝尔经济学奖的政治学思考》,《行政管理改革》2010 年第 1 期。

主体共同参与生态治理的新格局。① 国内学者围绕着生态治理理论、治理能力及其治理体系、治理主体、治理绩效及国外治理经验等展开研究,如合作治理发现了公私主体的生态互赖性和根本上的利益一致性,提出环境治理需要多方非线性的合作。

1. 治理理论

全球治理委员会将治理界定为"各种公共的或私人的个人和机构管理其共同事务的诸多方式的总和,是使相互冲突的或不同的利益得以调和并且采取联合行动的持续的过程"②。从这一定义可以看出治理主体是多元的,治理过程的基础不是控制,而是协调、互动与合作。

英国学者斯托克曾对"治理"做了五个论述,认为治理出自政府又不限于政府、治理明确了解答社会经济过程中的模糊之处、肯定涉及方之间的权利依赖、治理是行为者网络的自主自治以及治理的能力不在于政府的命令。"治理"暗含着自上而下的管理向社会控制的转变,而"环境治理"可以定义为政府机构、公民社会和跨国机构通过正式或非正式机制管理和保护环境自然资源、控制污染及解决环境纠纷。

2. 庇古税理论

由英国经济学家庇古(Pigou, Arthur Cecil, 1877—1959)在《福利经济学》(1920 年)中最先提出,这种税被称为"庇古税"。无论是外部性,还是公共物品,抑或公地悲剧,都会导致市场失灵,从而难以实现全体社会成员利益最大化的帕累托最优。为了实现帕累托最优,国家必须越出传统上规定的边界,利用国家拥有的征税权力,对那些制造外部影响的企业和个人征收一个相当于私人与社会边际成本差额的税收或者给予同等数量的补贴,使企业和个人自动按照效率标准提供最优产量。庇古认为,通过政府的征税和补贴,就可以将外部性内部化。

---

① 汪泽波、陆军、王鸿雁:《如何实现绿色城镇化发展?——基于内生经济增长理论分析》,《北京理工大学学报》(社会科学版)2017 年第 3 期;郑建明、刘天佐:《多中心理论视域下渤海海洋环境污染治理模式研究》,《中国海洋大学学报》(社会科学版)2019 年第 1 期。

② 俞可平:《治理和善治引论》,《马克思主义与现实》1999 年第 5 期。

这种政策思路被称为"庇古税"。环境税的原理就是把治理环境的社会成本内化为污染者的私人成本,从而消除环境污染行为的外部性。环境税成为发达国家最为重要的政府主导的环境保护手段。1979 年以来,我国对废气、污水、固废、噪声四种污染源征收排污费,建立了一套比较完善的征管体系。2016 年 12 月 25 日通过的《中华人民共和国环境保护税法》,于 2018 年 1 月 1 日起施行。

3. 科斯定理

科斯定理的基本含义是由罗纳德·哈里·科斯(Ronald H. Coase)在 1960 年《社会成本问题》一文中表达的。新制度经济学奠基人科斯认为,外部性的根源来自交易费用,交易中出现了未能定价的外部性主要是因为测度和监督费用太高,使得外部性内部化的激励不足。科斯的产权理论认为:假定产权界定明确,市场交易费用为零,导致外部性的企业或个人与受其影响的企业或个人之间完全可以通过交换导致外部性的权利而使双方的处境变好;产权的重新分配仅影响当事人之间的收入分配,对自愿配置的效率不产生影响。这就是说,可以用市场交易形式替代庇古税手段解决外部性问题,可以用明晰产权的方法来解决环境污染问题和公地悲剧。

4. 协同理论

哈肯在 1971 年提出协同的概念,1976 年系统地论述了协同理论,即人为千差万别的系统,尽管其属性不同,但在整个环境中,各个系统间存在着相互影响而又相互合作的关系。对千差万别的自然系统或社会系统而言,均存在着协同作用。协同作用是系统有序结构形成的内驱力。任何复杂系统,在外来能量的作用下或物质的聚集态达到某种临界值时,子系统之间就会产生协同作用。(子系统)协同主要研究一个远离平衡的开放系统,在外界环境的变化达到一定阈值,自身状态由无序到有序,由有序到更有序的途径问题。协同的动因是个体无法通过自身拥有的资源完成目标。协同行动是指各个主体为了共同的目标,虽然各自行动的内容不同,但在关节的作用下通过有机结合可以实现整体结构的跃迁。协同治理提出统筹公共利益和私人利益,改变以往政策制定和政策实施中的敌对模式。

5. 新公共管理理论

新公共管理理论的兴起是由于20世纪80年代,西方国家开始了一场政治改革运动,试图解决传统科层体制与现代社会不相适应的问题,力图化解政府管理出现的危机,新型的"新公共管理模式"孕育而生并发展起来。新公共管理模式强调政府与公民社会的协商与合作,强调政府运作的低成本化、组织结构的"解科层化"等。

6. 生态现代化理论

生态现代化理论是于20世纪80年代初由德国学者马丁·耶内克(Martin Jũanicke)和约瑟夫·胡伯(Joseph Huber)提出,理论核心是以发挥生态优势推进现代化进程,即通过以市场为基础的环境政策推动市场机制和技术创新,促进工业生产率的提高和经济结构的升级,实现经济发展和环境保护的双赢,四个核心性要素分别是技术革新、市场机制、环境政策和预防性理念。生态现代化理论尝试将环境与经济发展的关系重新定义,历经依靠科学技术创新解决工业国家环境问题、平衡政府和市场在生态转型中各个方面的作用、多领域扩大范围的应用三个发展阶段,该理论作为一种政策方法迄今为止是卓有成效的,但如果没有一个明确的结构性解决方案,可持续发展不可能取得真正成功。

7. 波特假说理论

波特假说理论由美国迈克尔·波特(Michael E. Porter)于1991年提出。基于新古典经济学的理论,环境规制就是纠正负的外部性问题,通过将外部成本内部化来解决环境污染问题。因此,保护环境所产生的社会效益必然会增加企业的私人成本,降低其竞争力。波特并不赞同传统的环境保护与经济发展的"零和观点"。他认为,发展经济与保护环境不应该被简单地二元孤立,而应从一个整体来分析,严格且设计恰当的环境规制能够激励创新并能部分或全部抵消环境规制遵循成本,提高企业竞争力,同时创造环境红利和经济红利,从而实现环境与经济的双赢。此即著名的"波特假说"。"波特假说"认为环境规制会引致企业创新,带来创新经济绩效的同时也会促进环境效益的提升。"波特假说"指出,严格而恰当的环保政策能够刺激企业进行技术创新,其创新效益可部分甚至全部抵消环保成本,从而提高企业的竞争力。"波特假说"提出后,引发了广泛的争议,并且随着学者们研究环境规制对产业绩效影响的视角更加多元化、系统化和全面化,贾菲(Jaffe, A. B.)和帕尔默(Palmer, K.)进一步将"波特假说"区分为弱与强两种情形。弱"波特假说"是指严格的环境规制可以刺激企业通过创新提高环境绩效,但并不能提高企业的竞争力;强"波特假说"则指在严格的环境规制下,企业的创新既能提高环境绩效又能提高企业的竞争力。

8. 自主治理理论

埃莉诺·奥斯特罗姆在著作《公共事物的治理之道》中阐述了自主治理理论,从影响理性个人策略选择的四个内部变量(预期收益、预期成本、内在规范和贴现率),制度供给、可信承诺和相互监督,自主治理的具体原则三个方面阐述了自主治理理论的核心内容。自主治理理论主张实施者采用自我组织、自我管理模式,为解决公共资源治理问题提供了新的思路。自主治理原则为生态环境治理中的企业角色定位提供了宝贵思路,从而在企业理论和国家理论的基础上进一步发展了集体行动的理论。

9. 多中心治理理论

多中心治理理论是以迈克尔·博兰尼提出的"多中心"为基础,经奥斯特罗姆夫妇在对发展中国家农村社区公共池塘资源进行实证研究的基础上于1990年形成的。多中心治理强调在一个决策系统中可能存在多个互相独立的决策中心,没有任何个人或群体作为最终的或全能的权威凌驾于法律之上,从而打破单中心制度中只有一个最高权威的权力格局,通过多部门、多层次和多类型的互动决策形成由多个权力中心组成的治理网络。多中心的核心在于政府、市场和社区间的协调与合作。理论意义在构建由多中心秩序构成公共服务的体制。多中心治理理论打破了单中心体制下权力高度集中的格局,构建起政府、市场和社会三维框架下的多中心供给模式,形成多个权力中心来承担公共产品供给职能,并且相互展开有效竞争,通过交替管辖和权威分散弥补了单中心体制的不足,实现资源问题的内部化和社会化。然而,这里各主体的利益仍然被看作是矛盾的,他们只是在面对共同的环境问题时有合作—竞争—合作的做法。

10.合作治理理论

《合作治理》是敬乂嘉于 2009 年发表的。它打破了公共政策政治目标的单一性,使政策走出单纯对政治机构负责的单线的线性关系形态。合作治理发现了公私主体的生态互赖性和根本上的利益一致性。敌对与管理的模式难以有效保护生态系统,环境治理需要多方非线性的合作。

第二节　多元化环境治理体系的主体架构与职能定位

完善的环境治理体系是国家治理能力现代化的基础。[①]党的十九大报告指出,着力解决突出环境问题,构建政府为主导、企业为主体、社会组织和公众共同参与的环境治理体系。[②]其中,政府方面的主体包括中央和地方两个层面,前者涉及中央政府、国家生态环境部、自然资源部、发改、工信、财政、交通、住建、水利、农业、林业、海洋、矿产等相关部门,后者涉及各级地方人民政府及其下属的生态环境主管部门和其他相关部门。政府为主导,意味着政府是生态环境治理的引导者、规制者、协调者、监管者和服务者。市场方面的主体主要包括一般型、污染型和治理型的企事业单位和其他生产经营者。市场层面中企业为主体,意味着企业是生态环境治理中的主要守法者、参与者、创新者和协助者。社会方面主体主要包括社会公众、非政府组织、媒体、科研机构、律师和中介组织等。社会层面各类主体应共同积极参与生态环境治理,是惠益者、推动者和观察者,肩负监督、宣教、策议、公益等方面的职能。

----

① 张文明:《"多元共治"环境治理体系内涵与路径探析》,《行政管理改革》2017 年第 2 期;田章琪、杨斌、椋埏渝:《论生态环境治理体系与治理能力现代化之建构》,《环境保护》2018 年第 12 期。

② 习近平:《决胜全面建成小康社会　夺取新时代中国特色社会主义伟大胜利——在中国共产党第十九次全国代表大会上的报告》(2017 年 10 月 18 日),人民出版社 2017 年版,第 51 页。

一、政府方面

1. 主体架构

政府的概念一般有广义和狭义之分,广义的政府是指行使国家权力的所有机关,包括立法、行政和司法机关;狭义的政府是指国家权力的执行机关,即国家行政机关。全面依法治国是治国安邦的基本方略,我国实行人民代表大会制度,全国人民代表大会及其常务委员会依法行使立法权。司法机关包括人民法院、人民检察院两大类,执法机关包括司法执法机关和行政执法机关两大类。保护环境是国家的基本国策,国务院和地方人民政府及其有关功能部门依法行政,组织和管理环境保护工作。本节主要探讨狭义上的政府,即国家行政机关在环境治理中的主体架构与职能定位。

(1)中央层面

中央层面建立、健全一系列环境监测、目标考核、生态保护、重点修复、风险评估、污染控制制度,环境承载力和污染预警、重点区域和流域联合防治协调机制,财政、税收、价格、政府采购等方面的政策和措施,鼓励和支持环境保护产业的发展。同时,通过考核、监督、报告和被监督,保障上述职能的有效性。国务院生态环境主管部门对全国环境保护工作实施统一监督管理。通过输出系列规划、规范、标准、机制、措施和信息,行使生态环境保护、环境监测、污染控制和信息公开等职能。国务院有关部门依照有关法律的规定对资源保护和污染防治等环境保护工作实施监督管理,参与编制环境保护规划和环境监测管理,并依法公开相关信息。

(2)地方层面

地方各级人民政府对本行政区域的生态环境质量负责。地方各级人民政府制定地方环境质量和污染物排放标准,建立环境承载力和污染监测预警机制,具体落实环境保护任务,开展污染减排、废物处理、突发环境事件处置、跨域生态补偿、农业环境保护、农村环境整治、海洋环境保护,以及环境保护工作的推广、宣传和奖励等各项工作。同时,通过考核、监督、报告和被监督,保障上述职能的有效性。地方环境保护主管部门对其行政区域环境保护工作实施统一监督管理,同时行使环评审批、污染控制和信息公开等职能。地方环境保护有关部门依照有关法律的规定对资源保护和污染防治等环境保护工作实施监督管理,具有监测预警、推广宣传、环保指导和信息公开等职能。

2. 职能定位

政府在生态环境治理中的职能主要有五个方面:引导、规制、协调、监管、服务。各项职能从中央到地方,逐级具有传递性。

第一,引导职能。国家为生态环境治理把方向、定基调,确定阶段性任务与目标,提出先进的思想和理念,鼓励、支持和推进生态环境保护工作。地方各级人民政府逐级传达、分解并落实环境保护任务,并承担着宣传、鼓励和引导下级人民政府、企事业单位和社会公众共同参与生态环境治理的职能。

第二,规制职能。广义的政府层面是作为法规政策的输出者与执行者,保障环境治理的合理性和稳定性。其规制主要体现为"控制型"和"激励型"。命令控制型环境政策是指具有强制约束力的环境政策,它注重使用行政管制手段和措施,具有工具理性认知下的"抑负"色彩。经济激励型环境政策是指国家利用修正的市场机制,改善环境品质,彰显价值理性认知下的增益作用。贷款、拨款、税收优惠等激励机制和奖励措施,作为发挥引导职能的有效手段,主要由地方各级人民政府落实。同时,各级政府通过考核、监督、报告和被监督等机制进行自我规制。

第三,协调职能。各职能部门之间、同级政府之间和多元主体之间的合作,有赖于政府的协调职能。中央作为生态环境治理的积极引导者和严守底线的规制者,在底线以上,各级地方政府具有差异性;对于区域大气污染治理和流域水污染治理等工作,跨界地方政府间存在外部性;政府各职能部门之间同样存在权责重叠与冲突,诸如此类限制了治理效率,甚至造成负面影响,这就需要政府强化协调职能。一是横向协调。我国环境管理职能被分割为三大块:污染防治职能分散在生态环境、工业与信息化、住房和城乡建设、交通、农业、水务、林业、海洋、港务监督、渔政、公安、交通等部门;资源保护职能分散在自然资源、矿产、林业、工信、农业、水利等部门;综合调控管理职能分散在生态环境、发改委、财政、工信、国土等部门。生态环境保护和资源开发利用的价值维度不同,由生态环境部和其他部委分别行使环境保护事权和资源开发利用事权,有利于管理工作的有效开展,各级政府需协调各职能部门的管理工作。二是纵向协调。各级政府及其职能部门对下级政府及其职能部门的环保工作进行指导、监督与评估,协调解决重点流域和区域的府际合作困境。三是主体协调。促进企业信息公开和顺畅公众参与渠道,搭建多元主体的合作平台,建立政府、企业、社会组织和公众等多元主体间的合作机制,主要有赖于政府的协调能力。

第四,监管职能。一是对政府的环境行政工作进行约束。国务院生态环境主管部门对全国环境保护工作实施统一监督管理,地方生态环境主管部门对其行政区域环境保护工作实施统一监督管理。各级政府和生态环境主管部门负有对下级生态环境保护工作的考核和监督职能,同时向同级人大和常委报告,接受监督。二是对企业的环境损害行为实施监管。通过制定地方标准、统一监测管理和促进信息公开,完善监督机制。

第五,服务职能。政府运用行政、法律、经济、财政等多种手段实现环境保护效益最大化,其最终目的是服务市场和社会。政府作为公共服务的供给者,一是对既有环境问题展开治理,并对各种潜在的环境风险,提供生态环境治理基础设施和公共产品服务,履行依法行政和依法监管等职能,提升市场的经济调节能力和绿色发展空间。二是保障生态环境治理的基础要素投入,通过财政资金调动人力、物力、技术等要素资源,提供高质量的环境服务,特别是核与辐射及危险废物等专项业务的基础设施和应急能力建设。三是推进信息透明①,改变社会组织和公众对企业环境行为信息不对称的格局,建立常态化的监督渠道,完善环境污染举报制度,严格保护举报人的人身权利,充分保障公众对政府与企业的监督权,协调社会效益在环境效益和经济效益间的平衡。四是促进多元治理,增强环境非政府组织的合法性,拓展其参与环境治理的合法途径。

---

① 冉冉:《道德激励、纪律惩戒与地方环境政策的执行困境》,《经济社会体制比较》2015 年第 2 期。

二、市场方面

1. 主体架构

市场方面主要包括企事业单位和其他生产经营者,按照环境污染程度和环境保护职能,将其分为一般型企业、污染型企业和治理型企业。[①] 其中,污染型企业(即污染企业)是指直接或者间接造成很大的环境或生态等污染的企业,包括对环境造成重大影响的企业。节能环保产业是指为节约能源资源、发展循环经济、保护生态环境提供物质基础和技术保障的产业。治理型企业包括参与发展节能环保产业的环境治理企业,如提供节能环保技术服务的第三方治理企业等。对环境造成轻度或很小影响的非治理型企业则视为一般型企业。一切单位和个人都有资源消耗和污染物排放,都有保护环境的义务,既要严格内部约束,也要配合外部约束。

(1)严格内部约束

一般型:任何单位的工艺、技术、设备、材料和产品应符合我国环境保护的规定,防止污染环境。企事业单位和其他生产经营者应当防止、减少环境污染和生态破坏,配合排污许可管理要求。一是常规控制排污:执行污染物排放标准,落实重点污染物排放总量控制指标;二是突发事件处置:制定突发环境事件应急预案,采取措施处理突发环境事件;三是企业清洁生产:优先使用清洁能源、工艺、设备和技术,减少污染物的产生。

污染型:排放污染物的企事业单位和其他生产经营者,应当采取措施,防治环境污染和危害,按照国家有关规定缴纳排污费;排放污染物的企事业单位,应当建立环境保护责任制度。重点排污单位应当做好监测工作。建设项目要依法提交建设项目环境影响评价文件,按要求设置防治污染的设施。农业生产经营者应科学种植和养殖,防止污染环境。

治理型:部分专业环保企业可以作为第三方治理单位参与环境污染治理,他

---

① 这一分类参考了"污染企业"和"节能环保产业"的定义,并结合了《中华人民共和国环境影响评价法》第十六条对可能造成重大、轻度和很小环境影响的项目的相关环评规定。

们依据相关法律法规与政府签订合同,出售环境服务。此类企业应严格履行合同约定的相应责任。如监测机构(营利性)应当使用符合国家标准的监测设备,遵守监测规范。监测机构及其负责人对监测数据的真实性和准确性负责。

(2)配合外部约束

一般型:企事业单位及时通报突发环境事件可能受到危害的单位和居民,并向环境保护主管部门和有关部门报告。

污染型:排放污染物的企事业单位和其他生产经营者应当如实反映情况,提供现场检查的必要资料。重点排污单位如实向社会公开环境信息,接受社会监督。建设项目编制环境影响报告书应充分征求公众意见。

2.职能定位

市场层面中企业为主体,企业是生态环境资源的消耗者和污染排放者,也是生态环境治理中的主要守法者、参与者、创新者和协助者。

第一,守法(遵从)职能。企业参与生态环境治理的首要职责是,遵守各项环保法规。企业要按照政府的生态环境治理要求进行整改,控制资源消耗和污染物排放,将生态环境治理责任落实到生产、经营、管理、消费的各个环节。企业自我规制可弥补管理漏洞和提高治理效率,排污监测和信息公开是促进企业自我规制的有效途径。但排污企业对自行监测和信息公开的认识不足,缺乏科学定位,制约了监测信息作用的发挥。[1] 促进排污单位提供真实性监测信息,既要强化激励处罚机制,还要完善整改容错机制。

第二,参与职能。资本生产的无限性必然与自然承载能力形成冲突,但解决环境污染问题归根到底有赖于资本的积极作用。因此,企业是生态环境治理市场化运行的主要参与者,应将环境保护和治理的理念纳入生产经营计划决策与实践之中,并通过市场机制参与到生态环境治理中。一方面,国有资产主要集中在关系到国家安全、国民经济命脉的重要行业和关键领域,国有企业具有"营利性"与"公益性"的双重性质,可将绿色收益作为其业绩考核依据,引领市场绿色

---

[1]　王军霞等:《推进排污单位自行监测发挥作用的建议》,《环境保护》2018 年第 12 期。

化转型。另一方面,民营企业规模参差不齐、流动性强、管理难度大,排污许可制度是将生态环境管理转型为生态环境治理的有效市场途径。① 在政府有效环境管理制度下,通过约束与激励企业的市场化运作,企业内化生态环境保护行为,从市场层面实现其参与职能。此外,外资企业为生态环境治理提供资金与技术的补充。

第三,创新职能。企业是实现产业环保化的重要主体,环保投资的有效性依托于调整经济能源结构、淘汰落后产能、促进循环利用、挖掘可再生能源、环保技术升级等先进手段,降低资源消耗和环境污染。而企业是先进材料、设备、工艺、技术和管理等的创新者与实践者。企业创新具有减少污染和资源损耗的源头带动作用,以及能源回用和污染处理的终端控制作用。

第四,协助职能。探索发展产业集聚区及由环境污染第三方治理所延伸的环保产业链条,给予企业更多的自主性,使企业具有优势互补、分工协作的整体竞争力,是通过环保产业化协助生态环境治理的突破口。第三方环境污染监测和治理等企业,在生态环境治理中扮演有偿管理者的角色,通过政府和使用者付费途径实现资金回报,承担监测信息公示、供给技术人员和管理人员等职责,协助政府、企业和社会的多元共治。

三、社会方面

1. 主体架构

(1)公民个人

环境保护坚持公众参与的原则,公民个人既是生态环境资源的消耗者和污染排放者,也是生态环境治理的参与者。公民应当自觉履行环境保护义务,遵守环境保护法律法规,减少废弃物的产生和日常生活对环境造成的损害。同时,公民依法享有获取环境信息、参与和监督环境保护的权利,有权举报污染环境和破坏生态的单位、个人和未依法履行职责的政府管理部门。有关专家可为政府部门提供决策建议。

---

① 梅宏:《排污许可制度改革的法治蕴涵及其启示》,《环境保护》2017 年第 23 期。

（2）社会组织

国家鼓励基层群众性自治组织、社会组织、环境保护志愿者开展环境保护法律法规和环境保护知识的宣传，营造保护环境的良好风气。公民、法人和其他组织依法享有获取环境信息、环境保护监督和举报违法行为的权利，符合条件的环保公益社会组织还具有对环境破坏行为提起诉讼的权利。监测机构（非营利性）应当使用符合国家标准的监测设备，遵守监测规范，监测机构及其负责人对监测数据的真实性和准确性负责。新闻媒体应当开展环境保护法律法规和环境保护知识的宣传，对环境违法行为进行舆论监督。学校应当将环境保护知识纳入学校教育内容，培养学生的环境保护意识。

2. 职能定位

社会层面，公众、专家、媒体、学校和非政府组织等各类主体，是多元生态环境治理体系中不可分割的有机组成部分，肩负自身建设、舆论监督、宣传教育、对策建议、公益诉讼等方面的职能。

第一，自身建设职能。一是公众个体控制职能。公众个人参与环境治理的能力建设，包括减少和治理自身造成的环境污染，发展绿色低碳、文明健康、理性的环保生活方式等。二是公众自组织建设职能。顺畅的生态参与渠道是公众参与生态多元治理的基础，建立参与渠道是政府的职责所在，同时，公众具有拓宽自身参与渠道的能动性，通过自发组织和聚集、依靠媒体参与生态治理或加入正式的非政府环保组织等方式，参与到生态环境治理之中。三是环境非政府组织自建职能。解决非政府组织建设面临的组织臃肿、资金黑箱、合法性存疑等问题，既需要法律的规范与支持，也需要自身的形象建设。因此，非政府组织具有完善自身运作流程、构建信息共享平台和健全网络反馈机制等职能。①

第二，舆论监督职能。一是公众通过行使环境治理的知情权、参与权、表达

---

① 肖汉雄：《不同公众参与模式对环境规制强度的影响——基于空间杜宾模型的实证研究》，《财经论丛》2019 年第 1 期。

权和监督权,建立和完善对政府、企业的社会监督制度,倒逼环境治理项目在识别、准备、采购、执行与移交全过程的质效提升,监督政府环保部门的生态治理的全过程,督促政府和企业承担环境治理责任。二是舆论监督职能需要以环境信息为基础,企业提供基础信息,政府提供辖区内环境信息的整合、统计与分析,社会组织和科研机构可以根据自身的环保专业,提供环境信息的分类和解析,并主动向社会提供环境信息服务。三是为弱势群体提供发声的途径,以倡议与游说、抗议与斗争等方式动员民众,引起政治家、企业家对环境治理的关注,调动其参与到生态环境治理的舆论监督职能之中。

第三,宣传教育职能。一是媒体通过对生态文明理论与生态建设制度的宣传,提高民众的环境保护意识,内化环保理念,引导民众日常的生产生活。二是环境非政府组织承担向公众详细说明参与环境治理的各种方式的职能,如问卷调查、专家论证会、听证会、信息公开制度等,提升公众参与环境治理的信心。三是科研机构和学校具有实践指导和生态教育的职能,开展社会观察和环保宣传教育等活动,解决环境治理中社会环境不成熟、生态教育与环境治理要求不一致等问题①,创造良好的社会氛围。四是党员干部、专家学者和相关从业者具有推动实践的作用,丰富从组织到组织的宣教形式,发挥从人到人的带动作用,使生态环境治理进社区、进邻里、深入民心。

第四,对策建议职能。一是科研机构与科技人员通过不断进行治理理论的完善和治理技术的更新,以加强科学与政策的联系。二是环境非政府组织发挥纽带和桥梁作用,推动区域性政府间组织的合作,吸纳多层面的不同意见,建立多个利益相关者常态化的对话机构、对话模式及其相关流程,在专家咨询的基础上进行知识的建构、理论传播和实践培训,促进民众环保意识的提升,为政府提供政策建议,由此参与环境的保护与治理。② 三是公众可以通过民主投票等方式参与到生态治理的政策制定、执行和监督之中。

---

① 李龙强:《公民环境治理主体意识的培育和提升》,《中国特色社会主义研究》2017 年第 4 期。
② 郭培清、闫鑫淇:《环境非政府组织参与北极环境治理探究》,《国际观察》2016 年第 3 期。

第五,公益诉讼职能。一是环保非政府组织在应对突发环境事件、参与政府环境决策以及提起环境公益诉讼等方面发挥着积极作用。二是环保非政府组织通过对社会公众的环保综合能力的公益培训,发挥其公益性和民间力量整合性,带领民众进行有效的利益诉求表达,克服民众在治理过程中力量的碎片化,提高民众的有效参与能力。

第三节　各主体的动力机制与互动机制

生态环境治理从问题导向型①治理转向探索多元主体协同治理的新范式②,多元环境治理需要完善政府公制、企业自治和社会共治③,但政府主导能力、企业行动能力和公众参与能力的不足,导致三者之间尚未形成有效协调、互相制衡、有序竞争的机制④。自愿性环境治理具有自觉性、灵活性与多元性等突出优点⑤,强制性环境治理具有理性化、高效化和单极化的特征⑥,二者有机耦合是探索多元合作共治的方向。

一、多元互动的自觉性及动力机制

1. 从政府角度出发

政府在生态环境治理中起主导作用,其自觉性源自四个方面:以理念上对生

---

① 许阳:《中国海洋环境治理政策的概览、变迁及演进趋势——基于1982—2015年161项政策文本的实证研究》,《中国人口·资源与环境》2018年第1期。

② 郑石明、方雨婷:《环境治理的多元途径:理论演进与未来展望》,《甘肃行政学院学报》2018年第1期。

③ 谭斌、王丛霞:《多元共治的环境治理体系探析》,《宁夏社会科学》2017年第6期。

④ 徐春:《环境治理体系的主体间性问题》,《理论视野》2018年第2期。

⑤ 王勇:《自愿性环境协议:一种新型的环境治理方式——基于协商行政的初步展开》,《甘肃政法学院学报》2017年第3期。

⑥ 李奇伟、秦鹏:《城市污染场地风险的公共治理与制度因应》,《中国软科学》2017年第3期。

命共同体的深刻认同为出发点,以实践中对现有不足的真切观察为切入点,以体制上对压力传导的权责廓清为着力点,以机制上对动力激发的有效保障为落脚点。

在理念上,要倡导"山水林田湖是一个生命共同体"的意识。大气、水和土壤等自然资源在管辖上有行政区域之分,但就其参与自然界物质和能量的交换和循环而言,是密不可分的有机统一体。因此,各级政府在生态环境治理中首先要树立对生命共同体的共识,深刻认识到置身于全局的治理正是解决自身生态环境治理壁垒的根本途径,并以生态价值观为导向,培育生态环境协同治理的文化传承,内化为稳固持续的源动力。

在实践中,不同层级政府及环保部门之间存在着权责利交叉和信息不对称等问题,造成实质性监督力度缺失和环保效率低下。[1] 环境污染问题在区域之间相互关联性极大,但在行政主导的环境治理体系下,生态环境治理在同级政府间存在成本差异、利益冲突和政绩竞争,导致地方政府的生态治理积极性不足。在管制型环境治理需求下,政府在辖区内环境决策、标准制定、监督管理、环境执法、信息供给等方面具有主导权。但就服务型环境治理需求而言,不同层级、不同区域及其之间的政府及相关部门如何实现协同精治,服务于整体环境利益,则需要体制机制的进一步完善。

在体制上,要廓清不同层级政府及环保部门的权责,合理传导治理压力。一是中央层面需有权威机构统筹,建立常设性环境协调监督机构,统筹区域环境监管职能,打破地方主义和部门主义的藩篱。[2] 如国家环境协调监督委员会,并设立中央环境保护督察组和重点区域流域环境协作小组,负责区域环境政策和规划的制定、执行和监督。二是横向层面建立区域环境协作机构,通过联席会议和专责小组等形式推动政府间的合作行动。在既有体制框架下,地方政府间建立

---

① 张文明:《"多元共治"环境治理体系内涵与路径探析》,《行政管理改革》2017 年第 2 期。

② 王玉明:《构建城市群环境合作治理的复合组织机制》,《理论月刊》2018 年第 10 期。

财政预算协同和合作收支体系,引入横向转移支付体系和多元主体利益协调机制①,以整合区域、流域的生态环境治理资源②。三是在地方层面实施环保执法垂直管理,减少执法过程中同级政府的行政干预。

在机制上,要落实考核、监督和协作机制,激发各级政府部门的治理动力。一是建立并完善相互协调、内在衔接和演化共进的环境法律、法规和政策,稳固环境治理的合法性与有效性。二是落实"党政同责、一岗双责",完善生态环境考核问责机制,全面落实经济发展与环境保护的综合决策机制,深化考核机制的"绿色化"转向,提升激励机制③;建构一套包括实体性机制和程序性机制在内的生态环境损害协同问责运行机制④和容错纠错机制。三是地方政府间需要遵循"生态环境风险共担、生态环境利益共享"的基本原则⑤,构建利益协调与补偿机制、环境信息公开与共享机制⑥、环境基础设施共建与共享机制以及环境保护联合执法机制、协同治理的监督机制,以联合共治取代恶性竞争,以优势互补促进共同发展。

2. 从企业角度出发

环境治理的关键是处理好经济利益与环境利益的关系。⑦ 企业作为经济建设发展和生态环境治理的主体,其自主治理基于两个方面。一方面,企业面对污染成本的内化和利益发展的需求,其治理的动力源于市场层面的角逐。另一方面,企业是生态环境资源的主要消耗者,也是环境污染和生态破坏的主要制造

---

① 赵美珍:《长三角区域环境治理主体的利益共容与协调》,《南通大学学报》(社会科学版)2016 年第 2 期。

② 杨志安、邱国庆:《区域环境协同治理中财政合作逻辑机理、制约因素及实现路径》,《财经论丛》2016 年第 6 期。

③ 闫亭豫:《我国环境治理中协同行动的偏失与匡正》,《东北大学学报》(社会科学版)2015 年第 2 期。

④ 孟卫东、徐芳芳、司林波:《京津冀生态环境损害协同问责机制研究》,《行政管理改革》2017 年第 2 期。

⑤ 张萍:《冲突与合作:长江经济带跨界生态环境治理的难题与对策》,《湖北社会科学》2018 年第 9 期。

⑥ 魏斌、张波、黄明祥:《信息化推进环境管理创新的思考》,《环境保护》2015 年第 15 期。

⑦ 栗明:《社区环境治理多元主体的利益共容与权力架构》,《理论与改革》2017 年第 3 期。

者,其治理的自觉性是伦理层面的遵循。

市场层面,企业参与治理的行为主要是避免损失、降低成本和提高收益。第一,企业作为环境政策规制的客体,适应性地调整自身行为以符合政策法规的要求、政府部门的管理和社会公众的监督,避免不法行为造成的罚没损失和不良事件导致的形象崩塌。第二,市场化的生态治理要求将企业污染环境危害及其治理的成本内化为企业的生产成本,形成企业淘汰落后产能、设备和工艺的必然。第三,企业具有提供满足市场和消费者需求的产品和服务的内生动力,现代化的高效治理需要构成产业转型和结构升级的契机。同时,企业间的协作是企业承担社会责任和企业自我生存发展的共同需要,积累品牌形象,提升承担环境责任的企业知名度,所带来的规模效应和正面影响,有利于带动更多企业的环境保护行为。

伦理层面,企业是生态环境资源的使用者和破坏者,理应成为生态环境治理的主体,对已经形成的环境污染和破坏进行积极治理,承担保护环境、赔偿损害的责任。企业在承担生态环境治理责任中出现的投机行为,是企业追逐利益的本质所驱使,因此"上有政策,下有对策"屡见不鲜、屡禁不止,这就增加了生态治理的难度,降低了治理的有效性。而企业作为消耗者和破坏者与其作为生产者和治理者的双重身份,应是伦理层面的统一,只有企业根植伦理观念,才是杜绝投机行为的根本途径,正如"要像保护眼睛一样保护生态环境,像对待生命一样对待生态环境"。

3. 从社会角度出发

公众既是环境污染的主要受害者也是污染排放者,更是美丽中国的最终受益者,社会组织和公众的共同参与是环境治理协作的黏合剂。其参与动力贯穿于三个层面:参与意识的唤醒、参与途径的保障和参与效果的落实。

首先,唤醒公众的参与意识,激发社会组织的参与热情。一方面,关键在于对公众宣传和教育的角度和力度的把握。生态环境作为公共物品,其宣传难点在于难以激发个体情感与获取响应。孩子作为大多家庭的核心,是受关注最高的群体,环境治理宣传角度可从当代环境治理转变为代际环境公平,如加大环境污染对儿童健康影响的宣传力度,以家庭核心利益的风险预警唤醒公众的参与意识。另一方面,通过整合资源、系统分类、加强组织建设与管理等手段,提高社会组织的参与能力,进一步调动社会组织参与生态环境治理的积极性。

其次,畅通参与渠道,保障参与安全。一是廓清参与范围、强化信息公开、拓展参与渠道、完善参与程序、落实问责机制,为社会公众参与环境治理提供有效途径。二是补充环境法律责任、行政复议与诉讼、纠纷处理、损害补偿、环境公益诉讼和公民环境权利等方面的配套法律规定,保障社会公众参与的安全性。

最后,落实参与效果,完善奖励机制。一方面,通过扶持社会组织和科研机构的生态环境治理项目,深化落实其参与效果,以成功案例和落地工程为契机,增加其参与信心与绩效。另一方面,通过加大新闻媒体和专家学者参与生态环境治理的宣传,提升其社会影响力。再一方面,通过完善公众参与生态环境治理的奖励机制,丰富荣誉奖励和物质奖励等形式,进一步强化公众的参与热情。

二、多元互动的合作性及约束机制

1. 政府与企业

政府要兼顾社会多方利益与公平,在与企业的合作中,不仅要从环保的角度严格规制,更要从发展的角度积极鼓励。中央政府通过输出法规约束和激励政策进行宏观调控,前者体现国家在工具理性认知下,对秩序与稳定的追求;后者彰显价值理性认知中,对自然的尊重、对公众权利与企业利益的激励。[①] 地方层面通过监管和财政负责具体落实,并不断调整政府职能杠杆在环保规制与发展激励之间的平衡,前者在于从环保角度对各类企业的监管,后者在于对一般型企业的绿色引导、对排污型企业的结构调整、对治理型企业的发展扶持。政府对企业实施环境监管职能,主要包括对污染企业生产经营活动是否达标的信息收集、报告、检查和罚款等一系列复杂的行政程序,但机械式监管易导致企业产生消极应付的治理态度,环境破坏负效应不可逆转,以及"以减代治"治标不治本。因

---

① 臧晓霞、吕建华:《国家治理逻辑演变下中国环境管制取向:由"控制"走向"激励"》,《公共行政评论》2017 年第 5 期。

此,政府应引导和激励企业绿色发展,实现政府与企业的双赢。一是政府采取财政拨款、税收优惠、政府采购等措施推广应用节能环保和新能源技术;二是通过引入竞争、排污权交易、生态补偿、绿色信贷、绿色保险等机制,对环境污染严重的企业进行淘汰,促使企业生产结构转型升级;三是发展政策性金融、建立绿色金融体系,通过征收资源税和环境保护税①,将企业生态环境外部成本内部化。

政府在承担宏观主导治理工作的同时,应把微观繁杂的治理工作下放给企业。而企业应兼顾利益发展与社会责任,在其理念升级和模式升级中都离不开与政府的合作。一方面,各类企业必须对传统的以利润为唯一目标的经营理念有所超越,在生产过程、环境治理中承担起社会责任。而政府作为先进环境治理理念的倡导者,有必要加强对企业的宣传和沟通工作,既要上传下达,也要通过企业实践进行检验、反馈和修正。另一方面,企业在生产经营与环境治理中,可通过引入第三方企业的模式升级实现政企共治。环境污染第三方治理是排污企业以购买环境服务的形式,将污染治理任务转移给能用相对更低成本、更专业技术和更有效率的运作方式来进行污染治理的第三方企业。在实施环境污染第三方治理的过程中,需要政府进行引导和支持,制定相关的规则与制度,并且对排污企业和第三方企业共同履行合同的情况进行监督。

实现从行政权力中心导向的环境管理向公共利益中心导向的合作治理的转变,政府与企业仍需不断探索更加多元化的平等、交互合作方式,如环保约谈和行政协议等。② 环保约谈是通过政府与排污企业之间的协商与沟通,实现政府对排污企业的预警和企业接受行政执法前的缓冲。环境行政协议是在环境司法组织、环保组织、企业员工和居民等主体的参与下开展政企谈判,强化多方利益主体对政府与排污企业的监督作用。

2. 政府与社会

在生态环境治理中,政府决策具有宏观主导优势,而公众参与具有微观介入

---

① 李伯涛:《环境保护税的功能定位与配套措施》,《税务研究》2016 年第 1 期。

② 梁甜甜:《多元化环境治理体系中政府和企业的主体定位及其功能——以利益均衡为视角》,《当代法学》2018 年第 5 期。

价值。同时，由于政府及相关部门的资源限制，难以深入社会的方方面面，而社会参与又易于陷入秩序缺失的困境，因此，政府与社会的合作对于生态环境治理具有重要意义。政府在理念倡导、决策输出、监测督察和行政管理过程中，需要社会多元群体的笔力、脑力、眼力和脚力，而媒体、专家、公众和非政府组织恰是政府的笔杆子、智囊团、千里眼和调研队。社会多元群体的积极参与，既有监督辅助的共性，又可根据各自优长有所侧重，关键在于政府对社会参与体系的秩序维护。同时，社会参与在渠道畅通、秩序合法的基础上，亦可发挥"倒逼机制"对政府决策行为的引导作用，进而将利益诉求转化为建设动力，最终提升生态环境治理的有效性。

首先，政府引领媒体网络和学校开展宣传教育，构建绿色环境。无论是命令性、市场性或自愿性的环境政策工具都有其局限性[1]，只有政策工具与社会氛围互相促进发展，才是生态环境治理日益向好的良性途径。随着绿色发展理念指导的不断深化，生态环境治理意识已经逐步形成，但距离社会层面普遍落实环境治理行动仍有较大差距。因此，政府部门首先应充分发挥媒体和学校的宣传和教育职能，以其作为上传下达的重要渠道，让先进的生态环境理念细致深入的渗透社会、贯穿代际，形成生态环境治理的持续源动力。同时，网络媒体成本低、效率高且开放便捷，在舆论发声中具有强大潜力，是公众表达意见的重要渠道，也为政府和公众互动搭建了桥梁。此外，媒体整理、收集到的社会资料，为科学制定环保政策，依法解决环境污染的热点、难点及倾向性问题提供了科学依据。

其次，政府借助专家和科研机构进行专业咨询，优化决策机制。政府决策往往是对生态环境治理工作进行事前控制的重要环节，而环境问题的技术性和专业性对政策制定的科学性提出高要求，以科学研究推动政治决策将会成为推动环境治理进程的有效手段。政府决策应将来自专业技术专家、专家顾问委员会、专业性资源管理机构等的综合意见融入决策过程，提升决策的有效性。

再次，政府组织公众和社区组织介入监督举报，完善监管机制。公众的环境

---

① 陈文斌、王晶：《多元化环境治理体系中政府与公众有效互动研究》，《理论探讨》2018 年第 5 期。

权利意识觉醒促使其对环保问题的关注度与参与度需求不断提高,但集中于基于环境风险与安全考量的邻避运动,往往存在非理性和无秩序参与特征。因此,公众直接参与决策会提升决策成本,并因其专业性不足而进一步降低效能,而由政府引导公众参与生态环境治理过程中的社会监督,则可以避免其直接参与决策的风险,并充分利用其群体基数大、覆盖面广的优势。为此,一方面,政府应制定相关的法律法规,健全环境影响评价、信息公开共享、环境公益诉讼等公众参与制度,保障公众参与生态治理的合法性与规范性,并在绩效考评环节考虑公众的认知感受。另一方面,通过网络和报纸等形式向公众提供有关环保的信息,引导公众依法行使环境知情权、监督权,不断拓展公众参与渠道。再一方面,通过设立举报奖励、参与奖励和补偿奖励等制度性激励举措,分担公众参与成本。此外,公众直接参与监督的同时,也可以间接参与决策,通过专家和专业环保机构对公众个体偏差进行矫正,提升其参与的有效性。比如,通过专业机构的调研机制表达诉求和建议;经过科研组织专家对调研结果的汇总与分析,得到科学合理的对策建议,从而间接参与决策;公众自组织发展志愿者群体,参与到调研和汇总环节之中。

最后,政府支持环保组织推动公益维权,健全诉讼机制。一是政府应以法制思路解决公众环境维权行为,以法律程序、常态化思维保障程序合法性。通过环境公益诉讼制度、环境私益诉讼制度、非诉讼纠纷解决机制等渠道及时有效地对公众受损环境利益展开救济。① 二是加强国内非政府组织的能力建设,培养一批政策水平高、与国际接轨的非政府组织力量,引导社会群体反应性维权和进取性维权,鼓励社会公益律师进行法律咨询与诉讼,并在各个多边场合积极发声,呼应、支持政府工作。此外,政府通过合同、委托等方式,向社会购买事务性管理服

---

① 秦天宝、段帷帷:《多元共治视角下湾区城市生态文明建设路径探究》,《环境保护》2016 年第 10 期。

务,建设效能型政府。在环境治理领域引入社会资本①,推进 PPP 模式②,构建以政府为核心、企业为载体、社会公众积极参与的多元协同治理机制③,减轻政府财政负担,降低社会主体投资风险,提升环境治理效率。

3.企业与社会

生态环境治理成效取决于生态治理各主体间合作关系是否稳定,而企业和社会公众是生态环境治理中的庞杂群体,对于一般型、污染型和治理型企业,以及公众、媒体、专家和非政府组织等社会主体,在稳定中寻求合作的关键在于合作双方或多边关系的互利共赢,即合作的交互性。

第一,公众是良好生态环境的受益者,也是市场机制中的消费主体。一方面,对于企业违法排污等生态环境破坏行为,公众有权监督、举报。另一方面,企业在主动守法的过程中也能够树立绿色环保企业的良好形象,增强其产品的市场竞争力,获得较大程度的社会认可度和消费满意度。同时,有助于缓解企业经济利益与公众环境利益的冲突,促进环境友好型社会的实现。

第二,媒体是连接政府、企业和公众的重要枢纽。一方面,通过媒体渠道加强对企业的生态环保教育和宣传;另一方面,媒体对企业生态环境违法行为的曝光,是提高公众知情权、唤起公众环保意识、引起政府部门重视处理的有力渠道;再一方面,媒体对于积极守法、技术先进、节能环保企业的宣传,也是提高企业知名度、拓展市场和倒逼落后产能淘汰转型的有效手段。

第三,专家可通过自身专业技术和知识为企业的生产经营提供合理建议。同时,企业主动邀请专家、科研机构和非政府组织进企参观,形成常态化专业顾问组织,及时发现问题、分析问题、解决问题,建立企业发展容错机制,也是在接受环保行政执法工作前的缓冲。

---

① 杜焱强等:《农村环境治理 PPP 模式的生命周期成本研究》,《中国人口·资源与环境》2018 年第 11 期。

② 杜焱强、刘平养、吴娜伟:《政府和社会资本合作会成为中国农村环境治理的新模式吗?——基于全国若干案例的现实检验》,《中国农村经济》2018 年第 12 期。

③ 任志涛、李海平、武继科:《外部性视域下环境治理 PPP 项目中多元协同治理机制构建》,《环境保护》2018 年第 12 期。

第四,可进一步加强公益性的社会环保组织与有偿提供环保服务的治理型企业之间的合作。一方面,环保组织可作为媒介,加强污染型企业与治理型企业的合作,提高双方规模化、集约化发展。另一方面,我国环保组织主要为政府发起、民间发起、学生团体和国际组织驻华机构四类,组织资金主要是通过会费形式(其次是捐赠和财政拨款)通过吸纳企业成为会员,不仅便于组织活动,也拓展了环保组织资金筹措的渠道,促进了环保组织的壮大与发展。

第四节　多元化环境治理体系的
建构逻辑与概念模型

一、多元环境治理主体的合作困境

1.法制困境

自 20 世纪 80 年代始,我国政府大力倡导结构化、专业化的公共管理机制,在此背景下,农业、林业、国土资源等多个部门先后被吸收到环境管理工作中,并最终形成多部门共同参与的环境管理工作格局。但立法仍有待完善,比如我国在大气、水和土壤等多个环境领域立有专门法律,但国家层面对于跨行政区的流域和区域立法尚未实现,地方政府如何具体开展工作等诸如此类跨域治理中的关键性问题尚未获得法律的明确规定。同时,虽然《中华人民共和国环境保护法》明确规定,地方各级人民政府对本辖区环境质量负责,但由于对地方政府责任追究方式和如何承担责任缺乏实质性的约束力,使得地方政府参与环境管理工作的积极性天然不足。此外,地方性法规有待修订与完善。地方性法规不仅要与国家相关法律保持一致性,还应充分考虑不同行政区域间的法规差异性引发的污染转移等不良后果。最后,部门立法权需清理统一。分散式立法不可避免地造成立法之间衔接不畅、协调配合不够,甚至存在相互冲突的现象。^① 因此,有必要适当削减部门的环保类立法权,并逐步上升到人大或统一的环境管理行政机构中去,从源头上确保立法体系的规范统一。

2. 体制困境

在科层管理体制下,行政主导型体制对社会的参与要求回应不足,分割的行政区域管辖和部门管理体制容易使生态环境治理陷入"碎片化"困境。"闭合型"行政区域管理缺乏整体性协作,"分割型"部门体制引发环境行政规制割裂,从而偏离了生态环境整体性治理和公共治理的要求。如我国对六大地区的环保督查职能归属于生态环境部,对七个流域的管理侧重于水资源开发利用,职能归属于水利部门,流域生态环境的治理工作缺乏顶层设计与领导。在全面深化改革的历史新阶段,通过顶层设计、地方政府改革与社会创新,我国的环境治理体制正在重构。^② 但资源管理体制尚未统一,地方利益和治理成本收益不对等,共同造成了生态环境治理的困局。^③ 经济社会发展催生了环保企业等新的市场主体,环境问题的持续扩大促进了环保社会组织大量出现,这些力量在参与资源利用和环保工作中,不可避免地会影响环境管理体制改革,当前环境大部制改革客观上也存在吸收外部力量不足、多元共治体制不健全、外部监督力量薄弱等问题。在推进国家治理体系和治理能力现代化的现阶段,如何在环境管理政府主导的前提下引入市场调节和社会民主监督,成为大部制改革亟待解决的问题。

3. 机制困境

政府治理层面,其系统内部思想不坚定,标准不统一,缺乏长效监督管理机制,监督管理机构设置不合理、不科学。现有对生态环境保护行使监管和执法的机构众多,但这些机构之间缺乏明确的分工与协作,存在职能交叉、条块分割、力量分散等问题,同时机构间在监管和执法上时常发生重复监管效率不高的现象。

---

① 毛科、秦鹏:《环境管理大部制改革的难点、策略设计与路径选择》,《中国行政管理》2017 年第 3 期。

② 王名、邢宇宙:《多元共治视角下我国环境治理体制重构探析》,《思想战线》2016 年第 4 期。

③ 王喆、周凌一:《京津冀生态环境协同治理研究——基于体制机制视角探讨》,《经济与管理研究》2015 年第 7 期。

市场治理层面，其权力边界受限，且缺乏合理规制和有效激励。一是政府在环境决策、环境标准制定、环境监督管理、环境执法、提供环境信息等宏观治理方面具有主导权，导致市场层面权力边界受限，制约了企业环境监测、环保技术推广、违法行为监督等微观治理领域的效率提升。二是由于缺乏合理规制，造成市场运行障碍。如市场准入门槛较低，导致企业环保技术更新与跟进吃力，甚至无力承担环境保护与修复的必要费用。三是由于缺乏必要的激励机制，导致企业和其他生产经营者的合作积极性不高。

社会治理层面，现阶段尚缺乏协作衔接机制。政府、企业、组织和公众的合作缺乏有效的衔接机制，使得各治理主体在环境治理实践中往往无法有效合作，没有形成合力。

二、多元化环境治理体系的建构逻辑

1. 生态价值理念建构

重新审视生态资源的价值，深刻认识"两山论"对生态环境与经济发展的辩证统一、保护优先和优势转化的阐释。以多元主体协同治理的生态价值理念传播为先导，促成生态环境多元主体协同治理行动的实践过程。[①] 中央层面要加强引导公众对生态价值的理性认识，唤起公众对环境破坏的危机意识。通过宣教资源的短缺、污染的高危害及其治理的高成本，唤起公众对生态资源价值的充分重视；通过基于市场导向的资源成本核算和基于环境承载能力导向的纳污总量核算，建立起对生态资源价值的理性认识，从而为多元主体协作建立起稳定的合作基础。地方政府要转变发展理念，树立生态环境保护责任意识，发展生态环境经济。市场层面要培育企业环保意识，树立清洁生产理念。社会层面要通过宣传、教育、引导等多种手段，建构绿色生活理念与方式。在多元生态环境治理转型期[②]，法规正义性、制度合理性和权益均衡性[③]是扭转以成本—收益为纯粹考

[①] 陈虹、潘玉：《从话语到行动：环境传播多元主体协同治理新模式》，《新闻记者》2018 年第 2 期。

[②] 戚晓明：《乡村振兴背景下农村环境治理的主体变迁与机制创新》，《江苏社会科学》2018 年第 5 期。

[③] 范409生、唐惠敏：《农村环境治理结构的变迁与城乡生态共同体的构建》，《内蒙古社会科学》（汉文版）2016 年第 4 期。

量的脱嵌式开发模式为维持资源开发和生态保护平衡的嵌入式开发模式①的关键要素。在这一转变过程中，亦不可忽略社会主体日益增长的优美生态环境需要和市场主体生产经营的绿色升级需求，以及二者在相互协同促进中形成的自我进阶与理念深化，形成以政府为主导、多元协同的理念建构之合力。

2. 多元生态环境治理法制建构

基于环境利益之上的环境权利和环境权力相互制衡与协作，构成环境法制大厦的基石，为迈向多元合作共治的现代环境治理模式奠定了制度基础。② 从法制层面看，应构建权利义务关系明确、多元融合的治理主体制度，形成中央引导、流域和区域管理机构协调、地方参与的磋商合作制度。③ 明确生态环境治理的主体包括地方政府、企业和个人，各利益主体在履行生态治理职责时要相互协调，构建生态环境资源开发者付费、破坏者赔偿、受益者补偿的利益平衡体系，形成共同致力于区域环境保护的合动力。强化地方政府的职责，继续深化落实"党政同责，一岗双责"，并通过相关环境政策④和环境法律⑤的衔接，建立生态环境治理的跨行政区域协调机制，促进流域和区域环境保护一体化。

3. 多元生态环境治理体系建构

多元生态环境治理体系，需政府机构、专家体系、企业、社会组织、公众等主体基于伙伴信任关系与共同利益，形成参与、合作、共同担责的社会治理集合体。社会资本是实现生态环境多元协同治理的重要资源⑥，吸纳社会力量参与生态环境治理十分必要，也是协同治理的必然选择。环保组织在清洁生产、污染防治

---

① 耿言虎：《脱嵌式开发：农村环境问题的一个解释框架》，《南京农业大学学报》（社会科学版）2017年第3期。
② 史玉成：《环境法学核心范畴之重构：环境法的法权结构论》，《中国法学》2016年第5期。
③ 李奇伟：《从科层管理到共同体治理：长江经济带流域综合管理的模式转换与法制保障》，《吉首大学学报》（社会科学版）2018年第6期。
④ United Nations Development Programme et al, *World Resources 2002—2004：Decisions for the Earth：Balance，Voice，and Power*，World Resources Institute，2003.
⑤ 史玉成：《流域水环境治理"河长制"模式的规范建构——基于法律和政治系统的双重视角》，《现代法学》2018年第6期。
⑥ 陶国根：《社会资本视域下的生态环境多元协同治理》，《青海社会科学》2016年第4期。

中,具有专业的人才、知识和技术优势。一方面,应充分调动环保组织的政府资政咨询、企业环保评估、项目技术指导和社会宣传教育等功能。另一方面,环保组织可通过述职评优、立项合作和众筹等方式,获取政府、企业和公众的奖励、合作和支持。同时,要延伸环境管理工作链条,建设基于利益相关者的公众参与组织程序和参与渠道,保障公众对生态环境保护的知情权。动员和支持公众积极践行低碳、环保、绿色的生活方式。全面推动环境监测、执法、审批、企业排污等信息公开,让政府和企业的环境责任在公开透明中接受群众监督。

4. 多元生态环境治理机制建构

一是健全多元主体协同治理的监督管理机制。提高环境信息透明度,强化上级地方政府对下级地方政府及部门的监督管理,同时加强地方政府之间、部门之间的相互监督,将生态环境保护与修复纳入地方政府、部门及主管官员的年度考核。提高企业污染排放标准,健全企业环保信用评价体系,实行信息强制披露,建立企业失信黑名单制度等,政府相关职能部门要严格执法,定期或不定期地对企业生产经营活动、排污情况进行全面检查监督,在线监测与人工普查相结合,网络化监测与随机抽样相结合,不仅回头看还要常态化,将减排—达标—再减排—提标落到实处。在政府加强自身监督和市场监管的同时,应引入新闻媒介、网络平台等,强化各主体之间的相互监督。

二是完善多元主体协同治理的生态补偿机制。健全地方政府、企业、公众之间的多方生态补偿制度,完善生态补偿评价体系,分类制定补偿标准,建立多元化、规范化、标准化、动态化的生态补偿机制。扩大以行业协会或商会为代表的企业之间的协同以及政府、企业和以环境非政府组织为代表的公众之间的协同,形成多元化合力。通过政府、市场、社会等多元途径筹措资金,设立生态环境保护与修复专项基金,解决补偿金乏力问题,给予长效化保障。

三是发挥多元主体协同治理的经济激励型市场机制。政府、市场和社会三个层面的共同参与皆应是市场激励机制的应有之义。政府层面通过合理的金融、税收等环境政策,引导市场的绿色发展;社会层面通过绿色消费表达对绿色生产的诉求与激励;市场层面则通过自我管理,形成绿色竞争,获取市场激励和政府激励。例如,绿色供应链就是通过绿色产品连接政府、企业和公众,发挥其环境治理协同作用的市场机制。① 绿色供应链由公众的绿色消费需求倒逼企业的绿色生产,鼓励社会的绿色认证和评价,激发政府的绿色采购和绿色发展政策,以生态产品为主线,全链条设计自然资源及其生态价值的监测、评价、统计、考核、管理体系,完善负债表核算、离任审计、绩效评估、损害赔偿、承载能力监测预警等制度②,从而实现经济效益、生态效益、社会效益的有机统一。

三、多元生态环境治理体系的概念模型

多元生态环境治理体系模型的逻辑结构包含治理主体、治理理念、法制建设、体系建设和机制建设。

第一,治理主体包含政府、市场和社会三个方面。政府方面分为中央和地方两个层面的人民政府、环保主管部门和相关部门;市场方面主要以一般型、污染型和治理型企业构成;社会方面主要涉及媒体、学校、专家、科研机构、非政府组织和公众,并按照其主要职能分为宣教、科研、诉讼和监督四类。

第二,理念共识是多元合作的基础。国家层面以理念引领生态环境治理方向,地方层面结合自然特色创新生态文化,企业和公众将绿色发展理念融入生产和生活方式,将市场价值和社会价值嵌入生态价值。

第三,法制建设应立改废释并举。中央层面应进一步建立并完善流域和区域的跨界生态环境治理法律法规,地方层面应深入探索多元主体协同治理的法制保障,市场主体作为法律法规合理性的实践检验者,社会层面通过公众盲点监督和理性组织整合,形成对法律法规立改废释的有效建议和依据。

第四,体系建设。中央权威统筹流域和区域生态环境治理工作,地方层面纵向垂直管理,将市场和社会方面共同纳为生态环境治理主体。

第五,机制建设包含各主体的内在动力机制和外部互动机制。政府主体的

---

① 沈洪涛、黄楠:《政府、企业与公众:环境共治的经济学分析与机制构建研究》,《暨南学报》(哲学社会科学版)2018 年第 1 期。

② 吴舜泽:《规划视角下的生态环境治理体系和治理能力提升》,《环境保护》2016 年第 1 期。

主动性来源于理念认同、实践观察、体制廓清和机制保障,市场主体的主动性取决于市场利益竞争和伦理角色认同,社会主体的主动性在于协作意愿激发、途径保障和效果落实。政府和市场主体的互动主要在于引导、规制、激励和利用市场机制,政府和社会的互动主要在于宣教、咨询、诉讼和监督四个方面,市场和社会主体的互动则通过媒体的曝光与宣传、技术指导与纠错、第三方企业合作桥梁建设与非政府组织资金支持、公众消费与监督实现。

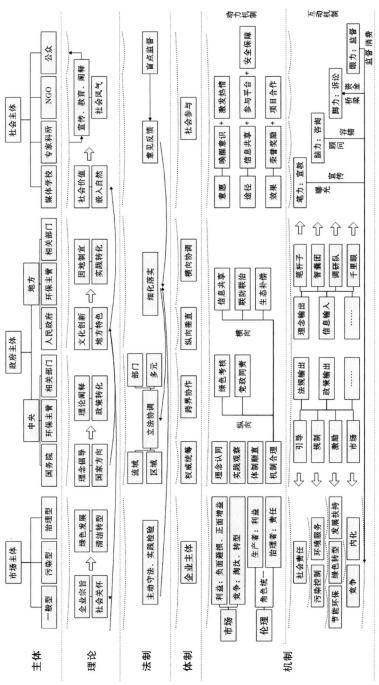

多元化生态环境治理体系概念模型

第二章　多元化环境治理体系中
政府主导者的作用与机制

　　由于生态环境的公益属性,政府在环境治理中需要发挥主导性作用,这是构建现代环境治理体系的关键。但是同市场失灵一样,政府失灵也是客观存在的。如何破解这一问题,引发了人们对于政府在环境治理体系中的地位、责任、作用机制等问题的重新审视。在现代多元环境治理模式下,政府作为主导者的地位仍然不可动摇,但其具体角色功能在与其他治理主体的互动中必须有所进化,政府的环境治理责任属性需要进一步强化,其发挥作用的机制、模式要重新定位,要与市场机制充分结合,与社会参与充分配合。同时,为了有效履行多元化环境治理体系下的主导者责任,政府内部生态环境保护管理体制、机制也要不断完善和创新,政府的环境治理能力也要借助现代治理手段得以强化。

第一节　政府的环境治理主导作用

　　党的十八大以来,生态文明建设被纳入我国五位一体战略总布局,建设有中国特色的生态文明和美丽中国,是当前党和国家的一项重要施政纲领。加强生态环境保护,有效实施环境规制,推动生态环境根本好转,成为中央和各级地方政府的重要行政职责。面向当代中国的生态环境现实、经济社会发展现实,中国生态环境问题的治理从根本上讲要采取党政同责、政府主导、多元参与的环境治理新模式。从现实来看,我国政府主导下的环境规制经历了一个逐步完善并趋向法治、灵活、多元的发展过程。

一、政府主导环境治理的基本依据

现代政府基于宪政理念高度重视自身职权定位的合法性与合目的性问题,其享有的职权和能够采取的行政手段越来越趋向有限和受限。随着市场经济的发展,资源配置发生根本性变化,那么,在现代经济社会环境下,特别是在多元主体参与环境治理的格局趋势下,政府是否还能发挥主导和关键作用,是否还应强调政府的主导者地位呢? 对于这一问题的回答是肯定的。从经济效率、生态环境问题公共属性以及国家社会结构特性的角度来看,在当代中国,政府仍然是也必须成为环境治理的主导者,只是,其角色定位有所变化,要承担起更多的复合身份。[①]

1. 经济学角度:外部不经济性及公共产品供给

环境污染及其治理的外部不经济性是政府在环境治理体系中应该占主导地位的最主要理论依据。正如一些经典理论所指出的,环境问题具有外部不经济性。在自然环境缺乏产权属性以及市场自由竞争的条件下,市场主体包括企业和消费者在内,在开展生产、投资、消费等活动时,倾向于只从自身利益出发去衡量行为的经济成本收益,而屏蔽对自然生态环境影响的考虑,甚至倾向于屏蔽对人类生活环境影响的考虑,如对人类健康环境的破坏、对人居环境自然美学的损害等。即使在市场主体能明确意识到其活动的生态危害时,市场主体也会普遍性地倾向于选择屈从竞争压力,放任将该环境危害转嫁给他人、社会和未来,而不会主动地承担该项成本。市场自发调节机制对此无能为力。面对生态环境问题,市场"失灵"的先天属性,要求政府成为合格的环境规制者,在一定程度上干

---

① 谭冰霖:《环境规制的反身法路向》,《中外法学》2016 年第 6 期。

预市场机制,约束市场主体,主导环境治理。

此外,从公共产品的特殊供给机制来看,环境保护作为典型的公共产品高度依赖政府主导供给。一种公共产品并不排斥由市场来生产这种产品的可能性,在某些条件下,由市场提供环境产品既是必要的,也是有效率的。既然政府与市场都能提供环境保护公共产品,那么它们在供给功能方面能否变得地位均等,甚至能否让市场在环境治理体系中居于主导地位,而让政府处于次要地位或者辅助地位? 从经济现实角度来看,这一假设很难成立。市场自发调节机制本身缺乏提供公共产品的动力来源,市场参与环境公共产品生产通常需要外力条件,具体包括以下三种情形:一是政府付费市场生产,即企业基于政府购买而向社会提供相应的环保产品或服务,如城市绿化作业、垃圾处理、环保信息平台运行维护等;二是政府授权—市场生产—混合付费,即基于政府的授权或者协议,由企业向社会提供某些环境准公共产品,消费者向企业支付一定费用,如净水生产、污水处理等,这种情形除了需要政府提供授权外,通常还需要政府提供一定的补贴方能维持市场供给与公共需求的平衡;三是对于可以完全商品化的环境公共产品,如节能减排设备制造、第三方污染治理服务等,可以由市场竞争机制来调节供给,但是其前提是需要政府通过环境规制来保障和刺激市场需求以启动相关市场。从以上几种主要模式可以看出,政府在环境公共产品的供给方面具有直接供给、资助供给以及市场引导的重要功能,市场机制的参与也离不开政府的支撑,政府具有市场无法取代的主导和先导作用。

总之,从经济学的角度看,虽然在一般情况下,采用市场机制比政府直接干预更富有效率,但由于环境问题的外部性以及环境治理的公共产品的特点,在环境治理方面,市场自发调节所能适应的范围、规模和条件将比政府直接干预更受限制,市场机制参与环境治理离不开政府的引导和发动。因此,政府仍需处于主导地位。[1]

---

[1] 陶志梅:《从公共经济视角看城市环境治理中的政府职能创新》,《特区经济》2006 年第 11 期。

2. 社会系统角度：环境问题的社会公共属性

环境问题的社会公共属性，不仅表现在环境污染危害通常是一种公害，而且表现在环境问题的成因本身就带有很强的社会属性。环境问题与社会问题相互交织，自然系统与人类社会系统高度互嵌，环境治理的困境实际上反映了社会公共关系的困境，特别是人类集体多元化的利益与价值冲突。在这一背景下，现代环境治理特别需要政府发挥社会利益协调和规范的主导性作用。

环境问题如何治理，应该由谁主导与环境问题的成因密切相关。环境问题根据其成因及危害性表现，可以分为三类。[1] 一是简单的环境问题，主要指因明确的自然原因或人为原因所造成的确切的自然环境破坏，例如火山喷发对周边自然环境的毁损、企业非法排污对河段的污染等。这类环境问题的一个重要特征是内含的价值判断清晰、明确，在治理上主要涉及技术性问题或者对具体企业、个人的具体性惩治。二是自然环境系统与社会系统交互作用引发的社会性环境问题，主要指自然环境问题影响到社会系统运行，进而引爆社会矛盾冲突，从而演变为社会性环境问题。这类问题的解决，涉及社会价值冲突，要从决策优化、技术完善以及继发社会利益协调三个环节共同入手加以处置。三是社会系统结构造成的环境问题，这是更加深层次的环境问题。例如，气候变暖等环境问题是环境污染长期、系统累积的结果，其问题的症结在于整个人类社会生活方式、消费结构、能源结构等各个方面与自然生态系统的系统性偏差。面对这类问题，只能从优化社会整体结构中寻找解决方案。

以上三类环境问题中，后两类无疑是现代环境治理的重点和难点。在现代社会，社会主体普遍倾向于本位利益取向和多元价值取向。在面对复杂的环境问题时，多元化的社会主体通过平等协商达成一致的博弈成本很高，即便是相关利益方之间存在合作共赢的较大可能时，由于信息不对称、"搭便车"心理等因素的影响，也极有可能出现个体理性与集体理性的背离，出现集体理性丧失，从而

---

[1] 包国宪、保海旭、张国兴：《中国政府环境绩效治理体系的理论研究》，《中国软科学》2018年第6期。

导致利益主体之间的合作失败。① 因此,在我们欣喜地看到非行政性社会力量越来越多地显现并对环境治理产生一系列积极影响的同时,也不可避免地会看到多元化社会主体及其代言者会越来越多地展示和提出各自的诉求,从而产生不同程度的冲突、对立以及混乱。在环境治理实践中,我们已经观察到"公地悲剧""搭便车""吉登斯悖论"以及"邻避效应""零和博弈"等现象大量存在。在这种情形下,政府作为公共利益代理人,必然要肩负起统筹协调的责任,在环境治理过程中把各种主体的资源、技能和目标协同起来,使其成为一个有效的联合体。② 也就是说,虽然从性质看,多元环境治理是政府、企业、公众、环保组织、媒体、专家群体等共同参与的合作型治理模式,但这种合作在体系架构上必然是有主导者的,而不能是完全扁平化的。

此外,从社会发展的现实层面来看,在当下中国,公民社会尚未发育成熟,要防范多元主体的劣势叠加③,也必然要求政府发挥主导性作用,在制度设计、机制运行、秩序控制方面给予各种参与主体以引导和规范。

3. 国家责任角度:政府作为社会公共权力代理人的职责体现

政府发挥环境治理的主导作用,既是生态文明建设的客观要求,也是政府产生及存在合理性的必然要求,是政府作为社会公共权力代理人的职责体现。正如恩格斯所指出:"政治统治到处都是以执行某种社会职能为基础,而且政治统治只有在它执行了它的这种社会职能时才能持续下去。"④政府环境治理责任的凸显,正是基于环境问题的迫切性和严重性,社会需要政府履行社会公共权力代理人的职责,发挥关键作用,解决好环境问题。

现代国家政府的权能与职责,在本质上来源于人民和政府之间所形成的委托代理关系。基于这种委托代理关系,人民赋予政府管理国家的社会公共权力,

---

① 张紧跟、唐玉亮:《流域治理中的政府间环境协作机制研究——以小东江治理为例》,《公共管理学报》2007 年第 3 期。

② [英]格里·斯托克:《作为理论的治理:五个论点》,华夏风译,《国际社会科学杂志》(中文版)1999 年第 1 期。

③ 杜辉:《论制度逻辑框架下环境治理模式之转换》,《法商研究》2013 年第 1 期。

④ 《马克思恩格斯选集》(第三卷),人民出版社 2012 年版,第 559—560 页。

相应地,政府要履行代理人义务,对人民负责。政府对社会公共事务在多大范围内被赋予权力,就在多大程度上负有责任。① 政府在环境治理中的主导作用就是政府承担环境保护责任的现实体现。政府作为社会公众利益的全面代理,不仅要承担经济发展职责、政治发展职责、社会管理职责、文化建设职责,还要承担生态文明建设职责,要把提高环境质量作为自身的重要任务,要积极提出环境保护发展目标,制定相应的政策、标准,建立相关的制度,并依照法律法规进行有效的监督、管理等。②

同时,非常重要的是,环境治理中的有些职能作用也只有通过政府这一社会公共权力和利益的代理人才能实现。其中包括从全局高度统筹好经济、政治、社会、文化、生态发展的总体进程,协调好环境建设的短期长期关系、局部整体关系、多元利益关系,还包括在现代环境治理体系和治理能力建设方面,发挥关键性构建作用,保障公众依法享有环境权益,引导市场机制,培育社会力量,提供参与平台,规范参与机制等。这些都是政府才能发挥的重要作用。

4. 国家治理角度:中国特色社会主义的制度优势所在

政府在环境治理体系中居于什么样的地位,发挥什么样的作用,负有怎样的职能、权限根源于国家整体制度体系。对我国而言,中国特色社会主义制度是党和人民在长期实践探索中形成的科学制度体系,我国国家治理一切工作和活动都依照中国特色社会主义制度展开,我国国家治理体系和治理能力是中国特色社会主义制度及其执行能力的集中体现。政府在多元化环境治理体系中依法履行和发挥的管理、服务主导作用,是由国家基本制度体系决定的,也是面向中国实际国情推进国家治理体系和治理能力现代化的必然要求。

党的十九届四中全会通过了《中共中央关于坚持和完善中国特色社会主义制度　推进国家治理体系和治理能力现代化若干重大问题的决定》(本小节中以

---

① 朱艳丽:《论环境治理中的政府责任》,《西安交通大学学报》(社会科学版)2017 年第 3 期。
② 包国宪、保海旭、张国兴:《中国政府环境绩效治理体系的理论研究》,《中国软科学》2018 年第 6 期。

下简称《决定》）。《决定》开篇即明确了中国特色社会主义制度是中国国家治理体系和治理能力现代化的总依循，并且特别指出，在中国特色社会主义制度下，我国国家制度和国家治理体系具有多方面的显著优势，其中一条就是具有"坚持全国一盘棋，调动各方面积极性，集中力量办大事的显著优势"。这一优势正是在坚持党的集中统一领导并不断提升政府依法执政、行政能力的基础上实现的。这一优势在推进国家治理体系和治理能力现代化的方方面面都要继续坚持和进一步加强。全面深化生态环境治理，发挥多元主体协同治理效应，同样离不开政府的统一管理、统一协调和统一保障。

实践中，发挥好政府全盘调度统筹推进制度优势的根本前提是以坚持党的集中统一领导为统领，实行生态环境保护党政同责、一岗双责。在此基础上落实好中央统筹、省负总责、市县抓落实的工作机制。其中，党中央、国务院统筹制定生态环境保护的大政方针，提出总体目标，谋划重大战略举措，制定实施中央和国家机关有关部门生态环境保护责任清单；省级党委和政府对本地区环境治理负总体责任，贯彻执行党中央、国务院制定的各项决策部署，组织落实目标任务、政策措施，加大资金投入；市县党委和政府承担具体责任，统筹做好监管执法、市场规范、资金安排、宣传教育等工作。可以说，坚持党的统一领导，实行党政同责，完善政府环境保护工作格局有力保障了政府环境治理主导作用的充分发挥。

二、政府作为多元化环境治理体系主导者的角色进化

1. 影响政府环境治理主导作用发挥的结构性制约因素

政府履行环境保护职责，发挥环境治理主导作用，会受到一系列内外部因素的制约，包括资源配置条件的制约、执行能力的制约、行政理念意识的制约、社会发展形势的制约等。同时，还有一些重大制约来源于治理结构方面，例如基于多重委托代理关系所产生的信息不对称问题、政府管理中的条块关系与府际关系问题以及政府与其他治理主体之间的规制俘获博弈问题。这些问题和制约因素对于政府能否有效开展环境治理，特别是能否有效进行环境规制具有重要影响，是导致环境治理出现"政府失灵"的深层次原因，需要引起特别关注。

第一，多重委托代理关系对政府环境规制的影响。环境规制，一般是指政府通过制定相应的政策与措施,对企业等的经济活动进行调节,以达到保持环境和经济发展相协调的目标。环境规制的实施通常涉及四方面行为主体,即政府、被规制企业、社会公众、环境规制机构。这四者之间存在多层委托—代理关系。①而委托—代理关系越复杂,其间产生委托代理"陷阱"以及偏差的可能性就越大,也就越可能导致最终的委托—代理效果偏离最初目的。首先,社会公众是政府实施环境规制的委托人。随着公众的环境意识不断提高,公众对于政府加强环境规制的要求越来越高。由于信息不够透明或者信息公开不够及时,公众对政府时常陷入不信任、不理解的状况,而政府资源有限,也倾向于减少公众决策参与和意见表达。同时,一些政府为了一时的经济、政治利益,极有可能利用信息的不透明违背公众委托,做出不利于环境保护的项目决策。公众和政府之间的委托—代理信任关系一旦发生动摇,矛盾失序,环境治理就会陷入被动。在公众与政府这对委托—代理关系中,充分保障公众的监督权、决策参与权和司法救济权,建立公众意见表达有序机制,显得至关重要。其次,环保部门作为中央和地方政府环境治理的代理部门,身负多重委托关系,尤其是地方环保部门既隶属于地方政府,又受上级环境环保部门管理,在进行环境管理时,往往受本级政府制约配合地方经济社会发展。加之上下各级环境保护部门之间的信息往往存在不对称,在国家环境政策执行过程中容易导致连续性缺失或执行力度逐级递减。再次,企业在某种程度上属于接受政府委托开展自我环境管理或代为开展第三方治理,若治理无效或违背委托则将受到规制制裁。但是由于信息不对称,政府对于企业的环境治理信息,包括其成本、努力程度并不十分清楚,不能准确识别企业规制遵从的真实程度,也就很难与企业建立自愿管理信任关系,相关规制标准或限制条件也就很难做到公平、科学,有关环保决策就可能失误。综合以上三组关系来看,在环境治理的多层委托—代理结构中,各层次都存在信息不对称的情形,这些问题如果不断积累,经跨层传导放大,就会导致环境治理整体陷入无效博弈,也就是说政府没能调动多元主体的能动性,形成环境治理合力。为此,

---

① 薛红燕等:《基于多层委托—代理关系的环境规制研究》,《运筹与管理》2013 年第 6 期。

针对多层委托—代理关系,围绕多元化环境治理体系框架,建立完善有效的信息披露机制、委托激励机制、有效协商机制以及自我约束机制是提高政府环境治理主导作用的必然要求。

第二,央地政府分权及地区竞争对环境规制的影响。我国是实行地方行政区划的单一制国家,由于一定程度上的地方"经济分权"和"财政分权",地方政府具有一定的地方利益诉求,因此同中央政府之间存在目标不一致的情形,同时地方政府之间也存在府际竞争关系,这种政府间的竞争博弈对环境规制的实施具有很大影响。首先,中央和地方政府之间存在环境规制博弈。地方政府在环境治理决策中会通过权衡执行中央环境规制的综合收益和成本进行策略选择。① 实践中,中央政府监管力度、政绩导向、奖惩力度以及地方政府执行成本与执行收益等多重因素会影响双方的博弈结果。如果中央政府政策威胁的置信度不够,地方财税分权效应就可能导致中央环境规制意图出现碎片化危险。② 为此,央地环境治理关系方面必须进行"顶层设计"改革,确定合理的财税分权制度,强化中央对地方政府的监督制约。其次,地方政府之间基于"政治锦标赛"产生博弈竞争,对地方环境规制可能产生负向影响。政绩考核指标是政府竞争的重要指针,政绩考核指标内涵构成则是影响政府竞争负向效应大小的关键。③ 这些均影响地方政府对环境规制的负向影响程度。即使不考虑地方竞争,基于门槛效应,当财政收入水平低于一定程度时,地方政府也会更倾向于优先考虑完成经济指标。另一方面,地方政府之间的竞争不仅会对当地环境治理产生影响,而且会阻碍区域环境治理合作。环境问题往往具有跨域性,因此特别需要跨域规制合作④,但单一行政区划行政管理方式与环境污染的跨域性特点存在深刻矛盾。在

① 潘峰、西宝、王琳:《地方政府间环境规制策略的演化博弈分析》,《中国人口·资源与环境》2014年第6期。
② 杜辉:《论制度逻辑框架下环境治理模式之转换》,《法商研究》2013年第1期。
③ 游达明、邓亚玲、夏赛莲:《基于竞争视角下央地政府环境规制行为策略研究》,《中国人口·资源与环境》2018年第11期。
④ 郎友兴:《走向共赢的格局:中国环境治理与地方政府跨区域合作》,《中共宁波市委党校学报》2007年第2期。

区域利益独立、信息不对称和缺乏激励机制的影响下,环境污染的外部性使得各行政区之间难以达成合作关系,往往陷入府际博弈的非理性均衡。① 导致跨行政区环境治理合作困境的另一关键原因,在于环境治理的分区域财政负担问题。在分税制下,地区政府之间对于跨区域环境治理的经费分担,难以达成一致意见,这直接影响了环境治理跨区域合作的可能性。围绕这些问题,必须考虑调整政绩考核指标和考核机制,同时配合必要的转移支付等其他激励机制,以促进地方政府在环境治理领域的良性竞争及区域合作。

第三,多元主体的规制俘获对政府环境规制的影响。规制俘获是指在规制过程中,由于立法者和规制机构追求自身利益最大化,因而某些特殊利益集团(主要是被规制企业)通过俘获立法者或规制机构而使其提供有利于自身的规制。环境治理是包含政府、市场、公众、环保非政府组织、媒体、其他社会集团之间多维合作关系的立体化模式。② 其中,政府被视为无自我利益的公共利益代理人。但在现实中,"经济人"假设对政府及其工作人员同样适用。"那种要求立法者服从作为某种独立于且不同于私人经济利益的'公共利益'或'普遍福利'的无私追求的行为前提"③,在现实中常常被利益合谋打破,从而产生规制俘获。企业是环境规制的主要对象,为规避环境规制以实现自身利益的最大化,企业会通过游说、贿赂、投资交换或经济施压等手段与立法机构、规制机构或地方政府达成合谋,影响环境决策、环境立法和环境执法,实现降低治污成本、获取竞争优势的目的,从而也导致环境规制失效④,使整个环境治理机制陷入市场和政府调控双双失灵的困境。加强公众参与和来自媒体、环保组织等的社会监督,有利于防止企业环境规制俘获。但是,在发展社会力量参与环境治理的同时,我们也应看到,公众、媒体等其他社会主体也能对政府规制实现俘获。公众开始习惯于通过

① 李胜、陈晓春:《基于府际博弈的跨行政区流域水污染治理困境分析》,《中国人口·资源与环境》2011 年第 12 期。

② 杜辉:《论制度逻辑框架下环境治理模式之转换》,《法商研究》2013 年第 1 期。

③ [美]詹姆斯·布坎南、戈登·塔洛克:《同意的计算——立宪民主的逻辑基础》,陈光金译,中国社会科学出版社 2000 年版,第 310 页。

④ 张忠华:《降低环境规制俘获的对策研究》,《学术交流》2010 年第 2 期。

个体化或者组织化行动的方式参与到环境政策制定、环境权益维护、环境违法监督等事项中来,特别是习惯于通过网络媒体进行发声,"表达"利益,"集结"意见,开展抗争性行动。而地方政府在保持社会稳定的压力下,也越来越倾向于奉行"不出事逻辑"①,为避免环境问题上升为严重公共事件甚至出现冲突性抗争行为,越来越容易与公众达成妥协。正如我们在实践中所观察到的,在垃圾处理厂选址等问题上出现了越来越多的政府妥协案例。就降低政府环境规制俘获而言,环境治理多元参与及相互制衡是必要的,但更重要的是,环境治理强调的是发挥多元主体之间协同、合作的效用,而非仅仅是用一种力量制衡另一种力量,疏通多元主体的参与途径,完善沟通、协作机制才是解决问题的根本之策。

围绕这些结构性问题,我们可以发现,在坚持政府发挥环境治理主导作用的同时,不能单方面强调政府的"命令—控制"机制,否则政府的环境治理主导作用就有可能在同多方主体的无效博弈中低效运行甚至效果落空。为此,要着力优化环境治理的多元结构,推动政府治理角色进化,以抑制和消除影响政府环境治理主导作用发挥的结构性弊端。

2. 政府在多元环境治理模式下的角色进化

政府在环境治理中的主导作用,一方面通过其自身承担的职能所体现,另一方面也能通过政府与其他主体间的互动关系以及互动手段来体现。后者还同时进一步体现出政府在多元环境治理模式下同一元环境治理模式下主导作用的差异,这种差异也是政府环境治理角色变革的一种进化标志。

在传统的权威型政府单向生态环境管理模式下,政府是唯一的治理主体,其他社会成员,包括企业、公民都是治理对象,政府主要凭借自身的权威及行政资源开展生态环境保护,约束和要求企业、个人等主体遵从各种生态环境保护政策法规。从表面上看,无论是在多元环境治理模式下,还是在政府单向环境治理模式下,政府都拥有权威地位,占有主导性优势,能够运用"命令—控制"手段和经济激励手段管理和调控企业、个人的生态环境行为。但是除了表面上的共同点,

① 贺雪峰、刘岳:《基层治理中的"不出事逻辑"》,《学术研究》2010 年第 6 期。

二者在深层次存在根本性区别：在多元环境治理模式下，政府既是环境治理的主导者，也是责任主体；而企业、个人、社会组织既是治理对象，也是治理主体，是重要的治理参与者。此外，政府除了运用"命令—控制"手段、传统市场激励手段等之外，还演化出协商手段、赋权手段。这些特点是一元环境治理模式所没有的。具体而言：

第一，政府生态环境保护责任者角色得到强化。在多元环境治理模式下，政府不单单是国家权力的执行者，政府发挥环境治理主导作用的合法性依据更多地来自法律对政府环保责任的强化。在多元环境治理模式下，责任政府的角色得到强化。政府对市场、对公众、对社会不仅享有管理的职权，更负有保护的责任、服务的责任、协调的责任。对于政府环境治理责任的强化，从责任对象的视角来讲，重点在于地方政府的环境保护责任、各级官员的环境保护领导责任、环境保护相关部门的部门职责以及跨区域地方政府之间的协同治理责任；在责任的内容上，除了强化生态环境保护的基本职责外，还衍生出政府对相关主体环境合法利益的损害救济责任、知情保障责任、民主参与保障责任等，这些责任内容实现了市场主体、社会公众对政府环境保护责任的反向监督和有序制衡。

第二，政府的环境治理单一主体角色发生改变，政府与企业、公众产生了角色互动上的进化。在传统的政府单向环境管理模式下，政府是环境治理的"主角"，企业是自然资源消耗和污染排放的重要主体和主要源头，被当作环境治理的主要对象。政府与企业之间是单纯的管理与被管理的关系。而这恰恰是导致双方利益关系紧张，甚至发生冲突和扭曲的结构性原因所在。[①] 同时，政府在对企业的管理过程中，社会公众主要是被动的利益相关人。政府对企业尽责监管，公众就受益。反之，政府不作为或被规制俘获，公众就会受损。社会公众无法充分参与到环境治理的整个过程中来。而在多元环境治理模式下，企业、公众、社会组织等环境利益相关者自始至终作为治理主体参与到环境治理中来，与政府形成立体互动。就政府与企业的关系而言，企业通过环境治理自我管理可以获

---

① 王清军：《自我规制与环境法的实施》，《西南政法大学学报》2017 年第 1 期。

得市场激励和政府激励；同时基于自愿协议等机制，企业可以与政府协商，在一定程度上"定制"个性化的环境治理规制；此外，治理型企业可以补充政府环境治理功能，通过政府引导、扶持实现生态环境第三方治理。就政府与社会公众的关系而言，政府在多元环境治理模式下一方面要借助公众、社会组织等社会主体的作用，共同对企业进行监督、施压；另一方面，政府本身也要接受来自社会的监督，建立有序的民主参与机制，使公众能够参与到环境治理公共决策的过程中来，使公众的利益诉求得到有序表达和决策参与。总之，政府单一角色的变化，实质上是环境治理相关利益者多元利益的有序均衡。无论是在哪一种环境治理模式下，多元利益的冲突和博弈都是客观存在的。只是，在多元化治理体系中，随着多元主体治理角色的变化以及多元主体治理架构的完善，政府在多元利益的协调过程中更能够保持自身的公共利益属性，更能够顺畅、有序地协调好多元利益冲突，更有力地规范各主体利益性的行为，减少利益分化程度，从而实现环境治理效益的帕累托改进。

第三，政府从命令—控制者走向多角色主体，进而产生了角色功能进化。在现代治理模式下，政府干预更多体现的是国家公共服务职能，政府在履行这一职能时要更多地发挥引导、激励功能，主动适应环境问题的复杂性以及环境利益的多元性特点，着力激活缺乏利益驱动的公共产品市场和基础事业领域，以服务者的身份去促进环保事业的发展①，以公共利益代理者的身份协调各种利益主体的诉求主张，促成一致行动目标。政府从命令者、监督者向激励者、服务者、协调者的角色延伸，使得政府在环境保护中的功能不仅仅局限于行政管理和对抗性监督，而是有机会构建起完整的绿色参与—绿色互惠—绿色协商良性发展机制，使国家的环境公共利益、社会公众的个人环境权益与企业的合法利益能够达成一致和融合，而不是走向冲突甚至无法调和的割裂境地。②

---

① 谭冰霖：《环境规制的反身法路向》，《中外法学》2016 年第 6 期。
② 梁甜甜：《多元化环境治理体系中政府和企业的主体定位及其功能——以利益均衡为视角》，《当代法学》2018 年第 5 期。

第四,政府发挥主导作用的手段创新与变革。政府在环境治理中的主导地位和角色功能最终是通过政府的环境规制行为来体现的。从单一环境治理模式向多元环境治理模式的转变过程中,政府的环境规制手段也伴随着政府环境治理角色的演进而不断变革创新,并体现出弹性、协商、法治(司法救济保障)的趋势。目前,学界认为环境规制法规政策已经演进了两代,目前正在向第三代环境规制迈进。在这一背景下目前新一代环境规制在各国开始显露头角。① 具体包括:(1)环境信息披露规制手段,包括绿色标志等正面信息披露手段以及环境风险警示、违规信息公开等负面信息披露手段。(2)内部环境管理规制手段,主要是把环境规划、环境应急管理、环境工艺管理等管理规范融入企业的长期营运规划和日常质量管理中。《中华人民共和国环境保护法》就对企业的环境管理责任和环境应急制度做出了规定。(3)环境污染第三方治理规制手段。第三方环境规制是在一定限度内将政府的规制权力授权或委托给经过认可的第三方私人主体,使之承担部分规制任务,具体包括第三方认证、第三方治理、第三方管制、第三方报告等。(4)环保协议规制手段。环保协议规制属于行政契约范畴,即由企业与规制者在不违反法律禁止性规定的前提下达成有关企业环境表现目标的合意;若企业成功履约,则规制者给予其税收减免、优先政府采购等政策优惠或物质奖励作为回报。(5)环保约谈规制手段。环保约谈包括上级政府对下级政府以及政府对企业等有关机构,就其环境治理不力的情形进行谈话问询、督导、要求,以促成彼此之间的信息沟通,促进其履行环境治理责任。环保约谈既具有一定的监管施压功能,又富有相当的弹性,其应用前景越来越广泛。

3.在多元化环境治理体系中政府主导作用的重新定位

第一,政府是多元主体共同参与环境治理的权威组织者和利益协调者。在市场机制下的环境治理的公共服务缺乏由私人供给的有效激励,这就需要由政府组织供给或经营,例如环境立法、环境质量标准、环境质量状况监测以及普及环保知识等。特别是很多环境治理项目是跨区域、周期长、正外部性高的大型工

---

① 谭冰霖:《论第三代环境规制》,《现代法学》2018 年第 1 期。

程项目，必须发挥政府统筹组织社会资源的优势，借助其权威性组织环境治理各种主体、各种资源、各种力量加以实施，同时充分协调多元利益，使之达成一致，指向公共利益最大化。在这一过程中，政府作为公共环境利益的代言人将发挥其最高组织者的作用，通过体制机制的建立和完善、环境市场的设计和培养，更好地发挥市场在资源配置中的基础性作用，激发企业的内生环境治理动机；同时，保障社会组织和公众有序参与环境治理，充分表达和要求自身合理诉求，从而组织好、协调好环境治理各种主体，使之相互配合、共同协调，发挥好各主体治理比较优势和独特功能，调动各主体的治理积极性和主动性，引导其从自身利益出发选择对公共环境有益影响的共赢行为，减少和避免其对环境的不利影响行为，从而实现环境治理的高度配合、高效运行。

第二，政府是生态环境保护制度建设的重要推动者。在新制度学派的观点下，只要环境资源不能被完全的界定和清晰化，环境外部性问题在市场资源配置中就无法解决。政府是公共权力的直接代理人，只有国家和政府才能通过建立有效的制度安排，提供具有激励和约束力的制度体系，从而降低交易成本，促进资源公共福利的有效生产和增长。在国家的制度体系构建、创新、改革过程中，无论是基本法律的制定，还是国家政策的制定，各级政府及其有关部门都是重要的推动力量。实践中，政府的一个重要职能就在于综合分析经济社会发展和环境问题现状，制定符合国家总体宏观目标的战略规划及发展路径。在此基础上，政府及其有关部门根据宏观调控的总目标，设计环境治理的相关制度规范，推动符合国家发展实际的环境治理模式，通过法律、法规、政策的制定，提供制度约束，为环境治理中市场机制、社会机制的有效运行提供完备的制度保障，鼓励利益相关者在环境治理中广泛参与。其中，一方面促进企业在环境治理中的合规性、自我管理主动性；一方面提供社会组织参与环境治理的合法地位，提供公众进行环境救济索赔的司法制度保障，从而实现多元利益的有序博弈和整体最大化。

第三，政府是环境治理主体责任的重要配置者和监管者。科斯定理指出，由于存在交易费用，不同的初始产权界定和分配会带来不同效益的资源配置。与之相应，责任的不同归属、划分配置也会决定环境治理的最终效果。因此，在环境治理过程中,对各种环境治理参与主体的责任进行划分具有关键性意义。环境治理责任的确立不能单纯依靠市场调节,通过契约机制来完成,必须依靠国家和政府的权威来进行配置和保障落实。政府在确定各主体的责任范围、责任大小、责任后果,并督导、保障各主体责任的落实方面承担着主导者角色。在主体间横向责任划分方面,国家和政府要从宏观上进行赋权和责任划分,通过中央的权威政策文件以及国家立法形式,首先明确政府、市场主体、社会组织、公众等各类主体在环境治理中的参与地位,进而明确其各自的责任内容、责任范围、责任形式,并且明确各类主体之间的权能边界与责任关系。

在各主体内部的具体责任划分方面,一是对于政府自身的责任划定和自我监管,要由国家来明确和落实中央政府与地方政府之间的环境保护责任划分,明确和落实区域内各相邻地方政府之间的环境保护责任划分,明确和落实政府相关部门之间的环境保护责任划分,以及明确和落实政府具体官员的环境保护责任;二是针对市场领域企业主体责任的划定和监管,要由国家政府来明确和落实污染企业与环境治理企业、消费者与产品服务供应者彼此对应的环境保护责任,明确和落实各污染企业排污权限、额度、治理技术标准和责任,明确和落实相关生态环境资源的产权归属及其保护责任,以及明确和落实污染者对受害者的赔偿责任和对生态环境的修复责任;三是对于社会领域社会公众有序参与责任的确立和落实,国家政府要明确和落实公民的环境保护责任,明确和落实社会组织的环境治理参与责任,明确和落实相关部门对公众、社会组织参与环境治理的保障责任,以及明确和落实政府、企业等主体对公众的环境信息披露责任等。由此,在政府主导下,全社会形成完备、有序、合理的环境治理责任体系,并由政府保障落实。

第四,政府是环境治理要素投入的主要供给者和调控者。环境治理是一项重要的公共服务,政府通过财政资金调动人力、物力、技术等要素资源,提供高质量的环境服务,是政府推进环境治理的一项重要途径,也是政府主导作用的重要体现。一方面,政府负责保障全局性、外部性的环境治理项目资金等要素投入,弥补市场在这些大型环境公共服务项目方面的供给不足,承担起环境公共服务的供给职能。另一方面,政府通过建立有效的市场机制,发挥宏观调控作用,引导市场发挥资源配置基础性作用,增加环境治理的市场化要素投入,特别是通过财政支出发挥"杠杆"作用,通过财政资金的先导投入或补贴投入,引导其他社会资金投入到环境治理项目中来,形成以财政投入为基础,以社会资金为支撑的全社会多元投入格局,构建起有效的环境治理产业体系、绿色金融体系等,从而有力地支持环保科技研发以及对环境治理项目的各类要素投入。此外,中央和各级政府通过财政转移支付,能够有力地协调环境治理的区域不平衡性、领域不平衡性,特别是消除因财政分权导致的经济落后地方的环保治理责任规避,提高社会整体环境治理效率。

第五,政府是环境保护政策法规的主要管理者、执行者。在多元环境治理模式下,虽然强调多元主体的共同参与和政府的协调服务功能,但是政府的环境行政管理功能仍然是重要而不可或缺的。环境保护政策规则的执行落实,需要政府基于法定授权履行公共管理职能,对于环境保护政策法规予以宣传、执行、监督、核查、奖惩、督导等,特别是要履行行政执法职责,通过有关生态环境行政许可、行政处罚、行政强制、行政征收、行政确认、行政监察、行政裁决等执法管理手段,把法律、法规、规章和规范性文件中的各种有关规定实施于具体对象或案件,从而依据法定职权、凭借国家权威保障环境保护政策法规的落实。实践中,虽然有些环境公共管理职能可以依法委托给其他机关甚至其他机构代为执行,但从法定权限来源看,只有政府是法定的行政管理者和行政执法者,有关生态环境的公共管理职能是任何其他主体所不能完全替代的。

三、当前我国政府环境治理主导作用的法律体现

改革开放以来,我国的环境治理历程同经济发展历程高度耦合,环境治理方式转变的节点也是中国经济发展的重要节点。总体来看,我国的环境治理大致可以分为以下四个阶段。

第一阶段为建章立制阶段(1978—1991 年)。改革开放伊始,邓小平同志曾连续两次对治理漓江的污染情况作出重要批示,并督促相关部门采取一系列治污举措,以实际行动揭开了中国环境治理的序幕。这一时期的环境污染程度相对较低,环境治理主要依靠行政、法律等手段,以监督促治理,以监督促保护。

第二阶段为规模化治理阶段(1992—2001 年)。这一阶段,中国改革开放的步伐加快,全国在开展大规模经济建设的同时,也产生了一系列的环境污染问题。这一阶段的环境治理主要以总量控制为核心,同时启动大规模的城市环境综合整治。

第三阶段为治理模式转型阶段(2002—2012 年)。在经济持续高速增长和对外开放程度不断加大的过程中,全国各地的环境污染形势更加严峻。这一阶段的环境治理从"先污染后治理"转向"预防在先,治理在后",并逐步开始由末端治理向全过程控制转变,但环境质量总体上并没有明显好转。

第四阶段为绿色治理阶段(2013 年至今)。党的十八大以来,中国经济发展进入新常态,环境治理也进入新阶段。党中央、国务院高度重视生态环境问题,生态环境保护作为国家发展战略被放在优先位置,生态文明建设理念的提出和框架的构建开启了绿色治理的新篇章。在这一阶段,党和国家陆续出台一系列的规章制度,并在各项工作中抓紧落实,从而形成了新时代环境治理的中国样本。

伴随着环境治理方式的整体演化变迁,我国环境规制法规政策本身也经历了一个不断发展演进的过程。自 1973 年《关于保护和改善环境的若干规定(试行草案)》出台至今,我国生态环境法规政策体系的内容不断扩充,规模不断扩大,规范形式不断丰富,最重要的是生态文明有关内容被写入《宪法》,成为统领生态环境治理有关法律法规的根本依据,这些将有力推动新时代我国生态文明建设以及相关生态环境治理法规政策的发展完善。

1.政府生态环境治理责任和职能的宪法确认

《宪法》是统领国家法律法规的根本大法,与生态环境治理有关的责、权、利的设置,离不开《宪法》的确认和保障。我国《宪法》关于生态环境治理的有关规定经历了几次重要发展变化,有关政府生态环境保护主导责任和职能的规定日益完善。

一是,1978 年 3 月 5 日,五届全国人大一次会议通过修订的《宪法》第 11 条第 3 款规定:"国家保护环境和自然资源,防治污染和其他公害。"这是首次在《宪法》中确认了国家的环境保护职责,并明确了环境保护工作领域为自然资源保护和污染防治两个方面,为专门环境保护立法确立了宪法依据。

二是,1982 年修订的《宪法》第 9 条规定:"国家保障自然资源的合理利用,保护珍贵的动物和植物。禁止任何组织或者个人用任何手段侵占或者破坏自然资源。"第 26 条将 1978 年《宪法》中的"保护环境和自然资源"修改为"保护和改善生活环境和生态环境",首次以宪法形式确认了"生态环境"的概念。此次宪法修订明确了"保护自然资源和野生动植物"与"保护和改善生活环境和生态环境"的国家战略,为制定和实施环境保护法律法规提供了宪法依据。

三是,2018 年,修正后的《宪法》序言中,将生态文明同物质文明、政治文明、精神文明、社会文明并列为国家的未来建设方向,把富强民主文明和谐美丽确定为社会主义现代化强国的未来建构目标;同时,《宪法》第 89 条第 6 项中赋予了国务院领导和管理生态文明建设的职能,从而第一次以《宪法》的形式确立了"生态文明"的概念。

生态文明入宪是对党的十八大以来我国生态文明理论体系建构与实践行动目标的重要提炼与总结,是党和国家对新时代环境治理法制化建构的现实回应,无疑会对当下中国环境法制的下一步发展产生深远影响和革新方向上的价值指引。生态文明入宪开启了我国环境法制革新的新起点和发展的新阶段,标明了中国特色社会主义环境法制发展和制度构建的基本方向,彰显了我国环境法制变革的内在动因和逻辑起点。以宪法方式规定生态文明建设的地位,使其获得立国精神的宪章地位,是最好的政治表达,奠定了法制改革的政治正当性和合宪性。生态文明入宪必将对我国环境法制的伦理观制度革新和环境法制实践产生根本性的影响,并以此为基点,逐步开启我国环境治理从环境法制到生态法治的过渡,最终促成环境法学研究范式从环境法到生态法的价值转型。

2. 政府环境治理的基础性法律依据——《环境保护法》

《中华人民共和国环境保护法》(以下简称《环境保护法》)是我国生态环境保护领域的综合性、基础性法律,规定了我国环境保护的基本理念、原则、制度和责任义务,具有十分重要的地位和意义。

我国现行《环境保护法》是经过长期发展演变确立的。1973 年,国务院召开了第一次全国环境保护会议,制定了中国第一部关于环境保护的法规性文件——《关于保护和改善环境的若干规定》。在此基础上,1979 年 9 月,我国颁布了中华人民共和国成立以来第一部综合性环境保护法——《中华人民共和国环境保护法(试行)》。1989 年,经第七届全国人民代表大会常务委员会第十一次会议通过,我国颁布了正式的《中华人民共和国环境保护法》。现行《环境保护法》即在 1989 年《环境保护法》的基础上,于 2014 年 4 月 24 日经第十二届全国人民代表大会常务委员会第八次会议修订通过,并于 2015 年正式实施。现行《环境保护法》在 1989 年版基础上进行了较大幅度的修订,在条文结构上由六章变为七章,共七十条;在实质内容上,进行了较多变革创新,就总体而言,其最突出的变化表现在两个方面:一是环境治理措施比以往更加严厉,有关监管体系更加严密,规制手段更加强硬和广泛,法律责任更加严格,因此被誉为“史上最严环保法”;二是在环境治理多元主体的规定方面,不仅进一步强化了各类主体的环境治理责任义务,还专门增加了“信息公开和公众参与”一章,明确了公民、法人和其他组织依法享有获取环境信息、参与和监督环境保护的基本权利。

《环境保护法》的一个核心功能就是对相关主体在环境治理中的责、权、利进行配置。从政府环境治理职责配置及履行这一视角来看,新版《环境保护法》的主要内容及特点具体包括以下几方面:

(1)进一步强化了政府的环境治理责任

1989 年《环境保护法》在条文内容和措辞上,更多的强调了政府环境管理和环境保护的“职权”,而在新版《环境保护法》中更多强调的是政府,特别是地方各级政府的环境治理“责任”。

首先,新版《环境保护法》在总则就明确了“保护环境是国家的基本国策”(第四条),并明确规定“地方各级人民政府应当对本行政区域的环境质量负责”(第六条)。

其次,新版《环境保护法》在各章中,大量使用“应当……”的条文形式,规定了政府在环境监督管理、保护和改善环境质量、防治污染和其他公害、保障信息公开和公众参与、落实法律责任等方面应承担的具体职责任务。其中，和1989年版相比，新增规定了十一类具体的政府环境治理责任，包括：①促进环境保护信息化建设（第七条）；②鼓励和支持环境保护产业发展（第七、二十一条）；③应当加大财政投入，提高财政资金的使用效益（第八条）；④应当加强环境保护宣传和普及工作，鼓励相关社会组织和志愿者开展环境保护宣传（第九条）；⑤加强环境保护规划的责任；⑥加强对大气、水、土壤等的保护，建立和完善相应的调查、监测、评估和修复制度（第三十二条）；⑦加强对农业环境的保护，提高农村环境保护公共服务水平，推动农村环境综合整治，防治农业面源污染、生活污染等各种环境污染（第三十三、四十九、五十条）；⑧应当采取措施，组织对生活废弃物的分类处置、回收利用（第三十七条）；⑨促进清洁生产和资源循环利用（第四十条）；⑩应当统筹城乡建设污水、固体废弃物、危险废物收集、处置等环境卫生设施和环境保护公共设施（第五十一条）；⑪应当依法公开环境信息、完善公众参与程序，为公民、法人和其他组织参与和监督环境保护提供便利（第五十三条）。

（2）完善了政府责任落实保障机制

新版《环境保护法》在明确政府责任内容的同时，还明确规定了保障政府责任落实的有关监督、考核、举报、处分等机制，进一步强化了政府环保责任的有效落实。具体而言，主要规定了以下六种责任落实保障机制：

一是常规的层级式监督管理及分工落实机制。《环境保护法》第十条规定，国务院环境保护主管部门，对全国环境保护工作实施统一监督管理；县级以上地方人民政府环境保护主管部门，对本行政区域环境保护工作实施统一监督管理。县级以上人民政府有关部门和军队环境保护部门，依照有关法律的规定对资源保护和污染防治等环境保护工作实施监督管理。

二是上级监管及越级处罚机制。第六十七条进一步规定了上级政府及有关部门应加强对下级部门的监督，当下级有关部门不作为时，上级政府可以越级直接做出行政处罚的决定。

三是环境保护目标责任制和考核评价制度。第二十六条规定，县级以上人民政府应当将环境保护目标完成情况纳入对本级人民政府负有环境保护监督管理职责的部门及其负责人和下级人民政府及其负责人的考核内容,作为对其考核评价的重要依据。考核结果应当向社会公开。此外,第二十八条规定了未达到国家环境质量标准的重点区域、流域政府的工作弥补机制,地方各级人民政府应当根据环境保护目标和治理任务,采取有效措施,改善环境质量。规定:未达到国家环境质量标准的重点区域、流域的有关地方人民政府,应当制定限期达标规划,并采取措施按期达标。

四是各级人大及其常委会环境监督机制。第二十七条规定,县级以上人民政府应当每年向本级人民代表大会或者人民代表大会常务委员会报告环境状况和环境保护目标完成情况,对发生的重大环境事件应当及时向本级人民代表大会常务委员会报告,依法接受监督。

五是社会监督和越级举报机制。第五十七条不仅规定公民、法人和其他组织发现任何单位和个人有污染环境和破坏生态行为的都有权向有关部门举报,而且规定发现地方各级人民政府、有关部门不依法履行职责的,有权向其上级机关或者监察机关举报。

六是政府三类人员需承担个人法律责任机制,特别是部门主要负责人引咎辞职机制。第六十八条规定,当政府有关部门有法定的八类违法行为时,对直接负责的主管人员和其他直接责任人员给予记过、记大过或者降级处分;造成严重后果的,给予撤职或者开除处分,其主要负责人应当引咎辞职。

(3)进一步扩展和完善了政府环境规制措施

《环境保护法》为政府开展环境治理设置了十二类环境规制措施。这些措施从规制性质来看,既包括传统的行政命令—控制型手段,也包括市场化手段,甚至还为政府采取相关非正式的弹性制治理手段提供了基本依据。另外,从措施实施范围来看,既有宏观治理型手段,又有微观治理型手段。具体如下:

第一类,规划管理。例如第十三条规定,国务院环境保护主管部门会同有关部门,根据国民经济和社会发展规划编制国家环境保护规划,报国务院批准并公布实施。县级以上地方人民政府环境保护主管部门会同有关部门,根据国家环境保护规划的要求,编制本行政区域的环境保护规划,报同级人民政府批准并公布实施。

第二类,标准规制。新版《环境保护法》在授权政府制定环境质量标准和污染物排放标准的原有规定基础上,新增了三项规定内容。一是地方政府可以制定高于国家标准的地方性环境质量标准(第十六条)。二是明确了国家重点污染物排放总量控制制度,规定企事业单位在执行国家和地方污染物排放标准的同时,还应当遵守重点污染物排放总量控制指标,同时,超过国家重点污染物排放总量控制指标或者未完成国家确定的环境质量目标的地区,将暂停审批新增重点排污建设项目的环境影响评价文件(第四十四条)。三是规定国家鼓励开展环境基准研究。根据该条,2019年10月生态环境部组织成立了国家环境基准专家委员。

第三类,环境监测预警管理。新版《环境保护法》在规定政府负有环境质量和环境污染监测职能的基础上,新增规定了四个具体的环境监测预警职能,分别是环境资源承载能力监测(第十八条)、环境与公共健康监测(第三十九条)、农业污染源监测(第三十三条)以及环境污染公共安全与风险防范监测(第四十七条)。同时,还明确规定要加强对大气、水、土壤的保护和监测。

第四类,环境影响评价管理。开展环境影响评价是政府规制企事业单位环境行为的重要手段。新版《环境保护法》在强调新建项目要开展环境影响评价的基础上,新增设了关于开发利用规划也要先开展环境影响评价的规定,从而将地方政府的开发规划行为也纳入了环境影响评价管理体系,进一步加强了环境影响评价的管理作用,弥补了相关制度漏洞。

第五类,市场化规制措施。新版《环境保护法》规定了政府应当通过财政、税收、价格、政府采购等多种政策措施支持环保产业发展、支持企业减排。特别是明确规定,对于企事业单位自愿减排以及配合政府环境保护要求转产、搬迁、关闭的,政府应给予支持(第二十二、二十三条)。这为政府与企业建立自愿性协议奠定了法律基础。同时,新版《环境保护法》在第三十六条专门规定了国家机关和使用财政资金的其他组织应当优先采购和使用节能、节水、节材等有利于保护环境的产品、设备和设施,在第五十二条专门规定了国家鼓励投保环境污染责任保险。

第六类,功能区划管理和生态红线管理措施。新版《生态环境保护法》确认了国家功能区划管理制度,特别是生态红线管理制度,从而实现对重点生态功能区、生态环境敏感区和脆弱区等区域的严格保护(第二十九条)。

第七类,信息公开和信用管理规制。新版《环境保护法》规定了中央、省级、县级三级政府主管部门的环境信息公开制度,涉及国家和地区环境质量、重点污染源监测信息、地区环境状况公报、突发环境事件、环境行政许可、行政处罚、排污费的征收和使用情况以及建设项目环境影响报告书等各类环境信息(第五十四条、五十六条)。在此基础上,还新增设了企业信用管理制度及其规制措施,规定县级以上地方政府有关部门,应当将企事业单位和其他生产经营者的环境违法信息记入社会诚信档案,及时向社会公布违法者名单(第六十二条)。

第八类,宣传引导规制措施。作为软性的环境治理措施,宣传引导同样十分重要,特别是在政府主导下的全社会系统宣传。新版《环境保护法》第九条明确规定各级人民政府应当加强环境保护宣传和普及工作,鼓励基层群众性自治组织、社会组织、环境保护志愿者开展环境保护法律法规和环境保护知识的宣传,营造保护环境的良好风气。同时新版《环境保护法》还具体规定,教育行政部门、学校应当将环境保护知识纳入学校教育内容,培养学生的环境保护意识。

第九类,区域协同治理与生态补偿措施。针对区域性、流域性环境问题以及城乡协同环境治理问题,新版《环境保护法》规定了一系列协同治理机制措施,包括建立跨行政区域的重点区域、流域环境污染和生态破坏联合防治协调机制,实行统一规划、统一标准、统一监测、统一防治(第二十条);统筹城乡建设污水、固体废弃物、危险废物收集、处置等环境卫生设施和环境保护公共设施(第五十一条);同时,还新增规定了生态补偿制度,规定有关地方政府通过协商或者按照市场规则进行生态保护补偿。

第十类,行政执法管理措施。新版《环境保护法》的有关规定涵盖了行政许可、行政处罚、行政强制、行政征收、行政监督检查、行政奖励六种主要的行政执法管理措施,特别是新增规定了排污许可管理制度(第四十五条)、按日连续处罚制度(第五十九条)、信息责令公开制度(第六十二条)、查封扣押措施(第二十五条)、限制生产和停产整顿措施(第六十条)、责令停止建设和恢复原状措施(第六十一条)以及针对有关责任人员的行政拘留措施等一系列执法管理措施。与1989年《环境保护法》相比,新版《环境保护法》所规定的行政执法管理措施种类更多、执法力度更强、违法责任更重,这有效地增加了环境违法者的违法成本,使得相关部门的行政执法更有效力。

(4)强化了社会参与、监督和配合

新版《环境保护法》,在总则就明确规定了"环境保护坚持保护优先、预防为主、综合治理、公众参与、损害担责的原则"。同时,新版《环境保护法》专门增加了"信息公开与公众参与"一章,其中第一项条文就明确规定了"公民、法人和其他组织依法享有获取环境信息、参与和监督环境保护的权利"(第五十三条)。围绕社会参与和监督具体机制,新版《环境保护法》,一是就公众监督、举报的有关制度进行了规定(第五十七条);二是明确了新闻媒体应对环境违法行为进行舆论监督(第九条);三是特别新增设了环境公益诉讼制度,规定符合条件的社会组织可以对污染环境、破坏生态等损害社会公共利益的行为提起诉讼(第五十八条)。除此之外,新版《环境保护法》还对企事业单位、公众、其他社会组织的环境保护义务做了相应规定。特别是针对企事业单位,新版《环境保护法》进一步强化了企业自我管理规定,要求排污的企事业单位不仅要建立内部环境保护制度,而且必须将环保责任落实到人;重点排污单位还要安装使用监测设备,保证监测设备正常运行,保存原始监测记录。

从以上几方面来看,我国政府环境规制一方面在强度上明显增加,另一方面在弹性和灵活性上也明显增加,更多地开始使用柔性化规制措施,如各种市场机制、自愿引导机制、信用引导机制;更强调使用宏观性、总体性、基础性治理措施,如规划管理、功能区划管理、总量控制、监测预警和基准研究;更注重协同治理和社会参与。这与当代政府环境规制的全球发展趋势是紧密契合的。

3. 有关环境治理的相关专门法律

除《宪法》和《环境保护法》以外,国家针对特定生态环境资源的专项保护,特定生态环境问题的治理,以及特定生态环境保护管理措施等方面进行了一系列专门立法,制定了《森林法》《水法》《大气污染防治法》《环境影响评价法》以及《循环经济促进法》等一系列专门性法律。此外,在刑法、民法以及有关行政法等部门法律中也规定了与生态环境治理相关的内容,从而形成了相互支撑、相互配合的法律体系(详见表2-1)。

表2-1　我国生态环境保护的现行法律体系

根本法	《宪法》(2018年修正)	
环境治理基础性法律	《环境保护法》(2014年修订)	
环境治理专项法律	有关自然资源/资产保护管理的专项法律	长江保护法
		矿产资源法
		土地管理法
		森林法
		野生动物保护法
		海洋环境保护法
		水法
		可再生能源法
		草原法
		海域使用管理法
		渔业法
		气象法
		煤炭法
		农业法

续表

环境治理专项法律	有关特定生态环境保护措施的法律	清洁生产促进法
		环境影响评价法
		环境保护税法
		循环经济促进法
		城乡规划法
	有关特定生态环境问题治理的专项法律	环境噪声污染防治法
		防沙治沙法
		大气污染防治法
		土壤污染防治法
		水污染防治法
		固体废物污染环境防治法
		放射性污染防治法
		水土保持法
		节约能源法
其他部门法	刑法、民法、行政法中的有关法律	

资料来源：根据生态环境部官方网站公开信息整理。

以上专项法律的形成时间有长有短，其中有六成是在 2000 年以前制定的。但很多法律在颁布之后几经修改①，在内容上不断完备，不断与时俱进。法律条文的修改，反映了国家对该领域的立法关注度。而立法关注度的高低，一方面与该领域是否出现了比较重要的新变化或新问题有关，另一方面也在很大程度上反映出政府对这一领域环境治理的实践关注度。对上述法律修订情况的统计结果显示，《大气污染防治法》的修订次数最多，为 2 次，同时还修正过 2 次。其立法关注度同我国近年来高度重视大气污染防治的环境治理实践是充分吻合的。

---

① 法律的修改分为修正和修订两种。其中，修正通常是指对法律条文中的个别概念、内容的局部性修改；修订是指对法律条文进行整体全面的修改。

除《大气污染防治法》外,立法关注度较高的还有《海洋环境保护法》《水污染防治法》《草原法》《土地管理法》等。另外,从立法或修改的时间更新情况来看,2016 年以来新制定的法律有《土壤污染防治法》(2018 年)、《环境保护税法》(2016 年);新修改的法律有《城乡规划法》(2019 年)、《环境影响评价法》(2018 年)、《环境噪声污染防治法》(2018 年)、《节约能源法》(2018 年)、《防沙治沙法》(2018 年)、《标准化法》(2017 年)、《海洋环境保护法》(2017 年)、《水污染防治法》(2017 年)、《野生动物保护法》(2016 年)、《固体废物污染环境防治法》(2016 年)、《煤炭法》(2016 年)、《气象法》(2016 年)、《水法》(2016 年)等。这反映了我国政府近年来环境治理实践的主要关注领域。

4.相关行政法规、规章和标准

从国家层面来看,国务院颁布的行政法规,生态环保部及有关部门制定的环境保护规章,以及有关部门制定的环境保护相关标准,同样是政府环境规制的重要依据。目前,生态环境部官网上共发布有《自然保护区条例》《野生动物保护条例》等行政法规 30 余部,主要部门规章近百部,以及有关国家生态环境标准上千项。我国现行有关生态环境保护的主要行政法规参见表 2 - 2。

表 2 - 2　我国现行有关生态环境保护的主要行政法规

序号	行政法规名称	首次发布时间	最后修订时间	修订次数
1	政府信息公开条例	2007 年 4 月	2019 年 4 月	1
2	废弃电器电子产品回收处理管理条例	2009 年 2 月	2019 年 3 月	1
3	民用核安全设备监督管理条例	2007 年 7 月	2019 年 3 月	2
4	放射性同位素与射线装置安全和防护条例	2005 年 9 月	2019 年 3 月	2
5	消耗臭氧层物质管理条例	2010 年 4 月	2018 年 3 月	1
6	防治船舶污染海洋环境管理条例	2009 年 9 月	2018 年 3 月	3
7	防治海洋工程建设项目污染损害海洋环境管理条例	2006 年 9 月	2018 年 3 月	2

续表

序号	行政法规名称	首次发布时间	最后修订时间	修订次数
8	防治海岸工程建设项目污染损害海洋环境管理条例	1990 年 6 月	2018 年 3 月	3
9	河道管理条例	1988 年 6 月	2017 年 3 月	2
10	自然保护区条例	1994 年 10 月	2017 年 10 月	2
11	建设项目环境保护管理条例	1998 年 11 月	2017 年 7 月	1
12	防止拆船污染环境管理条例	1988 年 5 月	2017 年 3 月	2
13	海洋倾废管理条例	1985 年 3 月	2017 年 3 月	2
14	农药管理条例	1997 年 5 月	2017 年 2 月	2
15	风景名胜区条例	2006 年 9 月	2016 年 2 月	1
16	陆生野生动物保护实施条例	1992 年 2 月	2016 年 2 月	2
17	企业信息公示暂行条例	2014 年 7 月	/	/
18	畜禽规模养殖污染防治条例	2013 年 10 月	/	/
19	城镇排水与污水处理条例	2013 年 9 月	/	/
20	放射性废物安全管理条例	2011 年 11 月	/	/
21	太湖流域管理条例	2011 年 9 月	/	/
22	资源税暂行条例	1993 年 12 月	2011 年 9 月	1
23	危险化学品安全管理条例	2002 年 1 月	2011 年 2 月	1
24	医疗废物管理条例	2003 年 6 月	2011 年 1 月	1
25	淮河流域水污染防治暂行条例	1995 年 8 月	2011 年 1 月	1
26	淮河流域水污染防治暂行条例	1995 年 8 月	2011 年 1 月	1
27	核电厂核事故应急管理条例	1993 年 8 月	2011 年 1 月	1
28	放射性物品运输安全管理条例	2009 年 9 月	/	/
29	规划环境影响评价条例	2009 年 8 月	/	/
30	汶川地震灾后恢复重建条例	2008 年 6 月	/	/
31	全国污染源普查条例	2007 年 10 月	/	/
32	危险废物经营许可证管理办法	2006 年 5 月	/	/

续表

序号	行政法规名称	首次发布时间	最后修订时间	修订次数
33	濒危野生动植物进出口管理条例	2006 年 4 月	/	/
34	突发公共卫生事件应急条例	2003 年 5 月	/	/
35	野生植物保护条例	1996 年 9 月	/	/
36	防治陆源污染物污染损害海洋环境管理条例	1990 年 6 月	/	/
37	核材料管理条例	1987 年 6 月	/	/
38	民用核设施安全监督管理条例	1986 年 10 月	/	/
39	海洋石油勘探开发环境保护管理条例	1983 年 12 月	/	/

资料来源:根据生态环境部官方网站公开信息整理。

相较于《环境保护法》和其他生态环境保护相关专项法律,行政法规、规章的制定具有更大的灵活性。从表2-2中可以看出,现行有关生态环境保护的主要行政法规修订频率明显更高,这实际上有利于政府提高生态环境治理的响应能力,使生态环境保护法制建设紧跟实践发展的现实需要。

从有关标准的制定来看,我国环境标准体系越来越庞大,标准数量越来越多,标准要求越来越高。目前,我国环境标准主要涵盖了水环境保护、大气环境保护、环境噪声与振动、土壤环境保护、固体废物与化学品环境污染控制、核辐射与电磁辐射环境保护、生态环境保护、环境影响评价标准、排污许可、污染防治技术政策、可行技术指南、环境监测方法标准及监测规范以及其他环境标准共十三大类。同时,建立了比较完备的标准征求意见制度以及相关标准管理制度,环境标准在推动产业绿色化、生活绿色化以及贸易绿色化等方面将发挥越来越重要的作用。

5. 我国环境保护法律法规的不足与完善路径

近年来,我国环境保护法律法规体系得到长足发展,从宪法到各种法律、法规,不断纳入新的理念,不断确立新的制度,不断创设更加有效的治理措施,同时相关部门法之间的相互配合也越来越严密,环境保护的法制体系越来越完善,反映出我国环境治理的法治能力在不断提高。与此同时,也要看到,我国环境保护法律法规体系的发展在相当程度上仍然滞后于环境治理的现实发展需要,有关环境保护的重要制度虽然已经得到法律确认,但规定还不够详细,实际操作存在困难;有些措施的创新变革还不够彻底,与其他国家的先进做法相比还存在一定差距;对于各类主体的重要权利、义务的规定还比较模糊;相关法律法规之间的配合还不能完全衔接。这些方面反映到环境治理实践层面,就导致环境保护法律法规的适用存在突出的操作难、执行难、依据难等问题。因此,我国环境保护法律法规体系仍然需要不断完善。

(1)存在的主要问题

第一,《宪法》对于公众的基本环境权益没有直接的明确的予以确认。虽然我国《环境保护法》明确提出了公民、法人和其他组织依法享有获取环境信息、参与和监督环境保护的权利,但《环境保护法》的法律效力毕竟弱于《宪法》,而且其规定本身也比较狭窄。缺乏《宪法》的最高赋权,公众的环境权益受到的法律保护就是不完整的。

第二,《环境保护法》本身的法律效力较低,尚不具备环境保护基本法的地位。新版《环境保护法》在立法程序上是由全国人大常委会审议通过的,而非经全国人大通过,这使得《环境保护法》的法律效力等级和《农业法》《林业法》《水法》等专项法律是持平的,不具有高于其他专项法律的权威性。反映到具体法条内容上,《环境保护法》也就没能对生态环境保护各领域的法律制度进行系统全面和具体的创设。这意味着在实际实施中,《环境保护法》更主要的是作为部门法来适用,我国现行环境保护法律体系仍然是不完整的,仍缺少一部真正意义上的环境保护基本法。

第三,从法律体系的涵盖范围来看,有关资源、环境、生态保护的立法力度不均衡。现有法律体系更加集中于对环境污染问题、自然资源可持续利用问题的关注,而对生态系统保护的立法力度相对较弱。一方面,《环境保护法》作为综合性法律,在内容上明显偏重于环境质量保护和环境污染防治。另一方面,现行法律体系有关生态修复、生态补偿等制度的规定仍然是原则性的,可操作性不强。

再有,缺乏对一些重要的生态领域,如湿地、国家公园的专门立法。资源、环境、生态是一个完整的系统,完善生态管理和保护的法律制度对于构建生态文明同样十分重要。

第四,有关生态环境保护的重要法律机制仍未健全,缺乏操作性。目前我国环境保护相关法律在制度创新方面进行了大量尝试,提出了生态补偿、环境公益诉讼、生态损害赔偿等重要法律机制。但这些机制在法律条文规定上通常过于笼统,往往只有原则性规定,如生态补偿;另外有些制度,如公益诉讼制度在主体资格等适用条件方面限定的过于严格,相关改革仍过于保守;再有一些制度如生态损害赔偿,缺乏民法、刑法等部门法的衔接、配合,实际操作起来存在法律依据的冲突和空白。如何系统地推进与完善环境保护法律体系,加快法律实施细则和制度细节的补充完善是未来立法、司法、执法部门面临的重要任务。

(2)完善路径

在立法资源紧张、环境问题紧迫、环境治理实践发展迅速的现实情势下,完善环境治理法律法规要坚持"两条腿走路"。一方面,要通过正式立法程序着力完善体系构建,优先弥补环境治理基本法和重要领域专项法的缺失,着力推进环境治理重大制度创设;另一方面,要发挥司法、执法"非正式"立法资源的作用,在司法、执法过程中积极推动专项试点创新,通过实践不断完善相关法律制度的实施细则和具体操作办法,为正式立法积累经验,提供方案。具体而言,包括以下几点:

第一,适时启动环境基本法立法和环境法律一体化修改。目前,我国已经形成了数量可观的环境法律体系,如何从法律层级和内容协调一致两个方面进一步完善这一体系是一个重要任务。因此,未来需要适时启动环境基本法立法议程,将现有《环境保护法》从实质上的综合法提升为法律效力更高的环境基本法。在此基础上进一步完善有关湿地保护等重要专项立法,同时根据基本法精神和制度协调修改完善各专项法律,形成相互协调统一的环境法律体系。可以考虑实施推进环境法典的编纂以推动以上立法工作。①

第二,完善各部门法有关环境治理的基本法律制度。作为环境法律体系的重要组成部分,宪法、民法、刑法、行政法等其他法律领域的立法协同完善同样十分重要。未来,特别是要在《宪法》中确认基本环境权,细化国家生态文明建设义务;在《民法典》中明确生态破坏侵权制度,完善环境污染侵权归责原则,完善因果关系证明制度,细化原告关于"关联性"的初步证明责任;在《刑法》中添设破坏生态罪的相关罪名,对严重破坏重要生态空间和生态要素的违法行为,追究刑事责任;在《行政诉讼法》中,完善社会组织提起环境行政公益诉讼的主体资格等制度。

第三,着力完善环境司法制度。随着立法的发展,有关环境公益诉讼、环境侵权诉讼等环境司法制度基本建立,但还面临着如何完善特别是具体化问题。为此,要从立法和司法实践两个方面入手,加大对环境司法制度的创设、细化、优化,构建系统完备的环境民事、行政、刑事司法体系,进一步强化环境司法对公众环境权益的救济保护、对环境违法的有效制裁。

第四,充分借鉴国际环境立法前沿成果,创新环境规制措施。虽然发达国家的社会环境与我国有着根本不同,相关法律制度不能直接搬用,但其有关成功经验和创新做法是值得借鉴和参考的。目前,一些发达国家的环境法律已经演进到"第四代",开始提倡"一体化多模式"环境治理,试图通过调节生态系统和社会系统的关联互动,以整体的、综合的或协调的方式将多模式治理相连接,从而增强对生态环境的治理修复能力②,有关弹性化环境规制的理念、措施也有了新的进展。我国应充分借鉴发达国家环境立法的实践经验,进一步完善有关自愿协议等环境规章制度,使我国环境立法在符合国情的基础上,追赶上全球环境立法趋势的前沿。

---

① 吕忠梅、吴一冉:《中国环境法治七十年:从历史走向未来》,《中国法律评论》2019 年第 5 期。
② 蔡守秋、王萌:《论美国第四代环境法中"一体化多模式"的治理方式》,《中国人口·资源与环境》2019 年第 11 期。

第二节　政府环境治理体系的改革与完善

我国的资源、环境、生态是属于全体中国人民的共同财产,政府作为国家环境资源管理的"法定代理人",在协调经济社会发展与生态环境保护方面具有举足轻重且不可替代的作用。政府环境治理体系现代化是国家环境治理体系现代化的主轴,在多元化环境治理体系中居于中心位置。当前我国以环境行政管理体制为核心的政府环境治理体系,是在应对不断出现的环境问题、适应不同时代的环保要求的过程中逐步形成的。在新时代中国特色社会主义建设过程中,人民日益增长的美好生活需要包含了对更高质量的生态环境的向往和追求。一方面要求以政府为主导的国家环境治理体系能够提供更多、更优质的生态公共产品,另一方面要求政府更有力地承担起调整经济发展与资源开发、环境保护之间关系的职责,深化环境行政管理体制建设。通过政府环境治理体系的改革与完善,更好地发挥政府在多元化环境治理体系中的主导作用。

一、与时俱进的生态环境行政管理体制建设

我国生态环境行政管理体制是在传统的自然资源国有和集体所有制框架下,以及计划经济体制和资源开发管理体系下逐步建立的。在快速工业化和城镇化背景下,这一体制在实现主要污染物浓度和总量控制、加强资源专业化管理和保护等方面产生了良好的效果。[①]

1. 从无到有:顺应国内外环保趋势的体制肇始

我国环境保护工作起步于20世纪70年代,几乎与国际上的环境保护运动同

---

① 解振华:《深入推进新时代生态环境管理体制改革》,《中国机构改革与管理》2018年第10期。

步。① 1972 年,官厅水系水源保护领导小组成立,该小组成为我国最早的环保部门②,也是我国环保行政机构设置的肇始。1973 年,国务院环保领导小组办公室设立,成为我国环境保护方面的国家机构。1974 年,国务院环境保护领导小组正式成立,由计划、工业、农业、交通、水利、卫生等有关部委领导组成,其下设办公室作为办事机构,属于临时性的、国务院下属非常设机构。尽管并不属于专门的环保部门,但国务院环境保护领导小组及其办公室的设立拉开了我国环境保护国家管理体制机制建设的序幕。

2. 机构升级:从"边缘"机构到重要部门

由于对环境保护与经济社会协调发展的关系认识还不够深刻,早期开展的环境保护工作"完全附属于经济发展需要"③。1983 年,环境保护上升为国家的基本国策,存在了十年之久的国务院环保领导小组办公室终于结束使命,环境保护局成立,作为当时城乡建设环境保护部的下设机构,正式编入国家编制序列,成为常设机构。1984 年,环境保护局更名为国家环境保护局,但仍归城乡建设环境保护部管理。这种机构设置的局限性显而易见:环境保护工作附属于城乡建设部门,工作内容主要为城乡建设需要服务,无论是从工作层级还是内容权限上,都无法对分散于工业、农业、林业、交通、卫生等部门的环境管理工作进行统一的指导,环境保护工作还没有独立出来,未形成专门的管理部门归属。正因如此,为了更好地加强各部门在环境保护工作上的协调,在国家环境保护局更名的当年(1984 年),成立了国务院环境保护委员会(简称"环委会"),其主要任务是研究审定有关环境保护的方针、政策,提出规划要求,领导、组织和协调全国环保工作。

1988 年,根据全国人大七届一次会议审议通过的国务院机构改革方案,国家环境保护局从城乡建设环境保护部分离出来,升格为副部级单位,成为国务院直

---

① 李晓西:《绿色抉择:中国环保体制改革与绿色发展 40 年》,广东经济出版社 2017 年版,第 3 页。

② https://news.sina.cn/2018 - 04 - 06/detail - ifyteqtq4958945.d.html? pos = 3&vt = 4.

③ 李晓西:《绿色抉择:中国环保体制改革与绿色发展 40 年》,广东经济出版社 2017 年版,第 5 页、第 2 页引文。

属机构,成为国家的一个独立工作部门。至此,国家层面环境管理的专门机构正式成立,为加强对全国环境保护工作的统一领导、部署、推动和落实提供了组织保障。

3. 架构完善:从中央到地方的体系建设

1998 年,根据全国人大九届一次会议审议通过的《关于国务院机构改革方案的决定》,国家环境保护局升格为国家环境保护总局(正部级);国务院环境保护委员会撤销,有关组织协调职能由国家环境保护总局承担;同年 6 月,国家核安全局并入国家环境保护总局,内设核安全与辐射环境管理司。但部分环保职能仍分散于其他部门。为加强部门之间的协调,由国家环保总局牵头,分别于 2001 年、2003 年设立全国环境保护部级联席会议制度、生物物种资源保护部际联席会议制度,以协调管理环境事务。但由于环境问题的复杂性以及部级协调机制不完善,污染治理和生态保护的统一监管能力没有得到实质性提升。[①] 环境监督执法方面,以排污收费队伍为主,组建了统一的环境监督执法队伍,其职责从最初的排污收费扩展到污染源形成执法、生态环境执法、排污申报、环境应急管理、环境纠纷查处等现场执法的各个领域。各省、市、区相继建立了专门的环保机构。

随着环保工作在国家发展中重要性的进一步提升,2008 年第十一届全国人大一次会议决定组建环境保护部。环保总局升格为环境保护部,从国务院直属机构变为国务院组成部门,更多参与综合决策。环境保护部的主要职责是,统筹协调环境保护工作,拟订并组织实施环境保护规划、法律、法规、政策和标准,组织编制环境功能区划和开展环境质量监测评估,监督管理环境污染防治、生态保护、核与辐射安全,协调解决重大环境问题等。[②] 与此同时,全国省、市、县三级地方政府相继建立了专门的环境管理机构,并成为各级政府的组成部门。环境执法监督体系不断完善,国家环保部门相继组建了华东、华南、西北、西南、东北、华

① 李晓西:《绿色抉择:中国环保体制改革与绿色发展 40 年》,广东经济出版社 2017 年版,第 90 页。
② 2008 年《环境保护部工作规则》,来源:https://baike.baidu.com/item/环境保护部工作规则/8995785？fr＝aladdin。

北六大区域环境保护督察中心。经过这次机构调整,国家环境管理机构的环境保护职能得到加强,增加了编制,但在具体环保事务管理方面,在一部分职能分散的同时,还存在职能的缺失,如管点源污染的不管面源污染,管污染的不管减碳,管陆地的不管海洋,管水污染的不管污水治理。环保管理职能交叉、监管者和所有者没有很好地区分的问题没有得到较好的解决。

4.“大环保”格局的初步成型

2018 年,第十三届全国人大一次会议通过国务院机构改革方案①,提出将环境保护部的职责,国家发展和改革委员会的应对气候变化和减排职责,国土资源部的监督防止地下水污染职责,水利部的编制水功能区划、排污口设置管理、流域水环境保护职责,农业部的监督指导农业面源污染治理职责,国家海洋局的海洋环境保护职责,国务院南水北调工程建设委员会办公室的南水北调工程项目区环境保护职责整合,组建生态环境部,作为国务院组成部门。同时,不再保留环境保护部。生态环境部对外保留国家核安全局牌子。其主要职责是,制定并组织实施生态环境政策、规划和标准,统一负责生态环境监测和执法工作,监督管理污染防治、核与辐射安全,组织开展中央环境保护督察等。这次调整不再是环境保护部门的单纯扩权,而是整合碎片化的生态环保职能,解决各部门环保职能交叉的深层次问题,初步建立起“大环保”的体制机制。

二、新时代政府环境治理体系改革的整体形势

以习近平同志为核心的党中央,基于改革开放四十年来取得的历史性成就,以及社会主要矛盾的转化,在十九大报告中做出了“中国特色社会主义进入了新时代”的重大判断,这是我国发展新的历史方位,也是政府环境管理体系建设新的历史起点。新时代应紧紧围绕国家生态环境治理体系现代化的要求,通过顶层设计和制度体系建设,探索经济高质量发展与生态环境保护耦合协调的体制、机制,切实落实政府在多元环境治理中的引领作用。

---

① 王勇:《关于国务院机构改革方案的说明》,http://www.gov.cn/guowuyuan/2018 - 03/14/content_5273856.htm。

1. 正确认识新时代政府环境治理体系建设的历史方位

第一，切实改善生态环境是贯穿实现"两个一百年"奋斗目标过程始终的战略目标。

所谓"两个一百年"，第一个一百年是到中国共产党成立一百年时全面建成小康社会；第二个一百年是到新中国成立一百年时建成富强民主文明和谐美丽的社会主义现代化强国。习近平明确指出："不能一边宣布全面建成小康社会，一边生态环境质量仍然很差，这样人民不会认可，也经不起历史检验。"①因此党的十八大以来，党和国家把生态文明建设作为统筹推进"五位一体"总体布局和协调推进"四个全面"战略布局的重要内容；通过深化改革，加速以生态环境行政管理体制为核心的政府环境治理体系建设，取得良好成果，目前我国生态环境总体质量持续改善，稳中向好趋势明显。关于第二个百年目标的实现，习近平总书记指出要分两步走：从2020年到2035年为第一步，基本实现社会主义现代化，生态环境根本好转，美丽中国目标基本实现；从2035年到本世纪（21世纪）中叶为第二步，把我国建成富强民主文明和谐美丽的社会主义现代化强国，生态文明全面提升。

第二，深化政府环境治理体系建设是生态文明建设"三期叠加"历史进程中的重要任务。

所谓"三期叠加"是指我国生态文明建设正处于压力叠加、负重前行的关键期，提供更多优质生态产品的攻坚期，有条件有能力解决生态环境突出问题的窗口期。进入21世纪以来，党和政府就将环境保护摆在更加重要的战略位置，特别是十八大以来各项生态建设与环境保护工作深入开展，我国生态环境质量总体改善，但成果尚不稳固，环境污染问题存在反复隐患，农村环境问题、区域环境污染、流域污染、近海生态系统脆弱等大量生态环境问题需要进一步解决。要跨越这些阻碍我国经济高质量发展的生态关口，就必须加强生态文明建设，建立起多元参与的环境治理体系，特别是要通过改革政府环境治理体系，从根本上破解

---

① 习近平：《推动我国生态文明建设迈上新台阶》，《求是》2019年第3期。

深层次问题,有效巩固既有成果,为加速解决损害群众利益的突出环境问题提供体制机制保障。

第三,政府环境治理体制改革是国家环境治理体系和治理能力现代化的重要内容。

习近平指出,保护生态环境必须依靠制度、依靠法治。党的十八届三中全会提出,"全面深化改革的总目标是完善和发展中国特色社会主义制度,推进国家治理体系和治理能力现代化";党的十九届四中全会做出了《中共中央关于坚持和完善中国特色社会主义制度 推进国家治理体系和治理能力现代化若干重大问题的决定》,深化制度改革,并将"坚持和完善生态文明制度体系,促进人与自然和谐共生"作为独立部分进行工作部署,包括:实行最严格的生态环境保护制度,全面建立资源高效利用制度,健全生态保护和修复制度,严明生态环境保护责任制度。一方面,这些制度改革都涉及政府生态环境行政管理机构、管理职能的统筹与调整;另一方面,生态环境相关制度改革的顺利推进都以协调、顺畅、高效的政府生态环境治理体系建设为前提保障。政府环境治理体制改革为落实国家环境治理制度创新、政策创新提供组织保障和管理支撑。

2. 准确把握新时代政府环境治理体系建设的基本要求

"坚持人与自然和谐共生",是进入社会主义建设新时代,坚持和发展中国特色社会主义的基本方略之一,从现实发展看就是要实现生态环境质量根本改善,保护生态环境的完整性和本真性。这就对生态环境管理体制提出了新的要求。

第一,政府环境治理价值取向的"环保优先"转向。

党的十八大以后政府从理念上树立起"绿水青山就是金山银山"的价值取向,环境保护在政府环境治理中的价值排序开始上升,逐渐排到了经济发展之前。习近平指出,如果破坏生态环境,即使是有需求的产能也要关停。[1] 长江经济带发展作为国家区域发展重要战略,已经将修复长江生态环境摆在压倒性位

---

[1] 习近平:《在十八届中央政治局常委会会议上关于化解产能过剩的讲话》,http://cpc.people.com.cn/xuexi/n1/2018/0228/c385476 - 29838811.html,2013 年 9 月 22 日。

置,明确提出"共抓大保护,不搞大开发"。应该说,在我国经济已经结束高速增长、进入中高速增长新常态的新时代,要真正走上"绿水青山就是金山银山"的发展新路,需要政府在环境治理中切实落实"环保优先"的价值取向,以"节约优先、保护优先、自然恢复为主"的方针来统领政府环境治理体系的改革与完善。

第二,政府环境治理模式的"生态环境综合管理"转变。

由前文可知,我国政府行使资源、生态、环境管理职能的治理模式,经历了从对分散的环境要素进行行业管理,向主要由环保部门进行集中综合管理的过程。经过多轮政府机构改革,我国初步形成了集生态保护、污染防治、统一监管于一体的综合大部制政府环境治理模式。生态环境部和自然资源部的设立,有利于资源管理和生态环境保护职能的相对统一和有效发挥。但当前的管理架构使得生态环境部门与自然资源部门、综合经济部门、国家林草部门在处理生态保护、应对气候变化、自然保护地监管等方面都存在潜在冲突,在流域管理、区域环境管理中还需与水利、渔政、航运等部门及地方政府加强统筹。环境治理体系现代化要求在新时期进一步调整政府环境治理体系架构,围绕生态环境保护的完整性、本真性,进一步理顺部门间的职责关系,推进职能整合。

第三,政府在环境治理中多重角色的剥离与制衡。

长期以来,政府身兼自然资源全民所有者、资源开发管理者、环境保护与污染治理监管者的多重角色。经过多轮改革,环保部门逐步从经济建设部门独立出来,成为地方政府机构的组成部门,并向同级政府负责。虽然在最新一轮政府机构改革中进行了"环保监督执法垂改",但目前主要在省级层面开展,省以下政府层面的改革还有待深化,特别是"市—县"两级政府间生态环保部门职责结构的调整、农村地区实际执法监督工作的开展,需要向执行与监管相互分离又相互制衡的方向,继续细化、抓实。

第四,政府环境治理体系权责结构的优化与完善。

生态环保相关法律法规和深化行政管理体制改革"三定"规定,是中央与地方各级政府之间事权划分的主要依据。2014 年《环境保护法》通过后,地方政府对地方环境质量的责任得到进一步确认和强化。责任的履行需要职权、能力的匹配。为履行地方生态环境保护责任，地方政府在环境管理体制建设、能力建设方面要随时代发展不断深化改革。特别是在环境监管体系方面要加强行政层级之间、部门之间的机制衔接，并根据事权划分优化财政、人力资源等要素配置。只有不断改革、完善相关体制、机制，政府才能有效承担起法律法规规定的环境治理责任。

3. 夯实巩固最新一轮政府环境管理体制改革的主要成果

通过行政管理机构调整、环保职能优化整合，我国政府环境治理体制改革紧紧围绕生态治理体系和治理能力现代化的要求，通过使环境工作的统一监管、独立执法得到了很大程度的提升和保障，初步形成了体现经济社会与生态环境协调发展要求相适应，职能优化、结构合理、权责统一、运行高效的政府环境治理体系。

一是开展生态保护与环境治理的顶层设计，并在中央层面完成初步职能整合，根据生态环境保护的系统性、完整性的内在要求，将分散的生态环境要素管理集中到生态环境保护部门。

在最新一轮的机构改革之前，顶层设计不足被普遍视为大部制改革的一个缺憾。① 我国环境行政管理工作在实际中形成了三类"统管"部门：一类是环境保护部门，对环境保护进行统一监管；一类是国土资源部门，对国土、资源等进行统一监管；一类是水政部门对水资源进行统一监管。污染防治、资源保护等分散于多个部门，环境综合调控管理职能也分散在发改委、财政、经贸（工信）、国土等部门，"横向职能分散，缺乏有效协调；纵向监管乏力，执行约束不足"②。在党的十八大首次提出"五位一体"总体布局之后，深入推进生态文明体制改革，环境保护工作迫切需要跨区域、跨部门的"顶层设计"。习近平指出："由一个部门负责领土范围内所有国土空间用途管制职责，对山水林田湖进行统一保护、统一修复

---

① 徐艳晴、周志忍：《基于顶层设计视角对大部制改革的审视》，《公共行政评论》2017 年第 4 期。
② 常纪文：《新常态下我国生态环保监管体制改革的问题与建议——国际借鉴与国内创新》，《中国环境管理》2015 年第 5 期。

是十分必要的。"①

在最新一轮机构改革中,中央层面组建生态环境部、自然资源部。将环境保护部的职责,国家发展和改革委员会的应对气候变化和减排职责,国土资源部的监督防止地下水污染职责,水利部的编制水功能区划、排污口设置管理、流域水环境保护职责,农业部的监督指导农业面源污染治理职责,国家海洋局的海洋环境保护职责,国务院南水北调工程建设委员会办公室的南水北调工程项目区环境保护职责整合,组建生态环境部;主要职责是拟订并组织实施生态环境政策、规划和标准,统一负责生态环境监测和执法工作,监督管理污染防治、核与辐射安全,组织开展中央环境保护督察等。将国土资源部的职责,国家发展和改革委员会的组织编制主体功能区规划职责,住房和城乡建设部的城乡规划管理职责,水利部的水资源调查和确权登记管理职责,农业部的草原资源调查和确权登记管理职责,国家林业局的森林、湿地等资源调查和确权登记管理职责,国家海洋局的职责,国家测绘地理信息局的职责整合,组建自然资源部;主要职责是对自然资源开发利用和保护进行监管,建立空间规划体系并监督实施,履行全民所有各类自然资源资产所有者职责,统一调查和确权登记,建立自然资源有偿使用制度,负责测绘和地质勘查行业管理等。②

二是逐步调整中央与地方在生态环境治理中的事权,推动环境质量监督监测事权上收。

在中央层面,为加强对区域、流域的生态环境督查,成立了13个派出行政机构,其中区域督查局6个,分别为华北区域督察局、华东区域督察局、华南区域督察局、西北区域督察局、西南区域督察局、东北区域督察局;流域生态环境监督管理局7个,分别为长江流域生态环境监督管理局、黄河流域生态环境监督管理局、淮河流域生态环境监督管理局、海河流域生态环境监督管理局、珠江流域生

---

① 习近平:《关于〈中共中央关于全面深化改革若干重大问题的决定〉的说明》,《人民日报》2013 年 11 月 16 日。

② 中共中央印发《深化党和国家机构改革方案》,http://www.gov.cn/zhengce/2018 – 03/21/content_5276191.htm。

态环境监督管理局、松辽流域生态环境监督管理局、太湖流域生态环境监督管理局。①

在地方层面,着眼于重构地方环境保护监管治理体系、强化地方政府及其相关部门的环境保护主体责任,推行省以下环保机构垂直改革。根据 2016 年中共中央办公厅、国务院办公厅联合下发的《关于省以下环保机构监测监察执法垂直管理制度改革试点工作的指导意见》,省以下环保机构垂直改革主要包括:调整环保行政管理体制,市级环保部门仍为市级政府工作部门,但在管理上调整为实行由省级环保部门为主的双重管理;县级环保部门不再作为县级政府组成部门,调整为市级环保部门的派出机构,由市级环保局直接管理,人员经费由市级财政负担,实现省(市、区)以下环境保护治理的集中统一。调整环境监测体系,市级环境监测机构调整为省环保部门驻市环境监测机构,人财物由省级直接管理,在全省(自治区、直辖市)范围内统一规划建设环境监测网络。调整环境督查体制,省级环保部门将市县两级环保部门的环境监察职能上收,通过向市或跨市县区域派驻等形式实施环境监察。调整环境执法体系,将环境执法机构列入政府行政执法部门序列,省级环保部门对省级环境保护许可事项等进行执法,对市县两级环境执法机构给予指导,对跨市相关纠纷及重大案件进行调查处理;市级环保机构统一指挥管理本行政区域内的环境执法力量,负责属地环境执法;县级环保部门主要强化现场环境执法,把执法重心向基层一线下沉。

三是以创新建立中央生态环保督察制度为机制建设抓手,根本上解决环保工作对地方政府约束力不足的问题,增强生态环保的权威性。

如何避免地方保护主义对环保工作的行政干预乃至阻挠,一直是政府环境治理机制创新的追求和导向。中央生态环保督察制度的探索创新,一方面充分显示了中央推进生态文明建设、履行政府环境治理职能的坚定决心;另一方面为落实生态环境保护党政同责、一岗双责提供了重要制度抓手;再一方面为理顺地

---

① 《生态环境部职能配置、内设机构和人员编制规定》,http://www.gov.cn/zhengce/2018 - 09/11/content_5320982. htm。

方党委、政府与地方生态环保部门之间的权责关系,依法推进生态环境保护督查向纵深发展提供了重要保障。

中央环保督察制度的创新具有体系化、层级高、责任实、约束强的特点。首先,设立专职督察机构,实行中央和省、自治区、直辖市两级督察体制,对省、自治区、直辖市党委和政府、国务院有关部门以及有关中央企业等组织开展生态环境保护督察,形成督察合力。其次,在中央环保督察队伍的构成上,中央生态环保督察工作领导小组组长、副组长由党中央、国务院确定,组成部门则包括中央办公厅、中央组织部、中央宣传部、国务院办公厅、司法部、生态环境部、审计署和最高人民检察院等,也就是说,对被督察对象的督察不仅包括对政府行政管理系统在生态环保领域工作的督察,还包括对党委系统开展生态环保工作的督察。再次,中央生态环境保护督察方式包括例行督察、专项督察和"回头看"等,在具体实施过程中可以到被督察对象下属地方、部门或者单位开展下沉督察,具有强烈的问题意识和问题针对性,能够对生态环保责任的传导形成切实压力。最后,中央生态环保督察结果作为对被督察对象领导班子和领导干部综合考核评价、奖惩任免的重要依据,按照干部管理权限送有关组织(人事)部门,极大地增强了中央生态环保督察结果的约束力,有利于最大限度地纠正党政领导干部中不重视生态环保的错误倾向。

从 2016 年 1 月开始,截至 2019 年底,中央环保督察已经开展了两轮。从效果看,中央环保督察实现了对 31 个省(区、市)和新疆生产建设兵团的全覆盖,受理了 56372 件生态环境问题群众举报,基本办结或阶段性办结 58500 件,立案处罚 9276 家,立案侦查 603 件。① 2019 年中共中央办公室、国务院办公室印发《中央生态环境保护督察工作规定》,其中明确提出,中央生态环保督察"原则上在每届党的中央委员会任期内"都应开展,中央生态环境保护督察已经成为我国生态文明建设中的一项长期制度安排。随着生态环保工作实践的深入和发展形势与问题的变化,中央生态环境保护督察制度的内容、范围、形式等还会继续发展和

① 根据相关新闻资料整理。

完善。认真贯彻执行中央生态环境保护督察制度，为巩固并充分发挥政府环境治理的主导作用提供了运行保障。

4.深化推进政府环境治理体系建设面临的主要问题

习近平在全面深化改革启动之初就提出"抓铁有痕、踏石留印""一分部署，九分落实"的工作要求。通过多轮改革，我国当前形成了由国务院统一领导、生态环境部门统筹监管、地方政府分级负责的政府环境治理架构。要充分发挥生态环境治理方面的大部制改革的成效，关键在于把各项制度抓细、抓实。但当前我国政府生态环境治理机制还不尽合理，具体体现在以下几方面。

第一，在环境监管方面，生态环境部门与自然资源部门的关系协调存在潜在冲突。

一方面，在当前生态环境保护框架下，生态环境部门的定位是"监管者"，自然资源部门的定位是自然资源"所有者"。生态环境部门应履行自然保护地监管、野生动植物监管、湿地生态保护、荒漠化防治等工作，但相关资源的监测、调查、统计等职能都集中于自然资源部门，生态环境部门履行监管职能面临着数据信息基础不足、监管专业能力不足等问题。特别是在自然保护地的保护与监管方面，生态环境部门与自然资源部门还存在职能的重叠。根据《深化党和国家机构改革方案》，国家林业和草原局作为自然资源部管理下的副部级国家局，统筹负责自然保护区、风景名胜区、自然遗产、地质公园、国家公园等自然保护地管理职责。同时生态环境局肩负着组织制定各类自然保护地生态环境监管制度和监督执法的职责，这就需要生态环境部门与国家林业与草原局协调好责任分工。

另一方面，生态环境的整体性、系统性保护要求，对环境问题的治理必须标本兼治。生态环境部门与自然资源部门的相互关系未来应在更宏观的层面加强决策协同，对两部门而言都需要站在更高的展位上来看待自身工作需要和部门间的沟通协作。这种摆脱部门本位的部门协作机制的建立，是今后政府环境治理体系建设面临的重大挑战。

第二，在处理环境治理与经济发展的关系方面，生态环境部门的协调能力不足。

将应对气候变化管理职能调整到生态环境部门是一次重大体制安排。但实际上,污染物减排、温室气体排放控制与能源结构调整、产业结构调整之间是"果"与"因"的关系。经济发展方式与消费方式的绿色转型职能主要集中在综合经济部门和行业主管部门,生态环境部门只有与它们进行工作协调,才能间接干预经济发展方式转型。这对生态环境部门的综合协调能力提出了较高的要求。对此,在中央层面,必须注重发挥应对气候变化领导小组的顶层设计作用;在地方层面,需要加强地方生态环境部门履行应对气候变化工作的相关能力建设。

第三,在流域环境污染治理、区域环境治理方面,部门间、地方政府间的协调协作机制不健全。

对于流域水环境管理而言,最终目的是走向流域综合管理体制,需要权衡水资源利用、水环境保护、经济发展等多重目标,实现科学调度,协调生态用水、生活用水和生产用水,因此还要进一步建立健全流域治理结构,将渔政、航运等部门及上下游各利益相关方纳入其中;需要进一步整合流域管理体制与河长制的关系,进一步拓宽仅限于行政区划内的河长制安排,从流域综合管理的角度统筹流域开发、保护与可持续发展。①

对环境区域治理而言,最终目的是建立区域一体化的环境与发展综合协调长效机制,需要综合统筹区域经济结构、能源结构、交通结构、环境治理,这就要求从法律建设角度,进一步对区域环境治理的责任与主体进行明确划分;从机制建设角度,建全区域环境治理的协调议事机制和程序,适时加速地方政府间的协联同动机制及具体工作机制建设。特别是从统一的区域环境政策、环境标准层面加强协同。同时政府需加强对包括行业企业、社会团体、公众参与等地方多元环境治理参与主体的引导、指导和支持,以增强区域环境治理体系的实际效能。

---

① 解振华:《深入推进新时代生态环境管理体制改革》,《中国机构改革与管理》2018 年第 10 期。

第四，政府环境治理体系在农村环境管理中效能发挥不理想，政府环境管理机构无法对农业生产过程中的环境污染进行直接、有效干预的情况亟待扭转。

农村生态环境质量监测能力建设一直以来比较孱弱。我国现有生态环境监测网络，在监测点位的设置上集中于城市区域、行政交界地界和重点工业污染源，对农村地区的覆盖面较低。"十二五"末，我国共有县级环保机构9154个，实有工作人员146696人，平均每个县级环保机构仅有16人。据《2015年环境统计年报》，县级环保行政机构工作人员数、县级环保监察机构工作人员数、县级环保监测机构工作人员数分别占县级环保机构人员总数的28.6%、37%和28.0%。县级政府尚且如此，乡镇政府的情况只能更加糟糕。2015年我国乡镇级区划39789个①，而乡镇环保机构仅2896个②，平均13.7个乡镇才设有一个环保机构。监测机构、监察机构的缺失，严重削弱了农村基层政府搜集农村环境信息的能力。

三、完善政府环境治理体系的方向与内容

由于政府环境治理在多元化环境治理体系中居于主导地位，政府环境治理体制机制安排的科学性、合理性、有效性在很大程度上决定了多元化环境治理体系效能的发挥。因此，推动政府环境治理体制机制改革，完善政府环境治理体系建设，是构建多元化环境治理体系的重要任务。党的十八大以来，随着《关于加快推进生态文明建设的意见》和《生态文明体制改革总体方案》等生态文明建设纲领性文件的出台，明确了生态文明体制改革的"四梁八柱"。《中共中央关于坚持和完善中国特色社会主义制度 推进国家治理体系和治理能力现代化若干重大问题的决定》明确了国家生态环境治理体系与治理能力现代化的发展要求，即实行最严格的生态环境保护制度、全面建立资源高效利用制度、健全生态保护和修复制度、严明生态环境保护责任制度。政府环境治理体系建设既要遵守已搭

---

① 《2016年中国统计年鉴》。
② 《2015年环境统计年报》。

建好的基本制度框架的改革规定导向,又要通过自身完善与发展更好地服务于生态文明体制改革目标的实现。

1. 完善面向治理体系和治理能力现代化的生态环境保护管理体制

在最新一轮党和国家机构改革成果的基础上,以改变职能重复、多头管理为目标,进一步调整、细化部门职责。

一是强化与环境治理相关各工作领域的高层级协调机构设计。生态环境大部制职能解决环境内各要素的协调,有效协同环境与自然资源管理、经济发展之间的关系。要避免各部门仅从自身职能出发实施政策管理措施,就必须强化中央顶层协调机构设计。在应对气候变化方面,完善国家应对气候变化领导小组的统筹协调功能,在中央权威性的保障下明确部门分工和实际工作的协同推进。在自然保护地方面,在加强相关法制体系的基础上,在中央层面构建生态环境部门与自然资源部门的协调议事机构,为不断完善生态系统服务功能发挥好生态环境部门的保护监管作用。在区域性环境问题治理方面,通过建立高层级的、兼顾不同地方合理利益诉求、符合当前阶段区域环境治理特征的政府间或部门间的权威协调机构。在流域性环境治理方面,统筹考虑落实河长制、探索流域环境监管机构和流域行政执法机构等相关改革任务,在生态部门会同有关部门共同建立流域环境综合治理协作议事的基础上,在中央层面设立权威决事机构。

二是加快构建事权与财权相匹配的政府环境治理责任体系。推进环境事权财权合理划分是建立环境责任约束机制和环保激励机制的前提,是构建环境公共政策体系的重要内容。[①] 我国亟待建立起中央与地方、地方政府间、各级生态环境部门间清晰地环境事权划分体系,构建起事权与财权相匹配的政府环境责任体系。应以公共需求层级作为环境事权划分基本依据,满足全国性环境公共需求的事权归中央;受益范围局限在一定地区的环境事权归地方;具有明显区域环境外溢效应、满足区域环境治理需求的事权应构建中央与地

---

① 苏明、刘军民:《科学合理划分政府间环境事权与财权》,《环境经济》2010 年第 7 期。

方共同承担的环境事权体系。根据"一级政府、一级事权、一级财政、一级权益"的原则划分政府间环境保护责任,切实回应基层政府在履行环境治理责任中的财政需求。因地制宜地确定不同发展阶段地区的政府环境事权财权划分,重点厘清流域水污染防治、跨行政区环境治理、跨省区环境质量改善事权。重点关注新生环境事权或责任易在不同主体间"漂移"的事权,以及责任共担事权、行使中的交叉事权等事权的界定与划分。在政府环境治理中坚持财权与事权相统一的原则,将环境治理财权配套体系建设纳入国家财政体制整体改革,统筹推进,动态调整。

三是加快政府环境管理的制度整合衔接,在保证政策连续性的基础上,提升相关制度的治理效能。以改善生态环境质量为目标,整合污染物总量控制制度、环境影响评价制度、污染物排放标准、环境税制度、污染物排放物可证制度,明确相互关系,突出排放许可证的核心制度定位。加快构建以国家公园为主体的自然保护地体系,推进国家公园体制改革,妥善处理好保护对象与原住民及土地权属关系。

2. 持续深化以巩固环境治理实效为导向的政府环境治理机制建设

多元化环境治理体系的不断完善是一项复杂的系统工程。政府主导作用的发挥很大程度上有赖于政府环境治理机制的创新与实践。当前,我国环境治理的政府管理机制建设应抓好以下几方面工作。

第一,落实生态保护红线制度,建立健全环境管控机制。在生态红线框架下加快推动构建生态功能保障基线、环境质量安全底线、自然资源利用上线三大体系,建立起最严格生态环境保护制度的硬约束。

第二,在完善生态资源环境要素市场价格体系的基础上,健全自然资源有偿使用和生态补偿机制。加快建立反映资源稀缺状况和生态环境恢复成本的资源、环境产品和服务的价格体系。完善以中央一般性转移支付为主体的生态补偿机制,推动生态补偿与生态环境质量和管理提升相挂钩,引导不同地区间建立横向生态补偿机制。

第三,满足生态环境保护整体性、系统性要求,构建海陆统筹的生态保护与环境污染防治区域联动机制。采取严格措施,统筹沿海陆域与近岸海域、重要生态功能区内外的统筹保护。在京津冀、长三角、珠三角区域污染协同联动机制的基础上,推动其他地区根据自身环境问题特点,构建包括大气污染、水污染、土壤污染在内的污染联防联控机制。

第四,构建集政府严格统一监测监督和全民参与于一体的环境监管机制。加强对大气、土壤、地下水、地表水、海洋等纳污介质的统一监管,加强对工业点源、农业面源、交通、移动源、城乡生活源污染物排放的统一监测。强化涉及民生、社会高度关注的环境质量监测、建设项目环评、企业污染物排放等信息的信息公开。健全面向全社会的环境问题举报、监督渠道和平台建设。

第五,完善环境损害相关法制建设,建立生态环境损害责任终身追责机制和刑事责任追究机制。探索建立自然资源资产负债表,不断完善领导干部离任审计制度。

3. 全面加强环境治理效能提升为目标的政府环境治理能力体系建设

政府环境治理能力的高低在很大程度上决定了生态环境治理实际效能的最终呈现。政府环境治理能力建设应注重以下几方面。

第一,地方政府部门进行生态环境综合管理的能力。地方政府履行生态环境综合管理职能的关键,就是要依法行政、依法治理,提高运用经济环境政策、产业政策等进行综合管理的能力,提高相关政策的针对性和执行力度。

第二,各级生态环境部门开展环境行政管理、环境监测监督的能力。应加强环境信息平台整合,加快环境信用建设。完善环境质量监测网络,加大对农村地区环境监测的覆盖,推动环境治理监测力量下沉。

第三,生态环境问题预警与应急处理能力。各级政府和相关部门应加强信息交流与信息共享平台建设,建立生态环境问题预警体系,形成应急处置预案,并定期开展应急演练,提升应急能力。

第三节　大数据背景下政府环境治理能力的现代化

党的十九届四中全会指出，要推进国家治理体系和治理能力现代化。环境治理是国家治理体系的重要组成部分，大数据则是推动环境治理能力现代化的新引擎。数字通信技术和网络技术发展的突飞猛进带来数据种类和规模高速增长，进而催生出大数据技术和大数据产业。大数据不仅是一场技术革命，更是一场治理革命，它不仅驱动政府主导能力现代化，而且将加快协同治理能力现代化。目前，大数据正引发人类思维方式的转变和治理方式的嬗变，并逐步覆盖经济、社会各方面、各领域，成为推动经济转型发展、重塑国家竞争优势的重要抓手。大数据也为环境治理提供了更加开放高效的平台，成为提高生态环境治理能力现代化的新手段和环境治理体系变革的新引擎。在生态文明建设的重要性日益凸显的当下，加快推进大数据在生态文明建设领域中的广泛应用显得尤为重要。

一、环境大数据：环境"智理"的基础

随着大数据技术的发展和不断深入，传统环境治理领域也面临着一场深刻的变革。与传统的环境治理相比，大数据时代的环境治理更具科学性和智慧性，其不再是建立在经验和直觉上的主观判断，而是建立在对海量数据的整理、分析基础上的科学决策，而实现环境"治理"的基础则是环境大数据。环境大数据是在环境感知需求不断扩张、数据挖掘技术不断发展的基础上提出来的，其实质就是将传统的环境数据同互联网、物联网、云计算等新技术相结合产生的海量数据集。伴随着技术的不断成熟和环境治理实践的深化，环境大数据的来源和种类日益丰富，主要可以分为五类（见表2-3）。不同类型的环境大数据融合在一起，形成了"天地空一体"的海量数据库，具有很高的应用价值。

表 2 - 3　环境大数据的分类和特征

数据分类	来源	优点	不足	应用领域
地面监测数据	环境监测站、传感器	全面、广泛	难以共享	环境监测、环境评价
遥感监测数据	卫星等	全面、广泛、准确、实时、动态	数据繁杂	环境监测、预警
地理信息数据	野外采集、实地测量等	权威、准确	更新缓慢	环境评价
社会统计数据	统计年鉴等	权威、可靠	更新缓慢	环境评价
互联网数据	网站、论坛、微信等	开放、流动	权威性低	公众监督

资料来源:作者整理。

二、大数据正成为环境治理能力现代化的新引擎

目前,大数据思维和技术已经渗透到中国社会治理的各个层面,在高层推动、基层行动和新技术助推下,大数据正成为推动我国环境治理能力现代化的新引擎。

1. 高层推动引导大数据在环保领域的应用

中央对大数据及其在生态环境领域的应用高度重视,这为利用大数据推进环境治理能力现代化提供了强有力的政策支持。2014 年,中央和地方政府投资 4.36 亿元在全国 117 个城市建立了空气质量监测点,通过 1436 个监测点的连接,初步构筑了空气质量检测预警体系。[①] 2015 年 7 月 1 日,习近平总书记在主持召开中央全面深化改革领导小组第十四次会议时明确指出:"要推进全国生态环境监测数据联网共享,开展生态环境大数据分析。"2015 年 9 月,国务院发布《促进大数据发展行动纲要》,意味着大数据正式上升为国家战略。国家"十三五"规划纲要中进一步明确提出"实施国家大数据战略",大数据在各个领域

---

① 夏莉、江易华:《地方政府环境治理的双重境遇》,《湖北工业大学学报》2016 年第 3 期。

的研究和推广工作在这一时期如火如荼地展开。2015年7月,国务院办公厅印发《生态环境监测网络建设方案》,同年,环保部出台了《环境保护部信息化建设项目管理暂行办法》。2016年3月,环保部办公厅印发《生态环境大数据建设总体方案》(简称《总体方案》),明确指出要通过大数据的建设和应用,在未来五年实现生态环境综合决策科学化、生态环境监管精准化、生态环境公共服务便民化,这标志着生态环境大数据建设全面启动。2017年12月8日,习近平在主持国家大数据战略第二次集体学习时进一步指出,"加强生态环境领域的大数据运用,为加快改善生态环境助力"。大数据在环保领域的全面应用正逐步展开。

2. 地方政府行动促进大数据的深度嵌入

首先,数据发展战略的制定为环保大数据指明了发展方向。2017年3月,中国数据中心联盟大数据发展促进会发布了《我国地方政府大数据发展规划分析报告》,报告显示,我国大部分省市都提出了符合本地实际的大数据发展战略,其中,以北京、广东和江苏为代表在省级层面制定了引领型发展战略,以苏州、南宁为代表的地市级城市强化大数据战略的落实力度,提出了深入而详细的发展规划。有20个省市明确提出本地的大数据发展定位,其中大部分城市都将"应用示范中心"和"产业中心、高地"作为发展目标。

其次,大数据产业在各地的蓬勃发展为各地环保大数据建设提供了基础条件。大数据技术的快速发展使其商业价值被不断挖掘,各地也开始明确本地区大数据产业发展目标,全国14个省市确定的2020年大数据产业规模发展目标总额高达28400亿元,其中江苏省目标为10000亿元,广东省为6000亿元,北京和上海为1000亿元,贵州则预计2020年大数据产业产值达4500亿元,进入全国第一梯队。此外各地还建立了大数据交易平台,近年来已经建成或正在筹备建立的交易机构达20多家。①

最后,环保大数据平台的建成为各地环保大数据发展提供实践经验。生态

---

① 孙涛:《"大数据"嵌入:社会治理现代化的重要引擎》,《求索》2018年第3期。

环境大数据建设是大数据在环境领域应用的基础性工作,为了实现生态环境大数据建设的稳步推进,2016年3月下旬环境保护部根据《总体方案》确定了吉林、贵州、江苏、内蒙古的环境保护厅,以及武汉市和绍兴市的环境保护局等6家,为生态环境大数据建设试点单位。此后,各级环保部门纷纷开始探索建设各具特色的环境大数据平台并取得显著成效(见表2-4)。

表2-4　国内代表性环保大数据平台建设

地区	名称	建成时间	平台特点
江苏	生态环境大数据云平台	2018年	硬件资源统一分配管理、应用系统统一注册管理、数据资源统一接入与监控
河南	智慧环保大数据平台	2017年	环境监管一张网、环境信息一个库、环境管理一张图、系统整合一平台、环保业务一门户、政务公开一片阳光
福建	生态环境大数据平台	2018年	构建环境监测、环境监管和公众服务三大信息化体系
内蒙古	"云上北疆"大数据云平台	2018年	形成"环保部—自治区—盟市—旗县—企业"五级环保专网
贵州	"云上贵州"生态系统	2018年	包含环境自动监控云、环境地理信息云、环境移动应用云、环境公众应用云、环境电子政务云五大"环保云"应用平台

资料来源:作者整理。

总的来说,尽管目前的环境大数据平台建设仍处于探索、启动时期,但地方政府积极响应中央政府号召,出台各项措施确保大数据平台等建设和运行,促进了大数据在环保领域的实质性嵌入。

3. 新技术助推大数据的高效应用

物联网、云计算、数据整合等新技术的发展和普及为环境治理智能化提供了技术支撑,同时这些新技术正助推大数据在我国环境治理领域的高效应用。

(1)超级计算机。截至 2018 年,中国进入国际高性能计算机排名前 500 名的计算机数量达 206 个,占比 41.2%,位居全球第一。近年来,天河 -1、天河 - 2、曙光 5000A、神威·太湖之光等在天气预测、污染监测与防控等领域已经创造了不可估量的价值。超级计算机高效的计算性能与不断更新的数据存储、挖掘技术相结合,必将对环境治理能力的提升产生巨大的作用。

(2)感知设备。实时采集使环境监测数据、企业污染排放数据等相关数据更新周期大大缩短。微小传感器的广泛使用,使政府和民众能够采集大量数据并传输到"云端",数据获取成本大幅度降低。

(3)卫星遥感。高分系列卫星时刻动态监测着我国大气和水状况,在水环境、生态环境等精细化观测方面发挥着重要作用。如 2018 年生态环境部在京津冀及周边地区"2 +26"城市全面开展的"千里眼计划",利用卫星遥感技术开展热点网格监管,找出 PM2.5 浓度较高、工业企业特别是"散乱污"企业集聚的地区,突出监管重点,提升执法水平,取得了良好效果。2018 全国环境互联网会议发布的 2018 智慧环保创新案例,充分体现了各种新技术在环保领域的广泛应用(详见表 2 -5)。

表 2 – 5   2018 智慧环保创新案例

地区	应用领域
北京	环境监察总队应用热点网络技术开展精准大气执法
江苏	应用遥感技术支撑生态保护红线区环境监管
福建	环境监察执法平台
山东	污染源自动检测动态管控系统
张掖	生态环境监测网络管理平台构成"天眼",守护祁连山
襄阳	大气污染源清单在臭氧污染防治中的应用
天津	宁河区露天焚烧高架视频监控系统
沧州	热点网格技术在大气污染防治中的应用
济宁	建设三级信息平台,深化网格化环境监管体系
商洛	环境监管应急指挥中心系统

资料来源:作者整理。

三、大数据助推环境治理能力现代化的路径

利用大数据助推环境治理能力现代化,一方面是通过技术手段有效驱动政府主导能力的现代化;另一方面,还能驱动政府部门之间、政府与其他环保主体之间以及其他环保组织彼此之间协同治理能力的现代化。在政府主导下,多元主体参与并通过大数据平台形成开放的协同治理网络关系,共同实现"1 + 1 > 2"的治理效能提升。

1. 大数据驱动政府主导能力现代化

大数据本质上是一场管理方式变革,大数据技术的产生将环境治理决策带入数据密集范式,即"第四范式"。在这种范式下,以数据驱动为中心的新思维和数据驱动治理理念占据主导地位,带动政府环境治理从粗放型、经验性、被动响应模式向精细型、科学性和主动预见模式转变,而小型化、低成本化的新型质量检测设备与物联网、大数据等技术相结合,使环境质量监管精细化、智能化成为现实,从而推动政府环境治理的主导能力现代化。

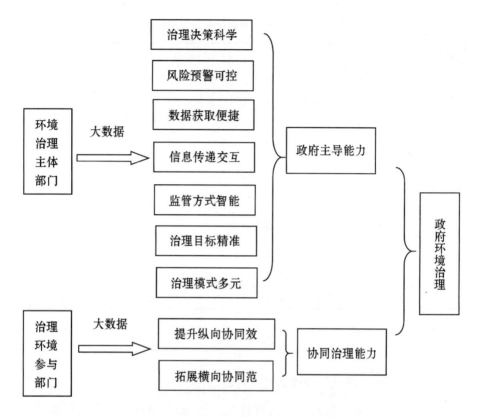

图2-1 大数据助推环境治理能力现代化路径

(1)治理决策科学化:从经验判断到以数据说话

在信息不充分的情况下,政府的决策行为只是基于有限理性的判断,环境数据和信息也存在滞后、阻塞等问题,难以及时、准确、全面地为科学决策提供支持。大数据一方面广泛采集企业、民众、社会等各方面的数据,保证数据来源的全面性;另一方面基于这些海量数据并利用先进仿真模拟工具,进行更加合理的仿真模拟,以此为政府决策提供全面、及时、有效的数据支撑,促进政府环境治理决策的科学化。

(2)风险预警可控化:从被动响应到主动预见

由于环境风险的复杂性和损害结果的难以修复性,预防原则一直是环境治理领域的基本原则。然而在实践中,由于传统信息数据往往是孤立的、无序的、点状的,分析者难以掌握全面的环境信息,风险预防很难落到实处。大数据则可以弥补这一缺陷,对海量的、全方位的环境数据进行收集和整合,通过数据分析和预测进行风险预警。比如在大气污染治理方面,大数据技术可以通过收集大气污染监测点的历史数据,开展大气污染预警大数据分析,实现大气污染提前发布、应急预案制定等,提升大气污染预防水平。

(3)数据获取便捷化:从人工收集到自动获取

在大数据出现之前,数据往往是单一的、散乱的,数据搜集和获取的结果受到技术和政策的限制,往往是片面的。大数据时代的数据不再是静态的数据,而是从全景出发的动态数据,数据搜集不再是被动的人工收集和事后整理,而是有预见性的提前搜集和自动获取。

(4)信息传递交互化:从单向传输到交互传递

作为一种新型的数据资源,大数据具有非常强的开放性,这为环境信息公开提供了便利,提高了环境信息的透明度。在生态环境治理中,环境信息公开已经作为一种非常有效的工具,不仅在国际环境法中得到了非常多的重视,在《中华人民共和国环境保护法》中也作为独立的一章来加以规范。大数据在提高环境信息的透明与可获取性方面,提供了良好的技术支撑。随着环境信息的公开透明,生态环境多元主体共治也就有了基础,大数据条件下的环境信息公开,为环境治理提供了基础性条件。同时,通过环境信息公开、提高环境信息的透明度,不仅可以对政府环境绩效进行有效评价,也可以对政府环境治理进行全过程的监督。在传统的环境治理模式中,环境信息完全掌握在政府手中,信息的传播方式是单向的,即从政府流向公众,公众获取信息的方式是单一的。而互联网、大数据、物联网、云计算等技术的发展,使得信息传输、存储、处理的成本大大降低,相关的社会组织也有能力和财力获取环境数据,非政府组织、公众都可以构建环境信息,甚至向政府提供环境信息,传统的信息传播方式被完全颠覆,这也意味着环境数据造假不再可行,环境信息将更加透明公开。[①] 比如非营利环境机

构——公众环境研究中心(IPE)开发并运行的中国水污染地图和中国空气污染地图,用户可以通过点击数字地图,检索全国31个省级行政区和超过300家地市级行政区的水质信息、污染排放信息和污染源信息。在这两个地图的影响下,许多被曝光的企业纷纷进行改进,从而推动了环境信息公开和公众参与,促进环境治理机制的完善。此外,大数据还可以根据不同人的不同需求,个性化定制和推送环境信息,使环境信息的提供更加人性化。

(5)监管方式智能化:从现场监察到在线监管

随着社会的发展,政府所面对的环境监管对象日益复杂,范围也不断扩大,如果仅依靠现有的执法队伍很难进行及时有效的监管,而将大数据技术应用到环境管理体系后,通过智慧系统就可以实现环保网络的集中监管,也省去了许多需要现场人工执法的情形。在污染源监控方面,大数据可以协助管理部门实现污染物排放数据实时监控,提升监管效率和智能化水平。比如福建的生态环境大数据平台整合了环保部、省公安厅相关机动车数据,对全省机动车污染防治进行统一管理,环保监管人员可远程监控全省199家监测站600余条检测线的实施情况。再如在环境执法监管方面,贵州已建成覆盖省环监局、9个市州、90个区县环境监察部门的移动执法系统,有近千名执法人员配备便携式手持移动执法终端,实现全省环境监察机构100%全覆盖。

(6)治理目标精准化:从泛化管理到精准治理

由于部门之间的信息不通畅、现场取证困难等因素影响,传统的环境监管手段难以对违法企业进行有效约束。在大数据背景下,通过建立全国统一的在线环境监控系统,可以实现对重大污染源的全覆盖,有利于保存企业违法排污的证据;通过收集环境监测实时数据、环境违法举报信息,并整合工商、税务、质检等部门的相关信息,从而实现环境的政府监管和社会监管,精确打击企业偷排、漏排、未批先建等环境违法行为;利用智能监测系统和大数据处理分析技术快速精准识别排放异常或超标情况,并智能化分析其产生原因,使得环境管理者可以对污染源进行精准的动态监管,也使得治理目标精准有效。如生态环境部将京津冀周边"2+26"城市划分为36793个网格,利用卫星遥感技术,结合气象数据、空气质量检测数据,计算出每个网格上一年度的 PM2.5 平均浓度,从中筛选出浓度较高、排放较重的 3600 个网格作为热点网格,将大部分 PM2.5 排放锁定在较小的区域内,通过对热点网格的重点监管,及时发现并解决一批突出环境问题,通过定期评估和动态调整进行精密监控,大幅度提升了环境监管的针对性和精准性。①

(7)治理模式多元化:从"命令—控制"型到多元环境治理

我国环境治理一直以自上而下的行政管制为主导,"命令—控制"型治理模式在一定时期内也发挥了重要的作用,但在新形势下,传统的治理模式逐步暴露出不足,近年来虽然一直强调市场激励和公众参与,但受制于现实条件,实践效果并不理想。随着大数据时代的到来,环境信息收集和获取成本大大降低,信息公开方式和渠道更加通畅,再加上市场主体作用的逐步增强和公民环境意识的觉醒,改变传统的环境治理模式,逐步从单向的行政管制走向政府、市场和社会多方合作的多元环境治理模式。

(8)环境服务便捷化和多样化

大数据可以推进环境行政的简政放权,推动网上办事服务,简化办事流程,提高信息公开透明程度,实现便民化,同时有利于社会监督。2010 年罗克佳华科技集团股份有限公司和上海化工园区合作,充分利用物联网、云计算、大数据等先进技术和理念,以环境综合监管需求为重点,对感知数据进行一体化智慧应用,显著提升园区环境监管和科学决策能力,同时促进管理和运行模式创新,通过建立环保基础社会一体化的环保服务机制,为大数据在环境服务方面的应用提供了良好的案例。② 此外,大数据还可以推进环境服务方式多样化,在环境治理过程中,微信、微博、公众号等新媒体发挥了重要作用,政务新媒体能够进一步加强政府与网民的互动沟通,增强信息传递的及时性和互动性,提升办事效率,增加政府影响力。2019 年发布的《中国环境政务新媒体 2018—2019 年度报告》

---

① 寇江泽:《"千里眼"让违法排污无处遁形》,《人民日报》2018 年 8 月 27 日。
② 朱京海:《大数据技术在辽宁环境保护中的应用思考》,《环境保护》2016 年第 7 期。

采集了全国各级生态环境厅(局)的政务微博、政务微信(总计 849 个账号)的运营数据,全方位展现了新媒体在环境治理中的影响力。(详见表 2 - 6)

表 2 -6 中国环境政务新媒体最具影响力机构(省级)

排名	机构	微博影响力	微信影响力	综合影响力
1	北京市环境保护宣传中心	2372.9	2496.6	1698.2
2	山东省生态环境厅	2520.5	2056.2	1625.1
3	福建省生态环境厅	2229.9	2020.4	1489.1
4	重庆市生态环境局	2072.0	2189.4	1485.6
5	四川省生态环境厅	1891.7	2302.2	1447.3
6	江苏省生态环境厅	1753.9	2335.0	1402.1
7	上海市生态环境局	1972.6	1981.5	1383.5
8	天津市生态环境局	1863.5	2066.8	1365.4
9	陕西省生态环境厅	1875.4	1909.3	1322.9
10	浙江省生态环境厅	1575.3	2115.2	1264.7

监测周期:2018 年 9 月 1 日至 2019 年 8 月 31 日。

数据来源:《中国环境政务新媒体 2018—2019 年度报告》。

(9)舆情引导高效化

近年来频繁发生的环境群体事件和突发事件,一方面源于人们对环境权需求的日益提高,另一方面也源于信息不对称所引发的群体恐慌,因此对环境舆情的有效引导有利于缓解政府同民众的矛盾和冲突。在大数据背景下,通过主题检索搜集信息,利用现代技术及时抓取互联网信息数据并进行分析和判断,及时掌握公众对环境关心和诉求的变化趋势,合理引导和处理环境舆情突发事件和群体性事件,可以有效把握环境事件的发展态势,从而引导舆论,缓解社会矛盾。目前基于互联网信息采集技术和数据挖掘技术而建立的网络舆情监测预警系统可以实现实时动态监测新闻门户、论坛、博客、微博、贴吧等互联网站点,对网络海量信息实施全方位实时扫描和监测,并利用数据挖掘技术、全文检索技术、内容管理等技术对检测到的数据进行聚类、分类、关联关系分析等处理,及时掌握网络上的舆情热点,对热点信息进行持续跟踪,及时发现网络突发事件和敏感舆情,实现对互联网舆情的全面掌控,并通过人机结合的方式,对舆情信息进行及时预警,进而有效地引导和调控。①

2. 大数据驱动协同治理能力现代化

(1)提升纵向协同效率。从纵向来看,包括环保部门在内的政府部门纵向的关系主要是自上而下层层下达行政指令和下发政策文件,再自下而上汇报工作开展及政策执行落实情况。在上下级沟通联系过程中,可能因主客观原因造成信息失真或传递的时效性差。可以通过构建一体化的大数据管理中心,将全国各地环保系统纳入其中,由点到面,全面掌握各地的环境状况及治理动态,有效规避信息层层传递时效性差以及部分地区存在的数据信息隐瞒行为,以技术手段弥补传统行政沟通方式的不足,促进行政系统纵向的高效协同。

(2)拓展横向协同范围。大数据在跨部门和跨行政区域的横向协同治理方面也具有较大的优势。环境治理不仅需要环保部门努力,更是涉及众多的关联部门和组织。环境大数据可以将环保领域采集的数据同发改、工信、工商、税务、质监、商务等部门有关污染源企业信息以及企业自行上报的信息和群众举报信息综合起来,建立生态环境治理的大数据基础信息库,并借助数据挖掘及分析工具,进行跨部门数据的关联分析。在此基础上,通过信息资源在各相关部门共享的形式,解决跨部门协同治理的数字鸿沟,更好发挥部门联动效应,持续提升生态环境跨部门协同治理的水平。生态环境保护还是一个跨越行政界线的现实问题,地方政府之间可以构建相互协同的环境治理大数据平台,通过信息共享和协作沟通,使大数据真正成为高水平合作治理的有效手段,京津冀推进生态环境治理一体化的实践就是比较典型的例子。

---

① 韦维、左敏:《大数据技术在环境管理中的应用研究》,《2016 全国环境信息技术与应用交流大会论文案例集》,2016 年。

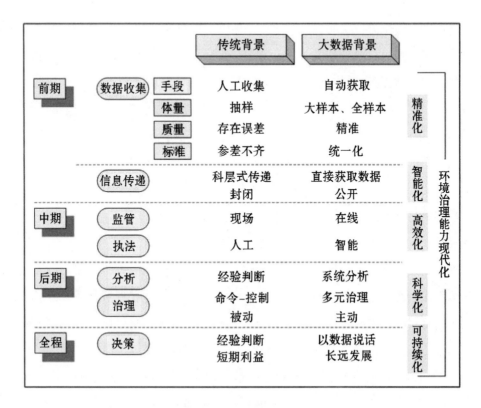

图 2 - 2 大数据驱动政府环境治理主导能力现代化路径

（3）构建多元主体协同治理体系。传统的环境治理模式是一种自上而下的单向管控,在治理过程中企业和民众往往作为被管理方存在。大数据具有开放性,可以被环境相关主体共同利用。通过环境信息数据库的建立,为信息公开提供一个基础平台,有利于破解民众与政府之间存在的环境信息不对称问题,鼓励公众参与环境决策,促进环境民主建设进程。对政府而言,大数据可以提供全面的环境数据,为环境政策制定和实施提供坚实的数据支撑和技术保障;对企业而言,大数据可以提供关于其生产活动各个环节的能耗及污染排放情况,帮助其控制降低污染排放和处理成本;对于环保民间组织而言和公众而言,大数据既可以帮助他们及时准确了解周边的环境状况,也可以为他们提供表达环境建议或诉求的服务平台,保障他们对环境信息的知情权、建议权和监督权。大数据的这种开放性,使其能够整合多方资源,利用技术手段将环境问题完整客观地呈现出来,并通过多元主体的有效参与共同找到切实可行的解决方案,由此变一元应对的单向治理为多元主体共同参与的协同治理。

四、利用大数据推进环境治理现代化的实施原则

推进大数据在生态文明建设领域的应用也面临体制约束、技术约束、人才约束以及安全约束等一系列现实的制约因素。在大数据不断发展且其应用范围及深度不断拓展的趋势下,我们应坚持开放共享、专业发展、多元共治、双重安全等实施原则,不断突破约束,充分利用大数据,加快推动环境治理现代化。

1. 坚持开放共享

(1)思想开放。我国改革开放的成功实践离不开解放思想,利用大数据推动生态环境治理的变革,首要的工作也是解放思想,牢固树立数据开放与共享新思维。一方面,着力培养公职人员,尤其是与环保工作直接相关公职人员的大数据意识和数据开放思维;另一方面,培养环保大数据共建共享的社会氛围,把大数据的思维根植到每一个人的思维方式中,培养普及环保治理的大数据理念。

(2)数据共享。数据资产的最大优势在于其边际成本几乎为零。首先,要在环保部门内部打破业务、区域条线的限制,打破不同部门之间存在的数据保护,创新工作机制和管理模式。其次,应在环保部门之外建立一定的机制,保证与社会、企业进行数据共享,注重数据开放的及时性和价值性。此外还应构建基于大数据和云计算为基础的,从上到下一体化的大数据中心,来对目前分散的数据进行归拢和合并,持续完善大数据平台建设,以优质数据夯实工作基础。

2. 坚持专业发展

(1)发展专业技术。对于海量的数据,要采用专业的硬件设备进行采集,构建完善的网络系统对海量数据进行存储,还需要使用高效的计算设备和先进的分析工具对数据进行处理分析,这些都需要以专业的技术作为支撑。

(2)培养专业人才。大数据是近年来兴起的一个新行业,其在环保领域的应用更是一个新事物,在客观上需要一支既懂技术又懂业务的人才队伍作为支撑。而在目前的实践中,非政府部门的大数据专业人才能够把握大数据的技术特点及其发展趋势,但对政府部门的工作流程和运作机制不够熟悉,而长期在环保部门工作的人员短时间内难以掌握大数据技术,如何实现两者的有效结合是一个现实问题。一方面,大数据技术部门应当健全自身的培训体系,在开展常态化专业技术知识学习培训的同时,引入生态环境方面的理论和实务知识;另一方面,针对环境治理领域人员开展定期或不定期的大数据专业知识培训,不断提升他们应用大数据进行管理和分析的能力。由此围绕大数据和环境保护打造一支高素质复合型专业人才队伍,为环境治理现代化转型提供人才保障。

3. 坚持多元共治

环境治理既是公共政策的重要组成部分,也与每一个人的日常生活息息相关,最佳的治理方式就是在政府主导下多元主体共同治理,这应成为一个长期坚持的原则。政府部门在出台政策、搭建环境治理公共平台时,应充分考虑建立适当的机制引导和鼓励企业、环保组织和个人主动加入环境治理体系。可以从平台搭建入手,整合政府相关部门、环保组织、电信运营商、互联网公司等力量共同建立国家级生态环境大数据平台,先纳入各级各类组织,再适时将个人纳入,形成各类主体充分参与、数据极其丰富的基本格局,为环境治理多元共治体系建设奠定平台和数据基础。

4. 坚持双重安全

推进大数据在环境治理领域的应用,必须高度重视数据安全问题,科学解决这一问题,大数据才能真正成为助推环境治理现代化的利器。一方面是技术层面的安全,包括数据储存安全、处理分析工具安全有效,这方面主要通过先进安全技术的开发及不断升级,防范潜在隐患和漏洞,防止数据丢失或被篡改;另一方面是管理层面的安全,包括数据来源可靠、数据能得到及时科学的分析以及能够被规范利用,以及对涉及个人隐私信息的保护,这方面可以通过法律、行政、标准化以及社会诚信环境建设等综合方式不断加以完善。通过技术安全和管理安全这双重安全建设,为大数据在生态环境领域的长期深度有效应用提供安全保障。

第三章　多元化环境治理体系中的市场主体责任及发挥

党的十九大报告提出,构建"政府为主导、企业为主体、社会组织和公众共同参与"的环境治理体系。企业的角色定位是"环境治理主体",承担落实和履行节能降耗、治污减排的主体责任。环境治理中的企业责任是在与其他治理主体的参与互动中不断健全和发展的。企业履行市场主体责任的关键是要健全生态保护与环境治理市场机制,在发挥政府主导和监管作用的前提下,充分发挥企业的积极性和自我约束作用,建立起与生态文明发展要求相适应的经济发展方式,实现经济社会与生态环境的协调、可持续发展。

第一节　环境治理的市场主体责任

市场主体是理论经济学中的基本概念,意为市场上从事交易活动的组织和个人,盈利性、独立性、平等性是市场主体的基本属性。社会主义市场经济体制是我国社会主义生态文明建设的经济基础。因此,在环境治理活动中,只有发挥市场主体责任,才能最大限度地利用分散在社会中的各种治理知识,才能最广泛地调动最大多数人的主动性、积极性和创造性,才能最大限度地实现治理经济性与治理效用的最佳平衡。

一、市场主体参与环境治理的责任基础

在环境治理研究中,对环境治理"市场主体"这一概念的使用,通常指企业。因为,虽然在理论经济学中,市场主体包括投资者、劳动者、经营者、消费者、企业和受益者,但在环境问题的归因讨论中,最终都会落脚到"企业"。这是因为,企业是工业文明时代所产生的、并延续至今的社会经济要素和生产活动的最重要的组织形式;企业与投资者、管理者、经营者、劳动者、消费者、受益者等诸多市场主体具有共同关联关系。因此,在本章"市场主体责任及发挥"讨论中以企业主体责任为重点,有利于将各类市场主体一并纳入同一研究框架,便于展开分析与讨论。

1. 经济活动的环境影响是市场主体责任的直接来源

严峻的环境形势是开展环境治理最直接的动因,排放者的污染行为是确认治理责任的最直接归因。进入工业文明时代之后,人们所面临的环境问题,除由于自然灾害所导致的自然环境损害以外,多是由于在进行工业化生产方式的过程中对自然环境利用不当所造成的"人为"环境损害。工业企业污染物排放在整体环境污染物排放中占比较大,成为当前环境质量降低的主要污染源。根据《2015 年中国生态环境状况公报》,2015 年我国工业废水排放量达 199.5 亿吨,占废水排放总量的 27.1%;工业二氧化硫排放量为 1556.7 万吨,占全国二氧化硫排放总量的 83.7%;工业氮氧化物排放量为 1180.9 万吨,占全国氮氧化物排放总量的 63.8%;工业烟(粉)尘排放量为 1232.6 万吨,占全国烟(粉)尘排放总量的 80.1%。全国一般工业固体废物产生量中,重点统计调查的工业企业产生量为 31.1 亿吨,占全国一般工业固体废物产生量的 95.1%。

由上可知,当前我国的环境污染状况在相当大程度上都是工业企业的"贡献",特别是在二氧化硫、氨氮等大气污染物排放,以及粉尘排放、固体废弃物产生中,工业企业都是无可置疑的"主力"。生态环境问题的实质是经济发展方式的问题。企业经济互动所体现的经济发展方式,是造成负面环境影响的根本原

因。经济发展方式的转变需要企业进行发展转型,这是生态文明建设的要求,也是企业承担环境治理主体责任的时代要求。

2. 运用市场手段是发挥企业主体责任的根本要求

习近平在2018年全国生态环保大会上强调,要"充分运用市场化手段"提高环境治理水平。环境治理到底是以"企业为主体",还是以"政府为主体",关键要看是否将市场机制作为提高环境治理水平的主要手段。实践已经证明,以行政手段治理环境的体制模式是一种低效、高成本的环境治理模式。① 只有充分运用市场化手段,才能从源头上治理环境污染,才能有效实现"谁排放谁买单"原则,避免出现"个人排放,政府买单"的情况;才能建立起对过度排放的约束机制,推动绿色发展。

在环境治理中强调市场主体责任,是将生态文明建设融入经济建设各方面和全过程的内在要求。将市场化机制引入环境污染治理过程,有助于实现整个社会经济运行全过程的自我优化、经济生态结构的"绿化",有助于从资源开发、生产组织、销售流通、废弃物回收利用等各个环节实现节能减排,提升自然资源的利用效率和环境效益。在环境治理过程中,充分发挥市场配置资源的决定性作用,有利于不同市场主体根据市场的需要和自身特点,独立自主地发挥自身在环境治理中的积极性和能动性,有助于扩大生态保护与环境治理的市场空间,增强环境治理市场供给能力,扩大优质环境产品供给,助力我国供给侧结构性改革,推动经济高质量发展。

3. 环境治理中"市场主体责任"的具体内涵

2019年11月26日,中央全面深化改革委员会审议通过了《关于构建现代环境治理体系的指导意见》,提出要以推进环境治理体系和治理能力现代化为目标,建立健全包括企业责任体系在内的"七大体系"②,提高市场主体和公众参与

---

① 平新乔:《环境治理要依靠市场机制》,《北京大学校报》2014年3月15日。

② 七大体系包括:领导责任体系、企业责任体系、全民行动体系、监管体系、市场体系、信用体系、法律政策体系。

的积极性。环境治理的企业责任体系,是指导、督促企业落实环境治理主体责任的重要规范,是企业加强自身约束和治理实践的重要遵循。学术界对企业的环境责任具体内涵的界定尚未形成统一的认识。一种观点认为企业环境责任不仅包括企业环境法律责任,还包括企业环境道德责任,认为企业环境责任是指企业在追逐投资者利益最大化的同时,"必须注意兼顾环境保护的社会需要,使公司的行为最大可能地符合环境道德和法律的要求,并自觉致力于环境保护事业,促进经济、社会和自然的可持续发展"①。另一种观点将企业环境责任定位于法定责任,祛除企业环境责任的道德性。② 前一种观点得到多数学者的认可,而后一种观点的逻辑性更严谨,现实应用意义更强。

从理论指导实践的角度,本研究对"市场主体责任"内涵的讨论的立足点更接近于第一种观点。本研究认为,环境治理中的"市场主体责任"有三个层面:法律层面的主体责任、道德层面的主体责任、建设力量层面的主体责任。

法律层面的企业主体责任在我国最新修改的《环境保护法》中有着明确规定。2014 年 4 月 24 日,由中华人民共和国第十二届全国人民代表大会常务委员会第八次会议修订通过、2015 年 1 月 1 日开始执行的《中华人民共和国环境保护法》在总则中规定"企业事业单位和其他生产经营者应当防止、减少环境污染和生态破坏,对所造成的损害依法承担责任"。并在"法律责任"法条中对企业各类环境违法行为所应承担的法律责任做出了原则性规定。企业环境法律责任一般包括环境民事责任、环境行政责任和环境刑事责任。

道德层面的企业主体责任通常被认为由企业社会责任演化而来,是企业履行社会责任的重要组成部分。企业是直接与环境资源相接触的重要主体,需要遵守法律、政策、规定和行规,但正式的制度难以穷尽发展的全部要求,那么环境制度欠缺或不完全之处,就是企业的环境道德责任所在。道德是基于伦理价值判断而形成的,因此环境道德责任也被称为环境道德(伦理)责任。企业的环境

---

① 马燕:《公司的环境保护责任》,《现代法学》2003 年第 5 期。
② 贾海洋:《企业环境责任担承的正当性分析》,《辽宁大学学报》(哲学社会科学版)2018 年第 4 期。

道德责任要求企业在生产经营活动中不能因为追求经济效益而污染环境、破坏生态,应当以可持续发展作为经营活动的指导原则,以正确处理人和自然的关系为企业发展的基本宗旨。① 2019 年,中国环境保护产业协会颁布了我国首个环保企业社会责任标准《环境保护企业社会责任指南》,针对环保企业生产经营活动特征,给出企业决策与措施、承担公共环境责任、生物多样性保护、诚信与公平运营、邻避效应应对、消费者服务、清洁生产、职业健康安全、创新与应用、供应链管理、信息公开共计 11 项环保企业社会责任特定议题及其实施建议。②

建设力量层面的主体责任,是指国家和政府针对面临的生态环境问题所要解决的一些根本性、长期性、带有全局性的重大环境决策,主要需要依靠企业界作为一个整体在生产组织、经营管理、结构调整等具体实践中逐步完成和落实,从而使整个社会的发展方向符合生态文明建设的要求。这是因为,企业自觉承担环境道德责任具有利益性,不仅如此,企业还具有社会"公器"性质。日本著名企业家松下幸之助认为,从本质上说,企业经营不是私事而是公事,企业是社会的公有物;就其工作和事业的内容来说,是带有社会性的,属于公共范畴。因此,从社会发展的整个系统看,企业承担环境治理责任的过程,也是企业履行满足社会大系统发展战略要求的过程,可称为"企业的战略环境责任"③。

二、环境治理市场主体责任的主要实现方式

在环境治理实践中,市场主体责任的落实是多种力量、多种机制共同作用的结果。多元化环境治理体系要求企业在环境治理中加强自我约束和自我管理。在实现环境治理目标的过程中,基于外生压力与市场竞争所产生的内在改善动力的共同作用,企业方能将环境保护内化为其经营管理活动中的有机组成部分,从而建立起治理低成本与治理高效益兼顾的多元化环境治理体系。

1. 环境税收调节机制

环境税简单来说是据于环境保护目的而征收的税收。征收环保税是把环境

---

① 李冰强、侯玉花:《循环经济视野下的企业环境责任研究》,中国社会出版社 2011 年版,第 135 页。
② 徐卫星:《环保企业有了社会责任指南》,《中国环境报》2019 年 9 月 24 日。
③ 李冰强、侯玉花:《循环经济视野下的企业环境责任研究》,中国社会出版社 2011 年版,第 142 页。

污染和生态破坏的社会成本，内化到生产成本和市场价格中去，再通过市场机制来分配环境资源的一种经济手段。在市场实践中，环境税收可分为如下四种类型：一种是对直接排放到环境中的污染物征收的税收，即排污税；一类是对产生环境影响的商品和服务征收的税收，如化肥税、地膜税、碳税、车船税等；一类是不以环境保护为直接目的，但征税效用对环境保护有影响的税，如消费税、燃料税等；一类是为了节约合理使用资源，实行环境恢复，补偿资源价值等目的而课征的税，即资源税，如水资源税、能源等。

环保税的设立与征缴是利用市场机制保护环境的重要举措，也是落实新的《环境保护法》确立的"污染者当责"原则的具体制度安排。中国环保行业面临投资资金、监管力度双重不足的压力，严峻的环境形势下，迫切需要运用税收——调节发展和保护的关系，透过市场机制来分配环境资源。国际经验表明，环保税的征收可改变成本收益比，迫使其重新评估本企业的资源配置效率；同时环保税也对其他企业的经济决策和行为选择产生了影响。市场经济条件下环保税收的开征，不仅能够为环保产业发展提供更为公平的市场环境，而且能够扩大环境治理需求空间，强化对绿色发展的导向激励。

通过征收环保税防治污染，是采用经济的办法矫正损害环境的行为，是生态文明建设的一个重要举措。2018年1月1日，《中华人民共和国环境保护税法》试行。时任国家税务总局财产和行为税司司长蔡自力表示："环境保护税作为专门的绿色税种，它开征的主要目的不是为了增加财政收入，主要是为了让企业既算经济账，又算环境账，使高污染、高排放企业加速绿色转型，让清洁生产的企业获得发展先机。"事实证明，环保税的"多排多征、少排少征、不排不征"的正向激励机制，可以调动高污染、高耗能企业节能减排的积极性，其推动产业发展方式转变、促进高质量发展的改革效益已经初步显现。

2. 清洁生产制度

实施清洁生产是企业作为市场主体在开展生产经营行为过程中，自觉履行环境保护责任，有意识地按照资源节约、环境友好的要求调整企业环境行为的一种机制。清洁生产机制主要着眼于污染的预防与控制，而非污染后的末端环境治理。清洁生产强调生产全过程和产品生命周期的"绿化",主要包括三方面内容:能源清洁、生产过程清洁、清洁产品。清洁生产机制要求实施企业遵循以下重要原则:一是减量化原则,改进产品设计和工艺、利用清洁的原材料和能源,采用资源利用率高、污染物排放量少的工艺技术与设备;二是环境损害最低原则,生产过程中节约原材料与能源,尽可能减少有害原料的使用以及有害物质的产生和排放,尽可能减少产品使用后的排放物和废物的数量和有害性;三是再利用原则,要求重复使用原料、中间产品和产品,对物料和产品进行再循环,尽可能利用可再生资源。因此,清洁生产机制对于企业从根本上扭转"污染末端治理"模式,发挥主体责任,具有重要意义。

清洁生产不仅适用于工业生产领域的企业,同样适用于农业、建筑业、服务业等领域的企业。我国于2002年通过了《中华人民共和国清洁生产促进法》,并已于2003年1月1日起施行。从内容看,该法以对清洁生产进行引导、鼓励和支持保障的法律规范为主要内容,从清洁生产的主要环节、方式和管理措施等方面建立起清洁生产所应遵循的具体规范体系。因此,我国的清洁生产法更加侧重于建立起对企业发挥治理主体责任的正面激励机制,减少行政手段对企业自主经营活动的直接干预。清洁生产制度有利于企业真正降低成本,降低原材料消耗和能耗,提高物料和能源的使用效率,进而提高企业在市场中的竞争力,实现企业逐利动机与环保意愿的高度耦合。

3. 生产者责任延伸制度

生产者责任延伸制度就是将生产者对其产品所承担的资源环境责任由生产环节延伸到产品设计、流通消费、回收利用、废物处置等全生命周期的制度设计,是源头控制和末端治理相结合的环境保护激励约束机制。从社会生产角度看,生产者责任延伸通过处置责任的重新配置,填补了社会商品消费后的环境治理责任空白;通过对产品消费后废弃物循环利用责任的追加,将生产活动所造成的环境损害修复成本、废弃物管理阶段的环境成本内化为企业经营成本,这对于加快循环经济体系建设、实现绿色低碳发展具有重要意义。

我国生产者责任延伸制实践的当务之急,就是要把老百姓生活中产生的各类废弃物处理好、利用好，建立健全市场主体的环境责任体系，在社会经济活动的各个环节都真正发挥好企业的环境治理主体作用。在《中华人民共和国清洁生产促进法》《中华人民共和国固体废物污染环境防治法》《中华人民共和国循环经济促进法》等法律规章中，都或多或少地体现了生产者责任延伸的思想，或对生产者责任延伸制度进行了明确规定。但在 2015 年之前，有关生产者责任延伸制度的法律规定相对分散，没有很好地衔接和形成完整的体系，也没有很好地落到实处。

在《生态文明体制改革总体方案》明确提出"实行生产者责任延伸制度，推动生产者落实废弃产品回收处理等责任"之后，生产者责任延伸制度的市场实践开始加速。2015 年 7 月，国家相关部委发布了《废弃电器电子产品生产者责任延伸试点通知》和《电器电子产品生产者责任延伸试点工作方案》，探索建立包括激励机制在内的电器电子产品生产者责任延伸综合管理体系、技术支撑体系和服务评价体系。2017 年 1 月，国务院办公厅印发《生产者责任延伸制度推行方案》（简称《方案》），将生产者责任延伸的范围界定为开展生态设计、使用再生原料、规范回收利用和加强信息公开四个方面，率先对电器电子、汽车、铅蓄电池和包装物等产品实施生产者责任延伸制度，并明确了各类产品的工作重点。根据《方案》，到 2020 年，生产者责任延伸制度相关政策体系初步形成，产品生态设计取得重大进展，重点品种的废弃产品规范回收与循环利用率平均达到 40%；到 2025 年，生产者责任延伸制度相关法律法规基本完善，产品生态设计普遍推行，重点产品的再生原料使用比例达到 20%，废弃产品规范回收与循环利用率平均达到 50%。

还需要看到，在生产者责任延伸制度的大背景下，生产者不是无限责任，原材料供应商、分销商、消费者、回收商、处理企业各有其责，需要全社会的积极参与。各类企业，包括资源开采企业、工业生产企业、销售商、流通商、资源回收商，乃至规模化农产品生产企业，都应承担起相应的环境责任。在全国范围内，因地制宜地建立起完善的环境垃圾管理体系和再生资源回收利用体系，为各类企业承担回收处置责任提供支持，特别是要对中小型制造企业履行生产则责任延伸责任进行规范和统一管理,政府应采取相应的激励政策支持行业共用产品回收体系建设,鼓励有条件的企业建立其专用的废弃物品回收体系,充分发挥企业自身对产品废弃物进行回收再利用的作用。① 通过生产者责任延伸制度的落实,推动制造业企业的转型升级和供给侧结构性改革。

4. 合同环境管理

合同环境管理属于环境治理第三方服务,即通过第三方环境治理企业为客户提供环境保护或环境治理服务。具备环境服务能力的专业环保服务企业,作为独立于有污染物排放的企业与政府环境监管部门之外的第三方,与存在环境管理需求的"客户",通过签订环境管理服务合同,为"客户"提供专业的环境事务咨询、环保工程项目运营、环保设施维护等服务。合同环境管理机制是市场化机制下企业承担环境治理责任的重要方式。

在我国,合同环境管理方式被形象得称为"环保专家"。2016 年,原环保部首次提出了"环保管家"的概念,提出通过"环保管家"向园区提供环境监测、监理、环保设施建设运营及污染治理等一体化环保服务和解决方案。2017 年《关于推进环境污染第三方治理的实施意见》指出,"鼓励第三方治理单位提供包括环境污染问题诊断、污染治理方案编制、污染排放监测、环境污染治理设施建设、运营及维护等活动在内的环境综合服务"。"环保管家"简单来说就是具有污染环境可能性的企业通过聘请第三方环境保护服务公司来完成排污、治污工作,并且向第三方服务公司支付一定服务费用的过程。②

环境治理工作是一项技术性强、行业实施差异性大、政策与标准不断更新的专业工作,"环保专家"服务以环境保护相关领域资源的调配、整合和优化为基础,能够整合多种传统单项服务(如环评、环境监测、环境咨询、环保设备供应、环境项目建设与运营等),以定制化服务和平台化协同,让更专业的队伍和技术力

---

① 姜素红、刘俊偲:《我国生产者责任延伸制度实施中的问题及对策》,《中南林业科技大学学报》(社会科学版)2018 年第 5 期。

② 曹佳莲、高大伟:《环境保护管家服务模式研究》,《黑龙江科学》2019 年第 15 期。

量参与到企业治污工作中来,最大限度地弥补环境治理、环保管理中的技术短板,有效解决服务对象的环境保护需求和环境问题,实现治污投入的高效配置和应用。

对于排污企业来说,聘用"环保专家"帮助自身完成排污、治污工作,可以取得比自身治理更好地治理效果;可以降低污染治理成本,及时发现企业生产过程中的治污薄弱环节;可以有效克服作为排污主体的企业在人员配备、业务水平、经验不足等方面的不足与短板,指导企业与政府环境管理行政部门的监督结果的及时对接和污染治理整改要求的及时落实,最大限度地实现环境监察预期效果和目标;对于采用合同能源管理的企业,可以提高节能效率。对于政府环境监管部门来说,与能够提供环境治理服务的企业签订环境管理行政合同,发挥第三方治理企业在环保监察执法方面的积极作用,可以提升监管工作的客观性、真实性、准确性,让监管工作更加透明、公平、公正;可以将环境执法管理部门从专业性较强的技术工作中解脱出来,从而更好地适应环境监察范围和监察项目不断扩大的趋势,专司环境监察管理,提高环境执法质量。对于工业园区来说,园区内企业数量较多,且类型多样,日常管理工作量大、事务繁杂,采用第三方治理服务可以推动区域环境管理更加的专业化、精细化和集约化,有效弥补人力、物力短缺和技术支撑能力不足的短板,提高工业园区环境监察执法管理的效率和监管水平。

5.排污权交易机制

排污权交易是一种以市场机制为基础的污染防治机制。明确"排污权"概念和"排污许可证"制度的内涵,是理解排污权交易机制的前提和基础。

排污权,顾名思义是排放污染物的权利,具体是指排放者在环境保护监督管理部门分配的额度内,并在确保该权利的行使不损害其他公众环境权益的前提下,依法享有的向环境排放污染物的权利。① 政府通过"排污许可证"制度,对污染排放企业的排污行为进行行政管理。实施"排污许可证"制度是控制污染源总量的关键制度内容。随着我国环境管理重点从污染物排放浓度控制向污染物排放总量控制的转变,全面实施"排污许可证"制度是推动环境治理的必然选择。对于企业履行环境治理市场主体责任而言,"排污许可证"制度是一种约束性机制,它的主要意义在于明晰企业对污染物排放总量的权利与义务。在实践中,排污企业需要在排污许可证申报、实施阶段负起相应责任:在申报阶段,企业应根据管理规范的有关规定,对污染治理设施的运行状况和排污状况如实申报;在实施阶段,企业应严格遵照排污许可证的要求进行污染物排放,并且收集有关的数据内容,来证明本单位实际的排污情况。另外在"排污许可证"到期之前,排污单位还需要重新进行"排污许可证"的申请。

排污权交易的制度安排能够成为市场主体发挥环境治理主体责任的重要途径的原因,在于它以排污权的有偿使用为前提,通过环境的有偿使用机制,对环境作为公有物在政府、市场主体间的权责边界加以明晰,通过市场机制引导、激发企业主动成为污染治理主体的积极性。有效的排污权交易制度包括排污权初始分配机制、市场价格形成机制和交易机制等制度建设。在排污权交易框架下,企业减排能够"挣钱",通过经济杠杆的无形之手,能够更好地"指挥"企业根据自身的发展需要来选择技术演化路径、增加绿色产出、提高减排绩效或者决定是否减产、迁移等。目前,我国排污权交易实践开展得不够充分,这既有制度设计上的问题,也有监管执行上的制约。但应该看到,不断完善和推广实施"排污许可证"制度和排污权交易制度是未来环境治理发展的重要趋势。要更好地发挥市场主体的作用,还要不断完善排污监管制度、政府绩效考评制度、信息公开制度、税收与财政制度等外部制度环境,使外部制度环境和内生动力机制形成良性

---

① 蔡守秋:《论排污权交易的法律问题》,国家环境保护总局、中国法学会环境资源法学研究会、西北政法学院编:《适应市场机制的环境法制建设问题研究——2002 年中国环境资源法学研讨会论文集》(上册),2002 年,第10—21 页。

互动。①

6. 企业自愿环境规制

企业自愿环境规制是企业主动承担环境治理主体责任的最突出体现方式。自愿环境规制属于自律性环境管理,通常由行业协会、企业自身或政府管理部门提出或倡导,企业独立自主决定是否参与或响应。自愿环境规制包括环境认证、环境审计、生态标签、环境协议等。在实践中,参与和响应自愿环境规制已经成为帮助企业塑造负责任的环境友好形象,赢得市场的重要方面。

大型企业、行业骨干企业、供应链核心企业在自愿环境规制实施中发挥着重要的传导、标杆作用。这些企业在本行业、本领域影响力大、技术先进,在行业技术环境标准制定、行业企业环境责任体系建立中,以及在与政府的协商协作中,具有较大的话语权。自愿环境规制各企业主体之间相互依赖,结成紧密的利益共同体,并保证社会整体能够从企业共同改善环境质量的行动中获益。

参与国际环境自愿协议,进行环境自治,是企业自觉承担环境责任的重要表现。进入 21 世纪,我国一些企业、行业开始按照国际性自愿协议进行自治。2002 年 4 月 15 日,中国石油和化学工业协会与国际化学品制造商协会签署合作协议,开始在中国石油和化工行业全面推行"责任关怀"计划。2009 年和 2015 年,我国中材集团、西部水泥有限公司先后加入"水泥可持续发展倡议"行动组织,按其行为准则开展环境治理自治。

三、市场责任主体与其他治理主体的关系互动

多元化环境治理体系建设过程中,市场责任主体作用的发挥是在市场机制的基础上,多种力量复杂作用的结果。在这个过程中,市场责任主体与政府、公众、社会组织之间均存在着多种互动,表现出丰富的相互关系。

1. 市场责任主体与政府的关系互动

"被规制者与规制者"是企业与政府之间关系的最基本定位。排污企业与政府环境管理部门之间的关系总体上表现为"博弈关系"。企业的经济属性决定了

---

① 苑鹏飞、彭桂娟、段勇:《排污许可证制度在总量控制中的作用》,《中国金属通报》2018 年第 2 期。

追求利润是它的"本职",而开展环境治理则需要投入大量资金,这部分投入内化为企业经营成本,必然影响企业利润率的实现。因此,至少从表面上看,实施污染治理与企业追逐利润的经济价值定位存在冲突。在我国多数企业的环保意识还不足够高、环境治理自觉性还不足够强的大背景下,企业是否愿意或能够承担起环境治理的主体作用,与外界约束力度——最主要是政府环境行政执法与监管是否严格——密切相关。国内外的实践已经表明,通常当政府环境行政管理体系越规范、环境行政执法与监管越严格,企业就会因为环境违法成本过高而更愿意配合政府的要求,全面履行自身的环境责任,有效开展污染治理活动;当政府环境行政管理体系不够健全、环境行政执法与监管较为松懈,企业环境违法成本低于企业开展污染治理所需要花费的成本时,企业会更倾向于环境不作为,或者与政府"讨价还价"最大限度地推脱自身所应承担的环境治理责任。

在我国的政企环境博弈结构中,地方政府的行为选择对环境污染防治起着至关重要的作用。[①] 我国环境治理的具体实践,是由中央政府委托地方政府监督当地企业开展实施的,地方政府是中央政府环境政策要求和企业环境终端治理活动的"中间人",在我国环境污染防治过程中,存在着"中央政府—地方政府—企业"双重委托代理关系。[②] 长期以来,在地方政府责任体系中,对地方经济发展的关注都是居于首位的,排在环境保护职责之前;地方官员的升迁选拔标准中,对地方经济的增长促进的权重在相当长一段时间内要远远高于对环境保护、环境治理方面作为的权重。因此,在 2007 年之前,地方政府为了追求经济增长而忽略环境保护等次要目标的情况时有发生。2007 年《国务院关于印发节能减排综合性工作方案的通知》,正式将环保一票否决制引入官员晋升考核标准。

2. 市场责任主体与公众的关系互动

笼统地说,多元环境治理中的公众参与是企业发挥治理主体作用的重要外

[①] 张跃胜、袁晓玲:《环境污染防治机理分析:政企合谋视角》,《河南大学学报》(社会科学版)2015年第 4 期。

[②] 张跃胜、袁晓玲:《环境污染防治机理分析:政企合谋视角》,《河南大学学报》(社会科学版)2015年第 4 期。

部条件。公众通过促进相关环保立法、对排污主体进行大众监督等方式,对企业治污行为进行直接的外部约束。同时,由于企业希望获得公众对其环境行为的认同从而赢得消费者青睐,公众的产品选择环境偏好能够对企业治污行为产生间接影响。

对污染治理型企业来说,与公众的关系互动主要着眼于调解企业与居民在具体某一个地区的环境权益矛盾。在实践中,这种矛盾主要表现在垃圾焚烧等环境项目建设中的"邻避"现象。2016年住建部等四部委联合发布了《住房城乡建设部等部门关于进一步加强城市生活垃圾焚烧处理工作的意见》,首次明确要求变"邻避"为"邻利",构建焚烧厂与居民、社区的利益共同体,"邻利型"焚烧厂是未来发展的主流。

在实践探索中,垃圾焚烧类环境服务企业可以通过以下几种方式,与当地居民形成良性互动:一是以"综合环境服务全产业链"为核心,以政府、居民与第三方检测机构的三通道共同监督为基础,形成产业联系紧密,政府整体外包的管家式运营管理模式,以余热利用、中水回用、资源共享、提供实习或就业机会等多种方式,形成与当地公众的"互利模式"。二是依托当地大中型企业,将垃圾焚烧项目耦合进企业间余热、煤气、废水、固废等物质的综合循环利用体系,实现产业关联互利模式。三是以技术改造和厂区景观化设计为基础,实施社区功能植入,带动第三产业发展为居民创收,形成"民—企"利益共同体。

3. 市场责任主体与社会组织的关系互动

社会组织的监督是企业履行环境治理主体责任的重要外在压力,同时,企业特别是行业领军企业又成为环保类社会组织的重要参与者。

环保组织在促进企业环境信息公开、对企业提出环境诉讼等方面发挥了重要作用。新《环境保护法》明确规定,环保社会组织具有依法享有获取环境信息、参与和监督环境保护的权利。

随着环境保护意识在全社会的树立,企业界主动加强与社会环保组织之间的合作,一方面,企业与社会环保组织在公益项目领域开始合作;另一方面,企业开始成为新的社会环保组织的发起者、重要参与者。

第二节 市场主体发挥作用的影响因素

一、内外部主要影响因素

企业是经济的基本细胞，是市场一体化的有力推动者，可以而且能够在环境治理体系中发挥主体作用。积极发挥市场主体作用，有利于完善科技共享机制、促进市场统一、推动要素资源流动。污染型企业在环境治理中发挥主体作用可以弱化外部性、信息不完全等对环境的不利影响。不过，市场主体作用的发挥受到政府部门、企业自身等各方面因素的影响。

1. 政府行为的影响

政府在环境治理中的作用主要体现在对规章制度的制定和执行上，制度的制定和执行所依靠的是国家的强制力。因此，政府的要素在环境治理中往往代表着国家意志，缺乏了这个国家意志，环境治理就无法真正从个体的无意识走向集体理性。因为环保法律的存在，企业的环境行为首先受到政府规制执法的影响。规制执法主要是指规制部门对企业进行规制时，所实施的监测、调查，以及为使企业遵守规制部门的各项规制标准而对企业的违规行为设定或实施的惩罚性威慑，也包括由政府部门授权的其他社会机构对企业施加的压力等。

市场主体在环境治理中能否发挥主体作用，既取决于环保治理体系中现行的规则法令，也取决于政府如何执行及操作等。政府各方面的职能如何发挥，都会对市场主体的环境治理主体作用产生重要影响。[1] 市场监管是政府的一项重要经济管理职能。微观规制的范围，既包括市场能够发挥作用的领域，也包括市

---

[1] 周绍朋：《市场能否在资源配置中起决定性作用取决于政府如何发挥作用》，《光明日报》2014 年 4 月 9 日。

场失灵的领域。在市场能够发挥作用的领域，规制应主要运用经济手段和法律手段，而在市场失灵的领域，则应主要运用法律手段和行政手段。进行有效的市场监管，首先要制定市场规则，如市场准入规则、交易规则、竞争规则和市场退出规则等。有了规则，各级政府就要按照规则对市场主体和市场行为进行监管，谁违反了规则，谁就要受到相应的处罚，既包括经济处罚和法律处罚，也包括行政处罚。

习近平在《关于〈中共中央关于全面深化改革若干重大问题的决定〉的说明》中强调："发展社会主义市场经济，既要发挥市场作用，也要发挥政府作用。"政策机制不完善、执法监督不到位等都会影响市场主体的积极性。一般而言，政府的执法行为会对企业的排污行为产生威慑，一旦规制者发现企业的违规行为，公众也预期规制者可以无成本地对企业施加处罚。然而现实中，对企业进行调查是有成本的，规制者通常只是对污染企业进行不定期的检查，即使环保损害已经发生，也可能出现由于缺少针对特定企业的证据或者没有法律依据，规制者放弃执法、受害者得不到赔偿的情况。研究发现，与不考虑执法成本的时候相比，执法成本的存在使得规制机构必须规定较高的处罚水平才能有效地威慑企业。①

2. 企业自身的因素

市场主体在环境治理中发挥主体作用，本质上需要市场中的主体，即企业和消费者在现有的制度和市场环境下开展节能减排，转变生产和生活等发展方式。对此，市场要素所体现的其实是一种激励机制，用激励机制来推动绿色的转型和发展。政府的作用主要在于完善和创造市场机制来解决环境问题，譬如基于市场的政策工具等。面对日益发展的城市复杂适应性系统，仅靠政府单打独斗，难以完成环境保护的重任。所幸的是，改革开放以来我国社会已经发生深刻的结构性变化，社会形成了三个相对独立的子系统，以党政机构为基础的国家系统，以企业家为代表、以企业组织为基础的市场系统，以广大市民为代表、以社会组

---

① Steven Shavell & A. Mitchell Polinsky, "The Economic Theory of Public Enforcement of Law", Journal of Economic Literature, *American Economic Association*, vol. 38(1), PP. 45—76, March. 2000.

织为基础的社会系统。党和政府是环境治理的领导者和指导性力量,市场主体是环境治理最主要的资源配置者。

近年来,我国积极培育环境治理和生态保护市场主体,以改善生态环境质量为核心,以壮大绿色环保产业为目标,以激发市场主体活力为重点,以培育规范市场为手段,积极推动体制机制改革创新。而且,企业作为市场主体,也在不断迭代升级,承担环境治理责任,不断提升环境治理能力。[①] 随着现代市场经济的不断发展,现代企业制度不断完善,尤其在社会日益重视生态环境问题和公众生态环境意识愈来愈高的情况下,企业日益认识到,企业生产经营对生态环境的破坏,不仅造成环境恶化,降低了公众的生活质量,损害了人体健康,而且损害企业声誉,影响消费者的选择,不利于市场竞争,最终反过来危及企业生存和发展基础。[②]

理论上,企业在做出决策时往往进行成本和收益的考量,被规制企业主动参与环境治理的收益(包括选择参与时企业可以避免的罚金及其他惩罚)大于成本时会选择主动参与环境治理。通常所说的参与成本是指企业在遵守相关规制标准时所耗费的时间以及价值。如果参与的成本过高,致使企业不参与时的总收益大于参与时的总收益,即使企业自身有参与的动机,其环境治理参与率也会很低。蒂坦伯格[③]曾指出影响各项政策的参与成本的因素,包括:企业的异质性(如企业在生产过程中对社会造成了不同的外部性,以及消除这些外部性所产生的不同的边际成本),不同类型企业的数量,外部性的分布方式(如污染物分布情况是否均匀)等。

企业在环境治理中主动发挥主体作用,自愿参与减排,也会给企业带来潜在的收益。归纳来讲,企业的参与动机主要来源于以下三个方面:一是特殊的消费

---

　　① 时和兴等:《提升新时代城市环境治理能力——广东佛山破解工业城市环境治理困局的探索》,《行政管理改革》2018 年第 5 期。

　　② 江莹:《企业环保行为的动力机制》,《南通大学学报》(社会科学版)2006 年第 6 期。

　　③ Tietenberg, *T. H. Emissions Trading, an Exercise in Reforming Pollution Policy*. New York:RFF Press, 1985.

群体愿意为以环保方式生产出来的产品支付更高的价格,从而激励企业自愿遵从环保法规并做出环保努力①;二是自愿减排可以降低规制机构实施更严格的规制标准的概率,或者降低规制机构对企业的环保行为进行监察的频率,并相应地减少由此导致的成本②;三是避免未来可能的环保责任③。企业自身的规模对其主动参与环境治理也有影响,相比小企业而言,大企业更有可能参与自愿的减排项目。④ 现实中,为更好地达到环境治理的效果,环境规制部门应顺势而为,在环境规制过程中考虑市场主体的参与动机及影响因素,尽可能地促使市场主体主动发挥作用。

3. 其他因素

市场主体作用的发挥也会受到除政府和企业之外的其他因素的影响。首先,行为人具有不完全信息,这可能削弱政府对企业的威慑或导致企业存在侥幸心理。规制者对违规企业实施的惩罚,不仅基于企业行为对环境的污染程度,还可能会考虑企业事前预防的环境污染的努力。通常企业的努力水平不能直接观测,于是规制者与企业之间就形成了不完全信息。违规企业给社会造成的损害可以一定程度上反映企业努力的水平,而获知精确的损害程度,需要规制者付出一定的成本。因此,企业是否主动参与环境治理以及参与程度可能是内生决定的。

其次,企业的行为是在市场中表现出来,所以市场竞争结构对企业的环境参

① Arora, S. and S. Gangopadhyay. "Toward a Theoretical Model of Voluntary Over-Compliance", *Journal of Economic Behavior and Organization*, 1995, 28(12), pp. 289—309.

② Maxwell, J., T. P. Lyon. and S. C. Hackett. "Self-Regulation and Social Welfare: The Political Economy of Corporate Environmentalism", *Journal of Law and Economics*, 2000, 43(10), pp. 583—617. Innes, R. and Bial, J. "Inducing Innovation in the Environmental Technology of Oligopolistic Firms", *Journal of Industrial Economics*, 2002, 50(3), pp. 265—287.

③ Innes, R. A, "Theory of Consumer Boycotts under Symmetric Information and Imperfect Competition", *The Economic Journal*, 2006, 116(4), pp. 355—381. Innes, R. and A. G. Sam. "Voluntary Pollution Reductions and the Enforcement of Environmental Law: An Empirical Study of the 33/50 Program". *Journal of Law and Economics*, 2008, 51(5), pp. 271—296.

④ Videras, J. and A. Alberini. "The Appeal of Voluntary Environmental Programs: Which Firms Participate and Why". *Contemporary Economic Policy*, 2000, 18(10), pp. 449—461.

与行为也会产生影响。从企业供给的角度来说,在竞争程度相对较弱的行业里,企业更易把相关成本转嫁给消费者,所以有一定垄断势力的企业可能会以更高的环境标准要求自己。不过,因为企业可以通过对环境质量的强调形成产品差异化的认知,从而获得更大的市场份额,所以在生产同质化产品的行业中,更激烈的市场竞争也可能导致企业更大程度地参与环保。

最后,政府、企业、市场结构以及不完全信息,这些不同层面的因素可能阻碍企业参与环境治理,也可能促进企业发挥积极作用。在环境治理过程中,政府和企业必须协同起来,才能提供跨越政府组织层级、公共部门界限、公私领域范围的有效治理。政府的有限理性与环境治理的复杂性之间的矛盾决定了市场主体参与的重要性,政府采购、服务外包等治理创新证明了协同治理的有效性。

二、发挥市场主体作用的困境和问题

尽管有政府和企业自身动机的推动,但在环境治理体系中,企业发挥主体作用仍面临着许多困境和问题。近年来,环境治理领域市场化进程明显加快,市场主体不断壮大,但综合服务能力偏弱,创新驱动力不足;执法监督不到位、政策机制不完善、市场不规范等原因,影响了市场主体积极性的发挥,巨大的市场潜力未能得到有效释放;生态保护领域的公益性、外部性较强,交易机制不明晰,市场体系仅处于起步探索阶段等。

市场交易体系仍需逐步完善。一方面,环境资源主体应归全体公民所有,而环境资源的产权客体"先天存在",这种特征造成了环境资源产权归属与边界难以界定;另一方面,某些环境资源即使产权清晰,一旦其遭到破坏,外部性影响也往往十分复杂,影响的范围和程度也难以判断。[①] 目前,我国的排污权、碳排放权、用能权、水权、林权等交易制度还多处在试点阶段,尚待完善。基于环境权益的抵押、质押融资产品有限。生态保护领域的公益性、外部性较强,交易机制不明晰。价格水平随供求关系波动的市场化定价机制仍需健全。国家公共资源交

---

① 孙友祥、汪烁:《环保服务市场化:趋势、困境与路径》,《湖北大学学报》(哲学社会科学版)2017年第5期。

易平台的作用仍未充分发挥,不能统筹管理自然资源、环境资源和公共资源。

市场秩序亟须进一步规范。第一,部分地区仍存在有悖于市场统一的规定和做法,如市政公用领域的环境治理设施和服务中,设计、施工、运营等过程存在以招商等名义回避竞争性采购要求的情况。第二,部分地区地方性法规、规范性文件中设置有优先购买、使用本地产品等规定,简政放权推进缓慢,注册审批流程复杂等。第三,环境治理和生态保护项目绩效评价体系尚待建立健全,行业监管机制仍需进一步完善。一方面,我国现有的环保产品标准不一、种类繁多,造成居民认知及接受程度不高。如我国除有绿色食品和中国环境标志认证产品两类绿色产品之外,还有诸如无公害农产品、安全食品、中国环保产品、森林认证产品等多种绿色产品。另一方面,环保产品性能虚标现象仍然比较突出,如2019年发生的格力举报奥克斯虚标能效事件。这些市场秩序不规范现象,影响了消费者购买环保产品的信心,挫伤了企业主动参与环境治理的积极性。

体制机制需要进一步健全。现有环境管理制度仍比较分散,缺乏统一公平、覆盖所有固定污染源的企业排放许可制。部分国有污水垃圾处理企业运营成本较高,服务效率低下,全面、市场化的污水垃圾处理设施运营管理体制尚未形成。环保设施运行应坚持"谁污染、谁治理,谁受益、谁付费"的原则。交易制度是构成市场的核心要件,但我国尚未建立起能够提供全方位的环保市场和交易体系框架。由于获取信息不完全、信息传递失真与滞后以及信息共享的缺失,使得本应成为环保市场主体的企业,不能及时掌握环保市场行情,也无法提前规划环保研发,更无法判断国家环保产业发展的趋势。长期以来,政府习惯于运用环境保护法律、法规和政策等刚性手段调控环保市场,政府的这种环境管制行为对环保主体的进入、投入的增加缺乏激励作用,产生的后果就是环保市场主体进入的积极性不足,环保投资的多元化、社会化进展缓慢,一定程度上减缓了环保潜在市场向现实市场转变的进程。

第三节　市场主体参与环境治理实证分析

现实中,政府、公众与企业三者在多元化环境治理体系中的作用存在争议,在环境治理中各自的作用也是错综复杂,本部分通过构建一个简单的模型,分析政府环境规制与公众参与对企业规制遵从以及污染排放的作用。本部分采用总量数据,一方面是因为在数据有限的条件下,遵从这一重要变量暂时还无法从个体企业层面进行衡量;另一方面是因为可以把各省企业的平均指标看作微观的代表性企业,而各地的达标率指标也是衡量遵从水平的合宜指标。本部分的主要贡献在于依企业排污的内在逻辑,分析污染排放与规制遵从之间的关系,通过将遵从水平引入消费者的效用函数,考察公众的环保参与在促进规制遵从中的作用。

在完全竞争市场,经济运行不存在无效率、不公平等问题,但当市场失灵时,资源的最优配置不能通过市场来实现。一般导致市场失灵的原因包括垄断、外部性、不完全信息等因素。现实中,政府的规制执行存在成本,企业也并非风险中性。如果行为人厌恶风险,当面对不确定的损失时,会愿意支付一个风险贴水以避免这种不确定性。一种可能的情况是企业为得到一个确定性的收益,在事前对安全水平进行过度投资(即过度遵从)。此时,对企业的最优处罚将不仅仅依赖于规制者对企业行为的监测,还取决于企业内部影响事故防范技术的因素。[1]

国内现有的实证研究大都致力于探究政府的规制行为是否产生了合意的规

① Cohen, M. A. "Empirical Research on the Deterrent Effect of Environmental Monitoring and Enforcement". *The Environmental Law Reporter*, 2000, (30), pp. 10245—10252.

制效果——如污染排放的减少或经济的长期增长,绕开企业的遵从决策,直接研究政府规制与其效果之间的关系,忽视了规制遵从这一重要环节。发达国家的环境规制体系为我国的规制体制提供了可资借鉴的思路,在过去的十几年,我国已有大约300种化学品规制条例以及超过600种国家标准颁布。[①] 然而,企业对这些标准的遵从程度如何呢? 图 3-1 所示的全国工业废水排放达标率指标大体可以反映这个状况:

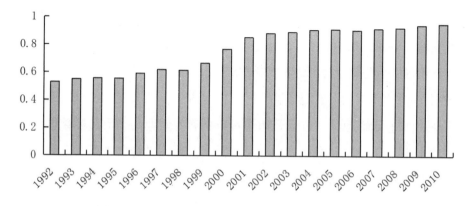

图 3-1 1992 年至 2010 年全国工业废水排放达标率

注:由本文作者按照达标率=达标量/排放量的公式计算而得。

数据来源:《中国环境年鉴》。

从图 3-1 可以看到,1992 年以来我国的工业废水排放达标率总体呈现上升趋势,2004 年以来一直保持 0.9 以上的水平。为对企业实施更有效的监控,国家设立了企业污染源自动监控项目,根据环保部公布的《2009 年国家重点监控企业及污水处理厂全年监测超标企业名单》,8000 余家重点监控企业中,全年部分或全部测次超标企业约占四成左右,而国有企业也并未显示出较高的达标水平。一方面总体达标率上升,另一方面违规个体众多,我们不禁要问,遵从水平与污染排放有什么关系? 到底又是什么影响着规制遵从水平呢?

---

① Xue, P. and W. Zeng. "Policy Issues on the Control of Environmental Accident Hazards in China and Their Implementation". *Procedia Environmental Sciences*, 2010, 2(10), pp. 440—445.

近些年,国内关于环境问题的研究逐渐增多,不过绝大部分的已有研究都侧重于宏观层面的经济增长或者产业效率①,由于关于规制遵从的数据不易获取,国内利用环境领域的数据从这一角度进行论述的较少②。研究政府规制的相关文献普遍假设企业遵从现行的规制政策③,这显然违背事实,更深入的分析必然要涉及微观主体的行为,企业的遵从问题就成为研究的重要方面④。

无论从污染排放角度还是从企业的规制遵从角度,现有研究普遍关注环境规制的影响或效果。⑤就国内的情况而言,环境结果无效的原因通常被归结为环境监测能力和执行能力弱,因为尽管地方环保局名义上从属于国家环保部,但实际上受制于地方政府,地方政府官员往往将刺激经济发展凌驾于对企业进行环境监管之上。而在政府监管不到位的方面,公众对环保的参与可以作为一个有益的补充,李万新肯定了公众参与对环境保护的影响,通过将公众纳入环保体系、加强监管者、企业和公众之间互动的灵活性,可以降低监测和执法成本的潜力,而且使得成本有效以及环境治理更加民主。⑥

现有文献分别从不同的侧面分析了企业的遵从行为,但鲜有研究依企业排污的内在逻辑——权衡—遵从—排污——对环境污染问题进行深入考察,本书这里重点是解释一个一直被忽略的问题,即环境规制直接针对的是遵从水平,而不是环境污染,研究环境规制对环境改善的影响,不能绕开规制的直接效果——

① 陈诗一:《节能减排与中国工业的双赢发展》,《经济研究》2010 年第 3 期;陈仪、姚奕、孙祁祥:《经济增长路径中的最优环境政策设计》,《财贸经济》2017 年第 3 期。

② 肖兴志、赵文霞:《规制遵从行为研究评述》,《经济学动态》2011 年第 5 期;赵文霞:《规制遵从、公众参与和环境污染》,东北财经大学硕士学位论文,2011 年。

③ Cropper, M. L. and W. E. Oates. "Environmental Economics: A Survey", *Journal of Economic Literature*, 1992, 30(6), pp. 675—740.

④ Innes, R. and A. G. Sam. "Voluntary Pollution Reductions and the Enforcement of Environmental Law: An Empirical Study of the 33/50 Program", *Journal of Law and Economics*, 2008, 51(5), PP. 271—296; Arora, S. and S. Gangopadhyay. "Toward a Theoretical Model of Voluntary Over-Compliance", *Journal of Economic Behavior and Organization*, 1995, 28(12), pp. 289—309.

⑤ 张成、陆旸、郭路:《环境规制强度和生产技术进步》,《经济研究》2011 年第 2 期;Wang, H. and D. Wheeler. "Financial Incentives and Endogenous Enforcement in China's Pollution Levy System", *Journal of Environmental Economics and Management*, 2005, 49(1), pp. 174—196.

⑥ 李万新:《中国的环境监管与治理——理念、承诺、能力和赋权》,《公共行政评论》2008 年第 5 期。

遵从水平。通过验证公众参与和遵从水平的相关关系,本书为公众参与在提高环境绩效中的作用提供了经验证据。尤其,本书并非简单验证各种因素的影响方向,公众参与和政府规制执行的策略性关系也是本书的重要关切。"公众参与"发生作用或者是直接针对企业,或者通过施压政府影响企业,进而才影响当地的环境状况(环境污染)。

从企业供给的角度来说,在竞争程度相对较弱的产业里,企业更易把相关成本转嫁给消费者,所以有一定垄断势力的企业可能会对规制标准过度遵从。不过众多文献与此观点并不一致。企业的遵从行为不仅关系到企业的成本,也依赖于产品的差异化水平,阿罗拉和甘戈帕迪亚认为在生产同质化产品的产业中,更激烈的竞争会导致企业更大程度的遵从,因为企业可以通过对环境质量的强调形成产品差异化的认知,从而获得更大的市场份额。康贝尔[1]以及法南德斯克兰兹和桑塔洛[2]也得出了类似的结论。

根据上述结论,市场竞争与企业遵从之间确实存在着复杂的关系,通过对环保设施过度投资这些彰显企业社会责任的行为,可以使企业比竞争对手获得更大的竞争优势。规制遵从行为也会受到企业自身规模的影响,与中小企业相比,规模较大的企业很可能更愿意参与减排活动。[3]

三、市场主体参与环境治理规制遵从:一个简单模型

从消费者方面而言,假设消费者追求效用最大化,消费者效用随可供选择的消费品数量 Q 以及企业不遵从行为导致的环境污染程度 D(S) 的变化而变化。消费者通过选择环保参与水平以应对环境恶化状况。通过选择对环保参与的资源投入水平 y,消费者总的福利水平可以表示为:

---

[1] Campbell, J. L. "Why would Corporations Behave in Socially Responsible Ways? An Institutional Theory of Corporate Social Responsibility", *Academy of Management Review*, 2007, 32(7), pp. 946—967.

[2] Fernández-Kranz, D. and J. Santaló. "When Necessity Becomes a Virtue: The Effect of Product Market Competition on Corporate Social Responsibility", *Journal of Economics and Management Strategy*, 2010, 19(5), pp. 453—487.

[3] Videras, J. and A. Alberini. "The Appeal of Voluntary Environmental Programs: Which Firms Participate and Why", *Contemporary Economic Policy*, 2000, 18(10), pp. 449—461.

$$U^c[Q, D(S)] - y = U(Q, S) - y \tag{1}$$

其中,S 代表该地企业总体的遵从水平(可以是一个地区不同企业遵从水平 S_i 的加权平均值)。本文假设 $S = S(x, y)$,其中 x 衡量政府的规制执行水平,表示政府规制执行的花费;y 代表消费者对环保参与的资源投入水平。此处,$U(Q, S) - y$ 为消费者的间接效用函数[在 $D(S)$ 随 S 提高而降低但速率递减的假设下,无论是否将 S 直接引入消费者的福利函数,对本文结果均无影响]。假设效用 U 满足良好性状,即 $U_s > 0$, $U_{ss} < 0$;且地区遵从水平 S 随消费者参与环保的投入水平 y 的增加而增加,不过增加幅度递减,即 $S_y > 0$, $S_{yy} < 0$;同样,也有 $S_x > 0$, $S_{xx} < 0$。消费者对 y 的最优选择决定于(1)式的一阶条件:

$$U_s S_y = 1 \tag{2}$$

为分析消费者对地区遵从水平变化的反应,对式(2)两边关于 S 求导得到:

$$\frac{dy}{dS} = -\frac{U_{ss} S_y}{U_{ss} S_y^2 + U_s S_{yy}} < 0 \tag{3}$$

式(3)表明当企业的遵从水平上升时,消费者对环保的参与水平会相应地降低,即消费者的参与水平与企业总体的遵从水平呈负相关关系。因此我们有命题一:地区遵从水平较低、环境污染水平较为严重时,消费者将提高参与环保的努力,不过如式(1)所示,在其他条件不变的情况下,参与水平 y 的提高,将会降低消费者的福利水平。

考虑一个简单情况,当一个地区只有一家代表性企业时,该企业的效用函数可以简化为 $\pi(S)$。借用麦克斯韦等的处理方法,本文假设规制者追求社会福利最大化,但同时也考虑了规制执行的花费,从而规制者的最优化问题为:

$$\underset{(x)}{Max} U^R = \pi(S) + U(S) - x \tag{4}$$

规制机构通过选择规制执行的花费 x 来最大化自身的目标函数,从而得到式(4)的一阶条件为:

$$\pi_s S_x + U_s S_x = 1 \tag{5}$$

为分析消费者的环保参与水平对政府规制执行的影响,对上述一阶条件式(5)继续求微商得到:

$$\frac{dx}{dy} = -\frac{(\pi_{ss} + U_{ss})S_x S_y + (\pi_s + U_s)S_{xy}}{(\pi_{ss} + U_{ss})S_x^2 + (\pi_s + U_s)S_{xx}} \tag{6}$$

由式(6)可知,消费者的环保参与对规制执行的影响方向取决于分子的正负,尤其是混合偏导 S_{xy}。当 $S_{xy} = 0$ 时,$dx/dy < 0$;当 Sxy < 0 时,$dx/dy < 0$;当 S_{xy} < A 时,$dx/dy < 0$;$S_{xy} > A$ 时,$dx/dy > 0$。其中,$A = -(\pi_{ss} + U_{ss})S_x S_y/(\pi_s + U_s)$。当 x 与 y 的策略性交互水平大于某一临界值时,消费者的环保参与有可能会促使政府提高规制执行水平($dx/dy > 0$)。这意味着规制机构对企业遵从的边际影响随着公众参与力度的增加而增加并达到一定的临界值时($S_{xy} > A$),政府的执行强度的确会由于公众积极的环保参与而增强。此时公众的"搭便车"问题可能并不重要,政府规制执行和公众环保参与的相互促进作用也会显现。不过,当消费者参与和政府规制执行的策略性交互水平低于临界值 A 时($S_{xy} < A$),尽管公众参与能促进政府规制执行的效果($A > S_{xy} > 0$),但是规制执行的松弛(x 下降)必然要求消费者一方增加环境保护的资源投入(y 上升),提高遵从水平。

规制机构效用最大化的目标函数并未包含消费者参与环保而耗费的资源 y,因为一般而言,规制者并不希望看到太多的抱怨,以及其他干涉正常执法的活动。于是,当政府的规制执行比较松弛时,为保持社会遵从水平 S 不变,公众参与水平必然提高,而这样将会使消费者的状况劣于在社会福利函数中消费者的状况。所以,一定程度上可以说,政府规制执行的松弛是以消费者的福利为代价。总结如上讨论,可以得到命题二:当规制水平与公众参与的策略性交互水平低于一定的临界值时,为保持遵从水平不变,政府规制水平下降将需要公众参与水平的提高来弥补。

以上两个命题的经济含义告诉我们,消费者的积极参与能够提高地区遵从水平,不过这将以一定的消费者福利损失为代价;消费者对环保的参与和政府的规制执行两者可能相互促进,并进而提高地区的遵从水平,不过前提是两者的策略性交互水平超过一定临界值。根据如上讨论,我们可以提出两个可供检验的假说:

假说1:遵从水平越高的地区,污染排放量越少。

假说2:公众对环保参与水平越高的地区,遵从水平越高。

其中,假说1的提出是为验证规制遵从会提高环境绩效的思想;假说2的提出是为了验证不仅政府的规制执行,公众的参与也会促进规制遵从这一论断。下面对以上假说进行验证。

四、市场主体环境治理规制遵从的计量模型构建及说明

企业的规制遵从水平涉及微观主体的行为,难以观测。虽然为对企业实施更有效地监控,2005年开始国家根据《污染源自动监控管理办法》设立了企业污染源自动监控项目,该项目为及时采集污染物的排放信息、加强执法监督提供了便利,不过因为这一项目最近几年才刚刚实行,暂时的相关数据难以形成有意义的统计结果,所以历来对遵从行为的检验较少。本节对遵从水平的衡量采用了各省平均的污染排放达标率指标,其他指标的选取则是依据以往的相关文献。

1.变量说明

(1)污染物排放模型

综合麦克斯韦等[1]以及王和惠勒[2]分析排放水平时构建的计量模型,我们分析污染物排放影响因素的计量模型包含以下变量:

①被解释变量

wrelease:污染物排放水平,相关文献多采用具体污染指标如SO_2排放量来表示环境污染水平[3],而根据彭水军、包群[4]的研究,SO_2对我国人均GDP预测方差

① Maxwell, J., T. P. Lyon., and S. C. Hackett. "Self-Regulation and Social Welfare: The Political Economy of Corporate Environmentalism", *Journal of Law and Economics*, 2000, 43(10), pp. 583—617.

② Wang, H. and D. Wheeler. "Financial Incentives and Endogenous Enforcement in China's Pollution Levy System", *Journal of Environmental Economics and Management*, 2005, 49(1), pp. 174—196.

③ 于峰、齐建国、田晓林:《经济发展对环境质量影响的实证分析——基于1999—2004年间各省市的面板数据》,《中国工业经济》2006年第8期。

④ 彭水军、包群:《中国经济增长与环境污染——基于广义脉冲响应函数法的实证研究》,《中国工业经济》2006年第5期。

的平均贡献几乎可以忽略,远远小于相对贡献度较高的废水排放。① 因为本文采用工业废水排放达标率来表示遵从水平,而为与下文对遵从水平的衡量相互对应,所以本文采用废水排放量表示环境污染水平。

②解释变量

compliance:采用当年各省份工业废水的排放达标量与工业废水排放量之比表示。地区遵从水平提高时,无论是出于自发还是强制执行下的被迫行为,都会以排放量的减少表现出来。这意味着合乎标准的排放量所占总排放量比重的增加,在政府规制标准一定的情况下,该指标与废水排放量之间将呈负相关,所以该变量的偏回归系数符号预期为负。

accidents:意外事件发生的次数,其值采用各地突发环境事件的次数表示。其中1998—2006年《中国环境年鉴》上的名目为各地环境污染与破坏事故次数,2007—2009年年鉴上的名目为各地区突发环境事件情况。很少有文献对不遵从导致的排放增加与意外事故导致的排放水平的变化进行区分②,不考虑可能发生的意外事故对污染排放的影响会导致估计的不遵从效果产生偏误。突发环境事件,一定程度上反映了自然因素或其他不可控因素,其发生次数的增加将会导致排放水平的增加。因此该变量预期符号为正。

③其他控制变量

sales:工业企业销售额,用各地国有企业及规模以上非国有工业企业产品的销售收入表示。一些学者把企业销售增长率作为影响排放水平的重要因素考虑

---

① 本章采用"各省份工业废水的排放达标量与工业废水排放量之比"衡量规制遵从水平,因为《中国环境统计年鉴》关于达标率这一数据只有关于工业废水的数据,二氧化硫排放达标率等的数据直到2008年才出现,2008年之前的数据为"工业二氧化硫去除量","去除量"与本章研究的遵从水平有较大差异。另一方面,2011年《中国环境统计年鉴》开始停止发布工业废水排放达标率、工业二氧化硫去除量等数据,就本章的数据区间来说无法形成有意义的经验验证。

② Cohen, M. A. "Empirical Research on the Deterrent Effect of Environmental Monitoring and Enforcement", *The Environmental Law Reporter*, 2000, (30), pp. 10245—10252.

进模型①,还有一些学者也把企业生产的实际产值作为一个重要变量加以考虑②。各地工业企业的产品销售收入反映了不同地区所拥有的经济规模,该指标越大说明地区的经济规模越大。较大的经济规模将会伴随着污染排放水平的增加,所以预期该变量的偏回归系数符号为正。

density:人口密度,用各省每平方公里人数衡量。该指标通过计算年底总人口数与各省总面积之比而获得。人口密度的提高无疑会导致污染排放水平的增加。这一方面是由于随着人口密度的增加,居民对各种物质消费品的需求会增加,从而带来污染物质排放的增加;另一方面人口密度越高的地区消费者越没有积极性去参与环境保护行为,即"搭便车"问题越严重,从而废水排放量也会不断增加,所以该变量预期符号为正。

invest:环境保护投资额,采用治理工业污染项目的投资额衡量。环境保护投资额有时也被用来作为规制强度的指标③,投资额越大说明政府的规制执行力度越大。不过正如该指标的名目所示,治理工业污染项目的投资可以看作政府的一项公共支出行为,把该指标作为衡量执行强度还略显牵强。不过随着治理工业污染项目投资额的增加,将会减少废水排放量,因此该变量的偏回归系数符号预期为负。

agdp:人均国内生产总值,以各地国内生产总值与各地年底总人口数的比重衡量。其中,各地国内生产总值以 1998 年作为基期进行了调整。各地的人均国内生产总值反映了各地的经济发展水平。在我国经济发展水平较低的地区,一般环保意识较为淡薄,也有在权衡利弊时更注重经济而忽视环境保护。所以该变量预期符号为负。

ownership:所有制结构,用各省市国有及国有控股工业企业的资产合计占规

①　Innes, R. and A. G. Sam. "Voluntary Pollution Reductions and the Enforcement of Environmental Law: An Empirical Study of the 33/50 Program", *Journal of Law and Economics*, 2008, 51(5), pp. 271—296.

②　Maxwell, J., T. P. Lyon., and S. C. Hackett. "Self - Regulation and Social Welfare: The Political Economy of Corporate Environmentalism", *Journal of Law and Economics*, 2000, 43(10), pp. 583—617.

③　张成、陆旸、郭路:《环境规制强度和生产技术进步》,《经济研究》2011 年第 2 期。

模以上工业企业资产合计的比重衡量。一般国有企业的绩效底下,其选择的相对资本密集型的产业和生产技术并不符合整个国家的要素禀赋结构,企业生产成本高昂①,所以国有产权越集中的地区,其环境绩效预计越低,并产生更多的污染物,所以该变量的偏回归系数符号预期为正。

(2)地区遵从水平

在实证模型中,本书从遵从成本的角度分析公众参与环保的力度与规制机构的执行力度对遵从行为的影响。根据因内斯和山姆②构建的计量模型以及其他文献中对影响遵从水平因素的分析,我们将解释变量主要分成三组:影响地区遵从成本和收益的因素、规制执行强度因素以及其他重要指标。

①遵从的成本和收益因素

遵从成本是企业做出遵从决策的重要依据,当企业的遵从成本过高时,不论规制机构的执行强度如何,遵从水平都会较低。蒂滕贝格③指出,影响各项政策的遵从成本的因素包括:企业的异质性(如企业在进行生产过程中对社会造成了不同的外部性,以及消除这些外部性所产生的不同的边际成本),不同类型企业的数量,外部性的分布方式(如污染物分布情况是否均匀)等。在此基础上,我们构造了3个表示遵从成本的指标,分别是地区所有制结构、地区企业数量和污染密集程度。

ownership:所有制结构,衡量指标与前文的污染排放模型中的指标相同。该指标值越大表明该地的国有股权越集中。一般而言,又因为国有股权集中的地区,企业与行政部门千丝万缕的联系,企业自主降低遵从成本的动机相应较弱,从而可能导致遵从水平的降低。因此该变量预期符号为负。

firms:用各地区规模以上工业企业的数量衡量。地区企业数量越多,单个企

---

① 林毅夫:《自生能力、经济转型和新古典经济学的反思》,《经济研究》2002 年第 12 期。

② Innes, R. and A. G. Sam. "Voluntary Pollution Reductions and the Enforcement of Environmental Law: An Empirical Study of the 33/50 Program", *Journal of Law and Economics*, 2008, 51(5) ,pp. 271—296.

③ Tietenberg, T. H. *Emissions Trading*, *an Exercise in Reforming Pollution Policy*. New York: RFF Press, 1985.

业受到规制机构监测以及被惩罚的概率越小,不遵从的成本较低,因此该变量预期符号为负。

pollution:污染密集程度,用各省市工业部门的废水排放量与各省市真实的国内生产总值(以 1998 年为基期)的比重衡量。污染密集程度越大,表明单位 GDP 产生的污染物越多,也说明该地区的遵从成本较高,相应的地区遵从水平就越低,所以该变量的偏回归系数符号预期为负。

②规制执行强度因素

规制标准从不同省份来看一般都是一致的,所以不同地区的遵从水平才具有可比性。事实上,以省份来做检验的一个重要前提,是各地区的利益不一致性影响了不同地区具体的规制执行力度。无论是政府规制还是公众的参与都对企业具有一定的威慑,不过较少有文献考察这两种不同的威慑对遵从行为的影响程度。本书规制强度的衡量指标为当年实施的环境行政处罚案件数。

enforce:执行强度,用当年实施的环境行政处罚案件数衡量。关于政府的规制政策是否达到了效果,学者们意见不一,不过总体来说各类研究倾向于认为规制机构的监测和强制执行行为提高了遵从水平。王和惠勒[1]采用了每个地区环境保护系统人数与企业数量之比作为衡量规制执行的因素之一,不过一般文献(如因内斯和山姆,2008)[2]采用规制机构检查或强制执行的数量或虚拟变量来衡量规制执行,本书借鉴这一思路,采用行政处罚案件衡量执行强度。其中,2007—2009 年的名目为当年做出环境行政处罚决定的案件数。政府执行强度的增加提高了对企业的威慑,所以该变量的偏回归系数符号预期为正。

③其他因素

complain:各地的公众对环保的参与度,用因环境污染来信总数与地区人

[1]　Wang, H. and D. Wheeler. "Financial Incentives and Endogenous Enforcement in China's Pollution Levy System." *Journal of Environmental Economics and Management*, 2005, 49(1), pp. 174—196.

[2]　Innes, R. and A. G. Sam. "Voluntary Pollution Reductions and the Enforcement of Environmental Law: An Empirical Study of the 33/50 Program", *Journal of Law and Economics*, 2008, 51(5), pp. 271—296.

口数量之比衡量。王和惠勒除了采用平均每家企业受到多少环保官员监管这一变量衡量强制执行外，还采用了受到投诉的污染案件数量来衡量政府的执行水平。[①] 不过，本书认为这一指标应被赋予权重，并用地区人口数量的倒数作为权重乘以因环境污染来信总数而得。该指标越大，公众对环境保护的参与程度越高，对污染企业的威慑力度越大，因此该变量预期符号为正。

size：企业平均规模，用各省市规模以上工业企业的资产合计除以规模以上工业企业的数量表示。研究关于企业规模大小与企业的自愿减排水平的相关结论基本一致，麦克斯韦等认为企业的实际产值越大，其自愿减排水平越高[②]；维德拉斯和阿尔贝里尼则通过研究发现，规模较大的企业更有可能参与自愿的减排项目[③]。不过，规模较大的企业更容易形成利益集团影响政策执行效果，进而削减本企业违规时的期望惩罚。

edu：教育水平，用高等学校毕业生人数占地区总人口的百分比表示。该指标越大表明地区教育水平越高。地区教育水平一般可以对企业的遵从水平起到一个正向的激励作用，麦克斯韦等也认为较高的地区教育水平将会增加企业减排的压力[④]，因此预期该变量的符号为正。

2. 数据来源与描述

因为很多数据的统计都是逐渐完善起来的，为保持各数据的统一性，同时也方便考虑重庆的数据，所以本章选取 1998 年至 2010 年全国 30 个省市的数据进行分析，我国西藏地区由于数据不完整而未包括在研究样本内。所得到的结果通过 Stata11.0 实现。

① Wang, H. and D. Wheeler. "Financial Incentives and Endogenous Enforcement in China's Pollution Levy System", *Journal of Environmental Economics and Management*, 2005, 49(1), pp. 174—196.

② Maxwell, J., T. P. Lyon., and S. C. Hackett. "Self-Regulation and Social Welfare: The Political Economy of Corporate Environmentalism", *Journal of Law and Economics*, 2000, 43(10), pp. 583—617.

③ Videras, J. and A. Alberini. "The Appeal of Voluntary Environmental Programs: Which Firms Participate and Why", *Contemporary Economic Policy*, 2000, 18(10), pp. 449—461.

④ Maxwell, J., T. P. Lyon., and S. C. Hackett. "Self-Regulation and Social Welfare: The Political Economy of Corporate Environmentalism", *Journal of Law and Economics*, 2000, 43(10), pp. 583—617.

（1）数据来源

各地高等学校毕业生数目来源于 1999—2011 年①《中国统计年鉴》,各省土地面积数据来源于 2009 年各省市统计年鉴,各省年底总人口、国有企业及规模以上非国有工业企业产品销售收入、以现价计算的国内生产总值、国内生产总值指数、工业废水排放达标量、废水排放量、治理工业污染项目的投资额、规模以上工业企业的数量、规模以上工业企业的资产合计、高等学校毕业生数目、国有及国有控股工业资产合计的数据来源于中经网统计数据库,当年实施的环境行政处罚案件数、各地突发环境事件次数数据、因环境污染来信总数的数据来源于 1999—2011 年《中国环境年鉴》。

表 3 - 1　主要变量的定义

变量	变量描述
compliance	工业废水的排放达标量(万吨)/工业废水排放量(万吨)。反映地区遵从水平,数值越高,表示遵从率越高。
wrelease	工业废水排放量(万吨)。衡量污染排放水平,数值越高,反映污染物排放越多。
pollution	工业部门的废水排放量(万吨)/各省真实 GDP 总量(以 1998 年为基期)(亿元)。衡量污染密集程度,数值越大污染密集程度越高。
firms	规模以上工业企业的数量(个)。该指标越大,代表该地区企业数量越多,越容易出现"搭便车"问题,也就越不容易协调一致干扰规制执行。不过另一方面企业数目越多也说明该地区竞争较为激烈。
ownership	国有及国有控股工业资产合计(亿元)/规模以上工业企业资产合计(亿元)。衡量地区的所有制结构。
size	规模以上工业企业的资产合计(亿元)/规模以上工业企业的数量(个)。衡量企业平均规模。指标数值越高,表示地区企业的规模越大。

---

① 2011 年开始,《中国环境统计年鉴》以及《中国环境年鉴》停止发布工业废水排放达标量,而达标量正对应着本章的遵从水平这一重要变量,所以综合考虑,本章最终选取 1998—2010 年为样本区间。同时,在文中的脚注已经做了解释说明。

变量	变量描述
enforce	各地区当年实施的环境行政处罚案件数(起)。衡量各地的执行强度。指标数值越大,表明政府规制执行越严厉。
edu	高等学校毕业生数目(人)/地区总人口(人)。衡量各地的教育水平。比例越高,反映教育水平越高。
complain	因环境污染来信总数(封)/地区人口数量(万人)。衡量私人行为对企业的威慑。数值越高,表明公众对环境问题的参与度越高。
sales	国有企业及规模以上非国有工业企业产品销售收入(亿元)。衡量不同地区的经济规模。
density	年底总人口(人)/土地面积(平方公里)。衡量地区的人口密度。
invest	治理工业污染项目的投资额(万元)。该指标越大表明政府治理污染的投资越多。
agdp	地区生产总值(以1998年为基期)(元)/年底总人口(人)。衡量各地经济发展水平。该指标数值越大,表示地区经济发展水平越高。
accidents	各地突发环境事件次数(次)。衡量意外事件发生的次数。

(2)变量的描述性统计

表3-2报告了本章主要变量的描述性统计,包括除西藏和港澳台之外的30个省、自治区和直辖市1998—2010年的数据。估计计算时,各变量前面的"L"表示对变量取自然对数形式。之所以取对数,是借鉴了以往相关的经验研究,因为通过模型估计可以较容易地得出变量的弹性。因变量和自变量同时取对数所得到的回归结果,系数代表弹性。调整后的数据如表3-2所示:

表 3 – 2　变量的描述性统计（1998—2010）

变量	观察值	均值	标准差	最小值	最大值
compliance	390	0.8158087	0.1649839	0.2924002	1
wrelease	390	73778.09	61580.83	3453	296318
pollution	390	15.67717	9.440052	1.075278	58.20485
firms	390	8921.51	11578.71	388	65495
ownership	390	0.6405341	0.1926219	0.1399826	0.9527117
size	390	1.263067	0.7380794	0.4189544	5.502
enforce	386	2731.521	4060.132	8	33719
edu	390	0.002343	0.0018679	0.0002792	0.0089781
complain	390	4.215871	5.116673	0.012307	44.11747
sales	390	8856.744	13661.89	141.03	91077.41
density	390	392.392	498.3643	6.963866	3156.109
invest	390	108081.2	113473.2	804	844159
agdp	390	14013.49	10552.85	2346.61	65655.55
accidents	385	42.84935	67.88669	0	470

注：湖南缺失 2000 年和 2001 年的数据，上海缺失 2009 年当年实施的行政处罚案件数据，所以 enforce 的观察值只有 386；福建、山东、湖南、云南和陕西的突发环境事件次数中 1998 年的数据缺失，所以 accidents 的观察值只有 385 个。

五、市场主体环境治理规制遵从计量估计结果

1. 污染物排放的估计结果

表 3 – 3 报告了废水排放方程的回归结果，我们分别列出了固定效应和随机效应的估计结果。解释变量包括了地区遵从水平、意外事件次数以及其他以往文献中认为对污染物排放有重要影响的变量。可以发现：地区遵从水平对废水排放量有着稳健但并不显著的负向影响；而意外事件的发生对废水排放量的影响不显著，且系数符号为负，这与预期不符。其他变量有：规模以上工业企业的销售收入、治理工业污染项目的投资额对废水排放量有显著且稳健的正向影响；

国有产权比重与各地人均 GDP 对废水排放量有显著且稳健的负向影响；而地区人口密度对废水排放量的影响并不稳健。

从表 3 - 3 可以看出，在固定效应模型中，地区遵从水平和意外事件两个变量前面系数均不显著，对模型进行异方差检验，发现存在异方差，其中似然比检验统计量为 3663. 99。又根据伍德里奇给出的一个在面板模型中检验自相关的方法得到 F(1,29) = 58. 094，P 值为 0，拒绝不存在一阶自相关的原假设。考虑到当个体间的误差项存在异方差以及存在自相关的情况下，对原废水排放模型进行可行的广义最小二乘估计(FGLS)，估计结果如表 3 - 3 所示。

表 3 - 3　对废水排放影响因素的固定效应、随机效应模型估计结果(1998—2010)

	固定效应	随机效应
Lsales	0. 2725433 ***	0. 3923999 ***
	(2. 66)	(5. 66)
Ldensity	- 0. 5594371 **	0. 2558629 ***
	(- 1. 97)	(4. 18)
Linvest	0. 0798783 ***	0. 0938199 ***
	(3. 33)	(3. 78)
Lagdp	- 0. 6795974 ***	- 0. 9690682 ***
	(- 3. 60)	(- 7. 62)
Lownership	- 0. 5355562 ***	- 0. 5600389 ***
	(- 5. 08)	(- 5. 38)
Lcompliance	- 0. 131564	- 0. 1382695 *
	(- 1. 63)	(- 1. 64)
accidents	- 0. 000312	- 0. 0002369
	(- 1. 29)	(- 0. 97)
常数项	16. 72373 ***	13. 8739 ***
	(8. 16)	(16. 13)

续表

	固定效应	随机效应
Hausman 检验	26.77	
	0.0004	
样本点	385	385

注:括号内为 t 值(固定效应模型)或 z 值(随机效应模型),*、**、***分别代表在显著性水平为10%、5%和1%的条件下显著。

表3-4的结果列出了个体间的误差项存在异方差,无一阶自相关以及存在一阶自相关时对废水排放模型的估计结果。从表3-4的回归结果来看,模型整体非常显著,并且地区遵从水平对废水排放量有着较为显著的负向影响;而意外事件发生的次数对废水排放量产生了显著的正向影响。就地区遵从水平对废水排放量的负向影响而言:如果地区遵从水平提高1%,以第三列得到的保守结果为例,最少会使废水排放量减少0.21%;而以第二列得到的积极结果为例,最多将会使废水排放量减少0.23%。遵从水平与污染排放的负相关关系支持了本章理论部分的假说1。

就其他的控制变量来说,规模以上工业企业的销售收入以及地区人口密度对废水排放量有显著的正向影响,这与麦克斯韦等[1]的估计结果不同;治理环境污染的投资对废水排放量具有正向影响,这与一般文献的研究结果也不一致;人均国内生产总值对废水排放量有比较显著的负向影响,这与麦克斯韦等的估计结果一致;而国有产权比重对废水排放量的影响为负,且通过显著性水平为1%的检验,系数符号尽管与预期不同,但这与王和惠勒[2]的检验结果相同。

---

[1] Maxwell, J., T. P. Lyon., and S. C. Hackett. "Self-Regulation and Social Welfare: The Political Economy of Corporate Environmentalism", *Journal of Law and Economics*, 2000, 43(10), pp. 583—617.

[2] Wang, H. and D. Wheeler. "Financial Incentives and Endogenous Enforcement in China's Pollution Levy System", *Journal of Environmental Economics and Management*, 2005, 49(1), pp. 174—196.

表 3-4　对废水排放影响因素的 FGLS 估计结果(1998—2010)

	FGLS(异方差、无自相关)	FGLS(异方差、一阶自相关)
Lsales	0.6389115 ***	0.5825241 ***
	(21.28)	(14.22)
Ldensity	0.1551776 ***	0.220619 ***
	(9.00)	(7.84)
Linvest	0.0975182 ***	0.014206
	(4.01)	(0.92)
Lagdp	-1.102768 ***	-0.9274851 ***
	(-20.58)	(-12.30)
Lownership	-0.6301352 ***	-0.3187444 ***
	(-10.77)	(-4.24)
Lcompliance	-0.2325502 ***	-0.2062261 **
	(-2.62)	(-2.45)
accidents	0.0019254 ***	0.000337 **
	(7.32)	(2.38)
常数项	13.4289 ***	13.11647 ***
	(28.69)	(22.72)
样本点	385	385

注:括号内为 z 值,*、**、*** 分别代表在显著性水平为 10%、5% 和 1% 的条件下显著。

2.地区遵从行为的估计结果

由于观察不到的地区效应通常与解释变量相关,因此对遵从行为方程的估计采用固定效应模型更为合适。不过基于严谨性考虑,我们仍对此方程进行了判别固定效应和随机效应的 Hausman 检验。

为了估计政府的规制执行和公众环保参与的联合作用,在估计固定效应模型时把规制执行和公众参与的交互项也引入模型。表 3-5 给出了相应的影响因素回归结果。根据 Hausman 检验,拒绝解释变量与个体效应不相关的假设,所以应该选用固定效应模型。具体的估计结果显示,Lenforce、Lcomplain 前面系数十分显著,而且地区遵从成本因素,特别是污染密集程度、企业数量、地区教育水平这三个变量对地区遵从水平具有较为明显的影响。

从表 3 – 5 中的估计结果可以得到以下结论:

第一,影响遵从成本提高的因素显著降低了地区的遵从水平。这个结论在表 3 – 5 三个回归的估计结果中都是一致的。污染密集程度对地区遵从水平有着显著且稳健的反向影响;所有制结构对地区遵从水平有着并不稳健的反向影响;规模以上企业的数量因素对遵从水平的影响为负。其中,污染密集程度在 5% 的水平上显著。从系数上来看,在样本区间中,污染密集程度每上升 10% (pollution 均值为 13.79),地区遵从水平将下降 0.6% ~ 0.8%(compliance 均值为 0.787)。同时,在其他条件不变时,企业数量以及国有产权比重每上升 10%,遵从水平则分别下降 0.4% ~ 1.2% 和 0.03% ~ 0.7%。规模以上企业数量的增加,降低了每个企业的受检查频率,提高了不遵从的期望收益,从而降低了地区的遵从水平。这些结论表明,造成遵从成本增加的因素削弱了企业完成污染达标的能力或意愿。

表 3 – 5　对地区遵从行为的固定效应、随机效应模型估计结果(1998—2010)

	随机效应(1)	固定效应(2)	固定效应(3)
Lpollution	– 0.0625977 **	– 0.0791452 ***	– 0.0811593 ***
	(– 2.49)	(– 2.73)	(– 2.81)
Lfirms	– 0.0391168	– 0.120106 **	– 0.1214997 ***
	(– 1.55)	(– 2.79)	(– 2.83)
Lownership	– 0.0686659	– 0.0024824	– 0.0236353
	(– 1.32)	(– 0.03)	(– 0.30)
Lsize	– 0.009585	0.0071512	0.0024459
	(– 0.25)	(0.16)	(0.05)

续表

	随机效应(1)	固定效应(2)	固定效应(3)
Lenforce	0.0626858 ***	0.063989 ***	0.0723569 ***
	(5.72)	(5.22)	(5.61)
Ledu	0.127477 ***	0.158906 ***	0.1563178 ***
	(5.37)	(4.91)	(4.85)
Lcomplain	0.0246314 ***	0.0272889 ***	0.1075594 ***
	(3.18)	(3.47)	(2.64)
Lenforce * Lcomplain			−0.0114588 **
			(−2.01)
常数项	0.5753664 *	1.525651 **	1.460944 ***
	(1.94)	(2.87)	(2.75)
混合回归模型对面板模型的检验	BP 检验 141.84 P 值 =0	F 检验 7.73 P 值 =0	F 检验 7.61 P 值 =0
Hausman 检验		44.09 0.0000	
样本点	386	386	386

注:括号内为 t 值(固定效应模型)或 z 值(随机效应模型),*、**、*** 分别代表在显著性水平为 10% 、5% 和 1% 的条件下显著。

第二,规制执行强度的增加会明显提高地区的遵从水平,尤其是公众对环保的参与能够促进政府规制的效果。这一结果与本章的假说 2 一致。从估计结果中发现:政府的规制执行和公众对环保的参与都对地区遵从水平有着显著且稳健的正向影响,且两者的交互项系数符号为负。交互项的系数为负,说明公众对环境保护参与的提高会削弱政府的规制执行对遵从的边际激励作用。规制执行对遵从行为具有正向影响,这一结果与大多数实证研究的结论是一致的。[1] 就政府的规制执行对地区遵从水平的显著且稳健的正向影响而言:如果政府的规制执行水平提高1%,以表3－5得到的估计为例,大约会使本地区的遵从水平提高0.06%。就公众对环保的参与对地区遵从水平显著且稳健的正向影响而言:如果公众对环保的参与提高1%,至少会使地区遵从水平提高0.02%。

规制执行与公众参与两者交互项的系数符号为负且显著异于0,说明规制机构对企业遵从的边际影响随着公众参与力度的增加而降低,公众的环保参与对政府的规制执行的强化作用有限,结合之前的理论模型,这意味着作为对政府规制水平下降的替代,公众将不得不以自身福利为代价,参与对企业的监管,以保持一定的遵从水平。

另外,从表3－5可以看到企业平均规模对遵从水平的影响为正(固定效应模型),可以认为市场自身对遵从行为也具有不可忽视的力量,因为一地企业的规模较大,越有可能具有较大的市场势力,通过成本转嫁更有可能把成本转移给消费者,从而对应遵从水平较高。此时本章结论与法南德斯克兰兹和桑塔洛[2]关于竞争程度对企业社会责任(CSR)影响的研究结论并不一致。但检验结果与大多文献的结论一致。地区教育水平对遵从行为则有着显著且稳健的正向影响,且在1%的水平上显著;地区教育水平每提高1%,将会导致遵从水平提高0.13%～0.16%,这与因内斯和山姆[3]的估计结果(教育水平与自愿减排水平负相关)不同。

不过,上述模型的估计可能存在内生性偏误。尤其对于地区遵从水平来说,较低的遵从水平会引发社会公众的不满,遵从水平与规制执行之间的显著关系

---

① Cohen, M. A. "Empirical Research on the Deterrent Effect of Environmental Monitoring and Enforcement." *The Environmental Law Reporter*, 2000, (30), pp. 10245—10252.

② Fernández-Kranz, D. and J. Santaló. "When Necessity Becomes a Virtue: The Effect of Product Market Competition on Corporate Social Responsibility". *Journal of Economics and Management Strategy*, 2010, 19(5) pp. 453—487.

③ Innes, R. "A Theory of Consumer Boycotts under Symmetric Information and Imperfect Competition". *The Economic Journal*, 2006, 116(4), pp. 355—381.

可能正反映了这种相关性。规制执行对遵从水平的显著影响，也可能是因为如果遵从水平太低会引起社会公众的不满，从而使得公众对政府施加压力，加强环境规制的执行力度，并进而提高地方的遵从水平。在这样的逻辑下，存在因变量遵从水平对自变量规制执行产生影响，即存在自变量规制执行的内生性问题。所以，我们借鉴安德森和萧将一系列滞后水平变量作为相应变量的工具变量用二阶段最小二乘法(2SLS)估计①，其中在遵从水平模型中，把 Lenforce 作为内生变量，其他各个解释变量（Lsize、Lownership、Lfirms、Lpollution、Ledu、Lcomplain）的一阶与二阶滞后变量及 Lenforce 的二阶滞后变量作为工具变量；在污染排放模型中，把 Lcompliance 作为内生变量，其他各个解释变量（Lagdp、Linvest、Lsales、Ldensity、Lownership、accidents）的一阶与二阶滞后变量及 Lcompliance 的二阶滞后变量作为工具变量。结果报告在表3－6中。我们仍可以发现，与表3－5中相应的水平估计值相比，规制执行水平、公众参与水平、两者的交互项的系数符号并没有发生变化。在对污染排放模型的估计结果中，与假说1的预期一致，遵从水平对污染排放的影响仍然为负，尽管这一结果并不显著。

表3－6　工具变量估计(1998—2010)

解释变量	因变量：Lwrelease （固定效应模型）	解释变量	因变量：Lcompliance （固定效应模型）	
Lsales	0.3194638 *** (3.15)	Lpollution	− 0.0344531 (− 1.13)	− 0.0363668 (− 1.15)
Ldensity	− 0.1833981 (− 0.60)	Lfirms	0.0138475 (0.38)	0.0080576 (0.22)
Linvest	0.0498612 ** (2.15)	Lownership	0.1307584 * (1.84)	0.1053944 (1.54)

① Anderson, T. W. and C. Hsiao. "Formulation and Estimation of Dynamic Models Using Panel Data". *Journal of Econometrics*, 1982, 18(1), pp. 47—82.

续表

解释变量	因变量：Lwrelease（固定效应模型）	解释变量	因变量：Lcompliance（固定效应模型）	
Lagdp	− 0.686807 *** （− 3.71）	Lsize	0.0113806 （0.30）	0.0099627 （0.26）
Lownership	− 0.3056766 *** （− 2.84）	Lenforce	0.0908063 *** （2.84）	0.0868575 ** （2.47）
Lcompliance	− 0.0174503 （− 0.08）	Ledu	0.0907633 *** （3.26）	0.0884348 *** （3.19）
accidents	− 0.0002405 （− 1.02）	Lcomplain	0.0088898 （1.27）	0.0959131 * （1.73）
		Lenforce * Lcomplain		− 0.0122863 （− 1.62）
常数项	14.84534 *** （6.92）	常数项	− 0.2344507 （− 0.48）	− 0.1748205 （− 0.36）
样本点	325	样本点	324	323

注：括号内为 z 值，*、**、*** 分别代表在显著性水平为 10%、5% 和 1% 的条件下显著。

3. 稳健性检验

估计环境规制效果的相关文献多直接使用政府的规制执行变量对污染物排放水平进行分析。所以首先与许多文献的稳健性分析一样，我们在 FGLS 回归的基础上引入了政府的规制执行和公众对环境保护的参与作为控制变量①。包含了这两个变量的回归结果与表 3 - 4 的估计结果相比，除治理环境污染的投资外，变量的系数大小和显著性程度都没有发生大幅度的变动，与根据估计系数计算的边际效应也几乎一致，这表明这些变量对参数估计的无偏性没有严重影响。结果也表明表 3 - 4 中的估计结果是相当稳健的。

―――――――――

① 因为篇幅所限，相应的估计结果并未列出，感兴趣的读者可以向作者索取。

此外,为进一步考察新环保法规的颁布对本章的结论有无影响(《排污费征收使用管理条例》于 2003 年 1 月公布),我们剔除了 1998—2002 年的样本,利用剔除后的子样本重复了表 3 - 4 和表 3 - 5 的回归①,发现除部分变量的显著性程度(z 值)有所下降外,主要变量系数的符号并没有发生改变。不过与表 3 - 5 的结果相比,2003 年之后企业规模对遵从水平的影响变为负向,这说明近些年出于发展地方经济的考虑,可能存在地方政府有意纵容使得大的利益集团遵从水平更低。

地区遵从水平以及政府规制执行测量误差的影响仍然可能是一个问题。地区遵从水平和政府的规制执行变量在短期间内的组内变化相对较小,从而其系数估计更容易受测量误差的影响。检验遵从水平是否受测量误差严重影响的一个简单方法是适当扩展组内的变量区间。如果测量误差恒定,那么更长的变化区间相当于提高了遵从变量的信噪比率,从而降低测量误差的影响。如果遵从变量的系数随间隔区间的扩大而发生显著变动,则表明相关估计受测量误差的影响较严重。在表 3 - 7 中报告了以 5 年间隔为样本的估计结果。同时我们的样本观察值减少为 90。与之前的估计相比,除了污染密集程度的系数有较大幅度的变动,其他变量系数大小的变化相对不大。

表 3 - 7　以 5 年为间隔(1999、2004 和 2009 年)所得到的估计结果

FGLS 估计:5 年间隔(1999、2004 和 2009 年)				
	因变量:Lcompliance		因变量:Lwrelease	
Lpollution	0.0402431 (1.64)	0.0381569 (1.49)	Lsales	0.5830467 *** (9.39)
Lfirms	- 0.0378127 (- 1.50)	- 0.0383715 (- 1.49)	Ldensity	0.1737524 *** (4.89)

① 因为篇幅所限,相应的估计结果并未列出,感兴趣的读者可以向作者索取。

续表

FGLS 估计:5 年间隔(1999、2004 和 2009 年)				
	因变量:Lcompliance		因变量:Lwrelease	
Lownership	− 0.1243931 **	− 0.1690593 ***	Linvest	0.1974161 ***
	(− 2.45)	(− 2.99)		(3.98)
Lsize	− 0.0389236	− 0.0169577	Lagdp	− 1.118357 ***
	(− 1.14)	(− 0.47)		(− 10.92)
Lenforce	0.0365806 ***	0.0605812 ***	Lownership	− 0.6717119 ***
	(2.65)	(3.43)		(− 5.47)
Ledu	0.2424826 ***	0.2372411 ***	Lcompliance	− 0.3800668 **
	(10.15)	(10.19)		(− 2.21)
Lcomplain	0.007307	0.1654827 **	accidents	0.0014561 *
	(0.56)	(2.32)		(1.90)
Lenforce * Lcomplain		− 0.0235836 **		
		(− 2.29)		
常数项	1.183241 ***	0.9852072 ***		12.80097 ***
	(4.49)	(3.74)		(13.74)
样本点	89	89		90

注:括号内为 z 值,*、**、*** 分别代表在显著性水平为 10%、5% 和 1% 的条件下显著。

　　综上而言,稳健性分析进一步支持了假说 2,也即平均来看,公众对环保的参与对地区遵从水平有着显著且稳健的正效应;并且,规制执行与公众的环保参与交互项系数为负,意味着两者可能是策略性替代的,结合理论模型本章的经验检验表明,公众参与水平将随政府规制执行的松弛而提高,无论是否考虑异方差和自相关问题,对全部样本数据的计量检验均发现规制执行和公众参与交互项的系数通过了显著性水平为 10% 的检验,这一结果表明政府规制执行的松弛将会以公众不得已而提高环保参与水平的形式进一步降低公众福利。另一方面,就废水排放量来说,控制了其他变量之后,地区遵从水平对废水排放量具有显著且稳健的负效应,这符合假说 1 的预期。

六、市场主体环境治理规制遵从启示

研究环境效果的文献十分丰富,而规制效果的衡量应包含两个层面:一是环境绩效——污染排放水平的直接衡量;二是对政府规制的地区遵从水平。传统的观点强调直接的环境污染指标而忽略了规制遵从水平。本章通过构建一个简易模型提出了两个可供检验的假说,针对我国各地不同的遵从水平,考察了影响地区遵从水平的因素,并重新认识了政府规制、规制遵从以及污染物排放之间的逻辑关系,得出了如下主要结论:

第一,控制了意外事件以及其他重要指标之后,地区遵从水平的提高能显著降低污染排放水平。遵从水平与污染排放之间的负相关关系使得强制执行成为必要,但绝对的遵从显然不是目的所在,改善环境并保持经济与环境的和谐这一最终目的更需要规范、严谨的环保法规作为前提。这一结论隐含的政策含义在于政府对市场的干预首先应做到其行动指南科学合理,随后才涉及执行强度的问题。

第二,政府的规制执行以及公众对环保的参与都能提高遵从水平,但公众的参与却是以一定的消费者福利损失为代价,因为对环境保护的参与会消耗消费者自身的效用,从而使其福利劣于在社会最大化福利函数中的福利状况。理论模型显示策略性交互水平为正且超过一定临界值,政府规制执行水平对企业遵从的边际影响随着公众参与的提高而提高到一定水平后,公众的环保参与将会促进政府的规制执行。我们通过计量检验发现,规制执行与公众参与对遵从水平的交互项显著为负,结合理论模型,这一结果说明政府规制执行的松弛将以迫使公众提高环保参与水平的形式降低公众福利。这一结论的政策意义在于政策的执行应具有恒常性。

第三,对相关遵从成本的因素进行检验发现,较多的企业数量会降低地区的遵从水平,且污染密集程度与地区的遵从水平负相关。企业规模较大的地区其遵从水平也较高,但 2003 年之后效应变为负向,这说明具有显著市场势力的规模较大的企业对遵从规制标准并未显示较明显地抵触,然而规模较大的企业仍

可以凭借其对地区经济的贡献赢得政府对其不遵从的较大容忍,近些年更是如此。考虑了遗漏变量、测量误差以及内生性问题之后的相关稳健性检验也支持本章所得到的基本结论。

本章的研究结果表明,在我国的规制体制不断成长的过程中,公众对环境保护的监督以及参与可以作为政府规制执行的重要辅助。公众能对企业的遵从行为产生显著的影响,这种影响部分来自公众对规制机构施加的压力,部分源于公众作为信息的较敏感者对企业违规行为的投诉,消费者的环保参与会损耗自身资源并降低公众福利,所以一旦政府一方出现不作为或者执行松弛时,就需要消费者的力量对企业行为进行规范。不过,改善我国规制绩效最基本的将是:完善我国的规制执行体制,并配合相应的结构调整,以降低遵从成本。

最后需要指出的是,受数据限制,本章对遵从行为的研究使用的仍然不是微观企业层面的数据。从宏观层面获得的所有制结构、企业规模等变量,一定程度上可以窥知不同地区企业的一般状况,并且相关分析也表明根据此类数据进行的分析与期望结果并无太大差异,但是宏观层面的数据并非完美无缺,基于微观企业大样本情况下的分析对研究遵从行为具有不可替代的价值。我们相信,在更丰富的微观和宏观数据可得的条件下,对遵从问题的进一步分析是有意义的。本章从环境规制角度入手,研究了规制遵从、公众参与和环境绩效之间的关系,然而,这一逻辑关系以及本章所得到的相关结论在工作场所安全以及食品安全领域是否成立也将是未来研究的任务。

第四节 健全环境治理市场体系

在多元化环境治理体系中,企业作为市场主体在与政府、公众、社会组织等其他参与主体的互动、博弈中开展各自环境行动,这个过程是动态的、复杂的。

但归根结底,企业作为市场主体履行环境治理主体责任的状况最终取决于基于市场运行规则的市场体系建设是否完备。市场体系建设得越好,相关市场机制越是比较完善,越有利于企业承担环境治理的主体责任。反之,则越不利于企业环境治理主体作用的发挥。关于市场环境的宏观分析一般包括政治环境、法律环境、经济环境、技术环境、社会文化环境等内容,有些观点认为还包括自然地理环境、竞争环境等。在本研究中,考虑到研究的着眼点在于如何克服阻碍市场主体作用发挥的不利因素,建立起有利于市场主体作用发挥的市场体系,我们认为环境治理的市场体系建设包括完善市场规则、创新环境经济政策、健全技术市场体系、规范市场管理等,并最终落脚到环保产业发展。

一、深化环保领域改革

运用市场力量开展环境治理,实现环境质量的持续改善,是多元化环境治理体系建设的重要目标之一。实践中的市场主体复杂多样,在落实市场规则体系、环境经济政策、技术市场体系、政府对市场的管理等具体实践中,不同类型企业的作用方式、主体责任发挥途径各异。有必要在研究中加以区分。

我国经济发展进入新常态,经济内在系统正在发生一系列重大变化,这些变化正在重构我国经济发展的动力结构、产业结构、要素结构、增长模式。要充分发挥环境保护对经济发展转型升级的引导、优化和促进作用,着力推动经济结构调整、发展方式转变、生产布局优化,提高发展质量和效益。

1. 树立企业绿色经营理念

企业是环境治理市场体系中的重要能动因素。在宏观层面,企业作为多元化环境治理体系的参与主体之一,与政府、第三部门共同推动环境质量的持续改善。在微观层面,不同企业的环境治理实践千差万别,面临的困难或存在的短板各异。在中观层面,企业与政府、第三部门相比的很大区别在于:在一个环境治理项目合同中,政府或第三部门一般总是作为"甲方"身份而存在;而企业既是"甲方"又是"乙方"。作为"甲方"的企业和作为"乙方"的企业,都需要按照市场规则开展经营和环境治理活动;"甲方"企业的环境治理需求,需要通过"乙方"企业的经营行为,即由"乙方"为"甲方"提供环境治理服务来实现。因此可以将环境治理中"市场主体责任"中的市场主体划分为环境治理型企业和非环境治理型企业。其中,环境治理型企业主要指以开展环境治理各类服务为主要经营内容的企业,这些企业的集合通常被称为环保产业。非环境治理型企业是指除环境治理型企业以外的其他企业,这些企业中又可分为污染排放型企业和一般型企业,污染排放型企业是指在企业的生产经营过程中发生直接废水、废气、废物排放的企业;一般型企业是指经营过程中没有直接的环境污染排放的企业,但这并不意味着一般型企业不需要承担环境治理责任。

所有企业都应牢固树立起"绿水青山就是金山银山"的环境保护理念,将承担应有的环境责任纳入企业责任体系,融入企业文化建设之中。不仅环境治理型企业应如此,污染排放型企业和一般型企业亦应如此。只有全社会企业都自觉践行绿色发展理念,才能实现社会经济活动全过程的"绿色化",在资源与原材料开采、产品设计、产品生产、包装销售、物流运输、商品使用、废旧物资回收等各个环节尽量减少经济活动所造成的环境损害,实现从源头控制污染、保护环境。

2. 引导环境治理市场进入良性轨道

随着中央对环境保护重视程度的提升和环境监督执法日益趋严,我国环境保护的市场需求侧逐步打开。按不同环境要素可以划分为三类需求:大气污染治理需求、水污染治理需求、土壤污染治理需求;从治理活动特点进行划分,则主要包括四个方面:环境源头减排需求、环境末端治理需求、环境检测监测需求、环境治理服务需求。环境源头减排需求主要表现为污染型企业对绿色循环低碳技术改造的需求,一般型企业对节水、节电、节能改造的需求等;环境末端治理需求主要表现为污染型企业的废气超低排放改造需求,污水处理厂的污水污泥治理等;环境检测监测需求主要表现为监测事权上收背景下地方政府监测网络建设需求、企业污染治理结果自我监测需求、社会大众室内空气质量检测需求等;环境治理服务需求则包括工业园区的环境综合治理需求、企业的单项或综合环境技术改造解决、各类环境治理设施的运营维护等。

环境治理市场供给侧由于种种原因,当前发展的不尽如人意。根据环境保护市场供给端企业的业务特征,我国环境保护产业企业主体大致可划分为四类:

第一类是重资产型环境集团,以首创、北控类市政基础设施投资运营企业,和地方非属地性高度市场化国有企业为主要代表;第二类是区域环境综合服务集团,以北排集团、厦门水务等市场化机制较好的地方给排水和环卫集团为主要代表;第三类是环境细分领域系统解决方案提供商;第四类是环境保护与治理装备材料生产制造商。[①] 近些年我国环保产业的规模快速扩大,部分企业盲目冒进溢价收购或急于扩大市场份额,出现了结构性过热和市场失衡的风险。

宏观政策、产业政策应当对环境治理市场目前存在的问题加以积极回应。在宏观层面,积极回应经济发展新常态对经济体结构性矛盾调整的可持续发展要求,摒弃高速粗放的增长模式,推动经济发展从主要依靠投入转变为更多依靠改革创新和结构调整,强化经济结构源头控制污染,改变资源在高资源消耗、高环境污染产业的大量无效和低效配置状况;在产业层面,通过稳健的产业政策、金融去杠杆、加强影子银行监管、实行资管新规等方式,放由市场主体按自身经济逻辑逐步调整过去依靠大量举债的资金拉动型发展模式,增强企业的核心竞争力和抗风险能力。

3. 重视营商环境建设

良好的营商环境是企业发挥环境治理主体责任的前提,是市场机制发挥作用的外部条件保障。环保市场的营商环境建设应以确保市场主体都能够在公平、公正、公开的原则之下运行发展为目标。政府应当在环境治理市场的营商环境建设方面发挥重要作用。在我国,环境市场体系的完善与政府行政管理体制改革密切相关。一方面,我国环境保护与环境治理的市场化改革方向服从于我国社会主义市场经济高质量发展的战略要求,同时服务于我国生态文明体系建设目标的实现,需要遵从相关"顶层设计"安排;另一方面,政府作为我国社会主义市场经济的重要参与方,以及多元化环境治理体系的主导者,无论是从环境治理市场容量释放,还是从推动企业与社会组织等环境治理的其他参与者加强互动合作的方面考量,政府都扮演着举足轻重的角色。

---

① 2015 年 E20 环境产业研究院发布中国环保产业战略地图。

政府需要在构建更为公平的环保市场准入门槛、更为平滑的市场交易通道、更为透明的行政执法与市场监管等方面发力,营造更利于发挥市场主体承担环境治理责任主动性与积极性的市场环境。应明确政府和市场在环境保护中的责任边界,持续深化生态环境领域"放管服"改革;大力清理规范行政审批事项,继续削减生态环境行政审批事项;继续推进环评审批改革,提升行政审批效能;加强行政事业收费和涉企收费监管;创新监管方式,统筹配置行政处罚职能和执法资源;加大监管力度,突出监管重点,强化生态环境监管能力建设,提高执法机构"软硬件"水平;加强行政审批与执法环节的有效衔接,建立尽职免责机制;切实做到分类指导、精准施策,杜绝"一刀切";积极推动生态环境公共服务平台建设。

二、完备市场规则的构建

市场规则是市场经济参与主体都应遵守的行动准则,是各类市场主体的共同行为约定。不仅企业要遵守市场规则,政府、社会团体作为环境治理市场的重要参与者,同样需要遵守市场规则。市场规则的构建是减少市场主体环境行为不确定性的重要保障。市场规则体系越完备,市场主体的行为不确定性越小,越有利于在环境治理中形成"合力"。

1. 做好市场激励的机制设计

市场机制强调市场在环境治理中作用的回归,主张政府与市场通过合作达到环境治理的目的。企业环境污染治理存在的主要问题是被动型治理、突击型治理、重过程轻结果,以及权力分散、利益分割等。企业承担环境治理的动力既来自政府管理与第三部门压力,也来自市场。行之有效的污染治理机制必然涉及政府顶层设计和市场激励机制设计。

以提高环境质量为核心,以解决生态环境领域突出问题为导向,分类推进环境税、环境价格、环境金融等重点环境市场政策;以系统化、法治化、科学化、精细化、信息化为目标,不断健全环境管理体系;不断完善政府干预与企业自愿相结合、正向激励与强制约束相结合的环保市场政策体系设计。提升企业管理能力,构建环境政策传导机制。通过知识培训、知识援助、环境管理体系认证、环境管理品质提升等提高企业的环境管理能力,借助培训将环境保护政策传送给企业负责人,以树立企业环保主体意识,加强内部管理,加强企业社会责任,实现企业合法、规范、长远发展。①

2. 完善环境治理相关法律体系

从法治角度强化企业污染防治的主体责任。党的十八大以来,我国相继修订了《环境保护法》《大气污染防治法》《水污染防治法》《环境影响评价法》等法律,强化和细化了排污者的法律责任,完善了排污者的法律责任体系。根据党的十九大报告的战略部署,要提高污染排放标准,加快推动《排污许可管理条例》出台,尽快建立覆盖所有固定污染源的控制污染物排放许可制,进行源头治理。要贯彻落实《生态环境损害赔偿制度改革方案》,明确企事业单位的生态环境损害赔偿责任,逐步建立生态环境损害的修复和赔偿制度。继续推进《水污染防治法》《土壤污染防治法》等法律法规的修订。持续开展环境保护法实施年活动,加强环境行政执法与刑事司法联动。

3. 健全价格体系

由于公益性和外部性等原因,以及我们前三十年类似西方"先污染再治理"的发展模式,都导致环保的需求端有需求却长期处于支付不足的状态。而我们的各类产品价格中,环境成本均未能完全计入。2018 年国家发改委出台了《关于创新和完善促进绿色发展价格机制的意见》,要求加快建立健全能够充分反映市场供求和资源稀缺程度、体现生态价值和环境损害成本的资源环境价格机制,完善有利于绿色发展的价格政策,将生态环境成本纳入经济运行成本,撬动更多社会资本进入生态环境保护领域。

完善污水处理、垃圾处理、节水、节能环保等环境服务价格体系是当前价格体系建设的重点。完善污水处理收费政策,建立城镇污水处理费动态调整机制、企业污水排放差别化收费机制、与污水处理标准相协调的收费机制,健全城镇污水处理服务费市场化形成机制,逐步实现城镇污水处理费基本覆盖服务费用,探

---

① 朱德米、周林意:《当代中国环境治理制度框架之转型:危机与应对》,《复旦学报》(社会科学版) 2017 年第 3 期。

索建立污水处理农户付费制度。健全固体废物处理收费机制,建立健全城镇生活垃圾处理收费机制,完善危险废物处置收费机制,全面建立覆盖成本并合理盈利的固体废物处理收费机制,探索建立农村垃圾处理收费制度。建立有利于节约用水的价格机制,深入推进农业水价综合改革,完善城镇供水价格形成机制,全面推行城镇非居民用水超定额累进加价制度,建立有利于再生水利用的价格政策。全面促进节能环保的电价机制,完善差别化电价政策、峰谷电价形成机制以及部分环保行业用电支持政策,充分发挥电力价格的杠杆作用,推动高耗能行业节能减排、淘汰落后,引导电力资源优化配置,促进产业结构、能源结构优化升级和相关环保业发展。同时,鼓励各地积极探索生态产品价格形成机制等各类绿色价格政策。

三、完善环境经济政策体系

政策层面的科学设计要远比开发研究某种污染治理的技术重要得多。如果缺乏科学合理的设计,政策手段非但发挥不了治污的重要作用,甚至可能事与愿违。

1. 发挥税制政策的杠杆作用

税收、金融等方面的政策对环境治理行业深入市场化改革有所影响。有专家认为,征收环保税不仅有利于实现对重点污染物的减排目标,还可以促进经济结构优化和发展方式转变。我国已构建起以环保税为主体,资源税、耕地占用税为重点,车船税、车辆购置税、增值税、消费税、企业所得税等税种为辅助,涵盖资源开采、生产、流通、消费、排放五大环节八个税种的生态税收体系。《关于从事污染防治的第三方企业所得税政策问题的公告》,对符合条件从事污染防治的第三方企业减按15%的税率征收企业所得税,鼓励相关企业加大投入,增强污染防治效能。传统高能耗企业在减税降费"春风"中迎来绿色转型,增值税税率下调、"六税两费"减征新政都给予企业实打实的税收优惠,让企业加大对核心零部件研发和环保设备的投入。

但还应看到,2015年增值税新政实行后,环保行业缴纳增值税及附加累计约占污水、垃圾、危废处理费收入的 4%～7%,造成利润率本就不高的环保企业的盈利大幅度下降;环保行业细分程度高,税收优惠政策的相关技术产品目录等没有及时更新,新型创新性环保技术产品无法获得支持。行业市场化程度的高低与应对风险能力直接挂钩。应完善绿色税收和收费政策,实行环保行业结构性减税。建议选择特定税种降低税负水平,比如降低污水、垃圾、危废、医废、污泥处理等营业收入税率,可参照生活服务业增值税6%的税率执行。

2. 完善市场化生态补偿政策

国家发展和改革委员会等九部门于2019年联合印发了《建立市场化、多元化生态保护补偿机制行动计划》,提出了包括构建多层次生态保护补偿市场体系、完善生态保护补偿可持续融资机制等多项任务的总体要求。

应协同推进生态产品市场交易与生态保护补偿。要加快研究制定碳排放权交易管理暂行条例,完善重点企业能耗数据第三方核查,适时扩大行业覆盖范围,将生态、社会效益显著的林业碳汇项目优先纳入全国市场,逐步推进区域碳交易试点向全国市场过渡。建立健全生态保护区、跨流域、跨区域排污权交易制度,探索排污权抵押贷款、租赁等融资方式,在有条件的地方建立省内分行业排污强度区域排名制度,排名靠后地区对排名靠前地区进行合理补偿。合理界定和分配水权,明确权属人、用途和水资源使用量等,鼓励引导开展水权交易,分地区推进以个人用水量或城市用水总量指标为交易标的,探索合同节水量水权交易、城市供水管网内水权交易、水权回购等水权交易方式。进一步转变政府角色定位,更好地发挥政府在生态保护补偿市场中的引导和调控作用。一方面,要综合考虑市场竞争、成本效益、质量安全、区域发展等因素,确定绿色采购指导性目录和需求标准,通过合同外包、特许经营等方式,引导符合资质要求的社会力量参与绿色采购供给。另一方面,要鼓励有条件的生态受益地区与生态保护地区、流域下游地区和流域上游地区根据财力情况、实际需求及操作成本等,协商选择资金补助、对口协作等补偿方式,开展横向生态保护补偿,建立持续性绿色利益分享机制。

应鼓励各类金融机构根据不同生态保护项目的风险等级等要素,研究以特定生态保护项目为标的的绿色证券、绿色国债等多元化、差异化的绿色金融产品序列,研究设立绿色股票指数、绿色企业股权融资和发展相关投资产品,探索排污权、碳排放权、水权、碳汇和购买服务协议抵押等担保贷款业务。借鉴国际经验,鼓励有条件的生态保护区创设土地银行、森林银行等专业化生态银行。鼓励保险机构联合金融机构、非金融机构和公益组织,创新开发环境污染责任保险、森林保险等绿色生态相关险种,逐步在环境高风险领域建立强制责任保险制度。在坚决遏制隐性债务增量的基础上,鼓励有条件的生态保护地区政府通过保障合法权益、加强政策扶持等配套措施,运用政府和社会资本合作(PPP)模式,吸引符合资质条件的社会资本参与重大生态系统保护和修复工程等生态产业项目的建设、运营和管理。[①]

3.进一步推动绿色金融政策改革

引导政府新增财力,加大环保投资预算,在每年新增财政收入中按比例划拨专项资金用于环境保护。扩大对绿色企业的担保、贴息支持,建立中央部门和地方政府主导运作的绿色发展基金。引导商业银行为环保企业提供融资服务,在贷款额度、贷款利率和还贷条件方面,对资信良好的企业给予切实的优惠。建议鼓励商业银行以应收账款质押、知识产权质押、股权质押等方式开展绿色信贷等。金融机构应开发针对细分绿色产业的金融产品,满足环保行业项目周期长的融资需求。加大对环保企业在证券市场融资的扶持力度,借助科创板和注册制试点的改革春风,开辟绿色通道或适度放宽行业准入标准,鼓励更多的环保企业上市直接融资。引导和鼓励长江等重点流域以及粤港澳大湾区等重点区域探索设立绿色发展基金。

4.建立健全环境市场政策实施效果评价体系

对已经试点的环境市场机制政策进行跟踪、评价;按照科学、完善的原则要求,研究、制定环境市场政策评估方法或模型;完善财政部门、税务部门、商务部门、金融部门和生态环保部门的政策合作与联动机制。

以水泥、化工等非电重点行业超低排放补贴、水电价阶梯激励政策为主要

[①]　靳乐山:《健全市场化多元化生态保护补偿机制的政策着力点》,《中国环境报》2019 年 6 月 6 日。

"抓手",促产业结构深度绿色调整;对大气污染防治重点区域实施煤炭减量替代,协同推进碳减排和污染减排等,推进能源节约利用与结构调整;实施岸电使用补贴、柴油货车限期淘汰等,推进交通运输结构优化调整;强化补贴推动农村废弃物资源化与有机肥综合利用,以及农村污水处理设施运营,推动农村污水处理设施用电执行居民用电或农业生产用电价格。

大力培育发展环保市场,加快环保产业发展。大力发展环境服务业,加快环境治理、环境修复市场主体培育,推进政府与社会资本合作、第三方治理、环境服务合同等市场化环境治理模式;加强生态环境科技标准建设,充分发挥标准对环保产业发展的预期引领和倒逼作用;积极推动设立国家绿色发展基金,完善绿色信贷、绿色证券、绿色保险、绿色投资体系,建立市场化、多元化生态补偿机制;推进非电行业超低排放改造等重大工程建设,以大工程带动环保产业大发展。

四、促进环保产业发展

供给侧结构性改革的五个主要任务("三去一降一补")落实到不同的产业领域是有所差别的。对环保产业而言,作为当前国家重点发展的战略性新兴产业之一,从整体看不存在落后产能,或形成过剩产能的问题。环保项目除 PPP 模式存在国有资产企业变种为融资平台的风险之外,其他融资模式目前基本不存在杠杆率提升的问题;相反,在整个经济"去杠杆"的大背景下,环保行业融资面临的是渠道萎缩或关闭的冲击。因此,环保供给侧结构性改革在实践层面基本不存在"去库存、去产能"的问题,"去杠杆"在一定意义上存在,主要任务应是"降成本、补短板"。所谓"降成本",主要是通过充分对称的信息供给平滑交易过程,减少交易摩擦;所谓"补短板",主要是提高环保行业整体技术水平。

1. 增加环境保护的技术创新供给

增加环保技术创新供给需要把握好先进环保技术研发、环保技术研究成果转化、环保技术管理机制建设三个环节。第一,加大对重点共性技术和应用技术的投入力度,聚焦重大区域环境问题,培育组建一批国家环保科技创新基地,完善生态环境领域平台基地布局;强化生态环境保护与修复科技创新供给,开展关键核心技术研发。第二,鼓励体制内科研机构的冗余科技供给能力与企业的市场化能力相结合,鼓励企业与院校研究人员直接合作;加强技术专利保护,提升技术的自主性和适用性,推进产业技术装备的高端化、成套化、智能化,降低核心技术和关键零部件对外依存度;建设绿色技术银行,鼓励建立专业化的生态环境技术转移机构。第三,以科技部与相关部门、地方的合作机制为基础,结合区域环境治理重大需求,建立部省合作会商机制;探索节水节能、环境综合治理、工业污染治理、环境修复领域科研与管理、政策、产业的协同机制创新。

2.增强环境保护的金融支持供给

增强环境保护的金融支持供给的根本途径就是大力发展绿色金融服务。第一,继续深化对绿色金融的理论研究,明确绿色金融的定价机制、环境社会效益及其对经济增长和可持续发展的作用机制,为管理层出台相关政策提供支撑,凝聚社会共识。第二,完善绿色金融标准体系,研究构建国内统一、与国际接轨、清晰可执行的绿色金融标准体系。第三,完善制度环境,不断丰富绿色金融支持政策工具箱,适当降低对绿色资产的风险权重,对绿色信贷等业务给予较低的经济资本占用,完善绿色债券监管政策工具箱等。第四,支持市场主体积极创新绿色金融产品、工具和业务模式,鼓励市场主体开展环境风险压力测试,针对不同客户的环境风险进行差异化定价,探索发行真正意义的绿色市政债券,开展环境权益抵质押交易,开发绿色债券保险或设立专业化的绿色融资担保机构等。

3.扩大环境保护的信息支撑供给

充足、对称的信息供给是削弱环保要素自由流动障碍的重要保障。一方面,应继续加强环境保护政策信息、环境质量信息、环评信息等信息公开;进一步完善企业环境信息披露制度,支持和培育提供环境信息分析的中介机构,强化环境信息披露的监管与执法。另一方面,规范环保信息发布,针对不同环境要素,制定各类环境要素环境质量信息公开细则,规定各类环境要素环境质量信息的发布主体、发布内容和发布频率。另外在操作层面,加强包括环境部门、经济部门、企业在内的综合环境信息共享平台建设。

4.创新商业模式

对于环保产业而言,合理的商业模式可以将环境治理、环境修复行业中巨大的潜在市场转化为现实的市场需求。目前我国环保行业主要商业模式可分为四类。第一类是以环保设备制造业为核心的设备提供模式,其商业模式是通过实体设备销售获利;第二类是以环保工程建设业为核心的工程承包模式,其商业模式是通过工程建设合同获得收益;第三类是以投资运营为核心的环保工程建设与运营服务模式,其商业模式是以社会资本方身份介入并参与建设项目从决策、设计、建设到调试、运营维护的全过程,获得工程建设收益、项目运营收益;第四类是以治理效果为核心的环境服务合同模式,其商业模式是拥有相应技术能力的企业为政府或者环境污染和破坏的直接责任人提供污染治理和生态修复和改善等环境服务①,并获得收益。

我国现有环保产业商业模式存在的问题,主要表现在缺乏稳定的投资回报预期。以上四种商业模式中,除第一种以外,其他三种主要是环保企业与地方政府为主体的甲方通过商业合同、资本合作等形式形成收益预期,其实践背后的实质是以政府信用、政府财政为担保,这种担保单纯从经济角度看并不稳定。一旦地方政府财政发生困难,承诺收益的兑付就会出现问题。政府和社会资本合作(即 Public – Private Partnership,以下简称 PPP)项目大潮的降温是这一问题最典型的注脚。2013 年以来包括环保类在内的大量公共基建项目采用 PPP 模式进行运转,环保领域以水务领域和园林领域 PPP 项目居多,规模动辄几十亿上百亿。以污水治理为例,由于现行水价形成机制不能完全涵盖污水治理成本,特别是农村地区污水治理,使用者付费机制基本没有建立起来,政府缺乏新的收费渠道,地方公共预算收入增速赶不上 PPP 项目服务费用支出速度,项目拖欠费用的情况也日益严重;而且环保类 PPP 项目建设投入巨大,回报期长,若单纯依靠政府财政支付,一旦出现费用拖欠,PPP 企业将面临更大的财务风险。

完善环保市场商业模式的关键,是探索真正实现"使用者付费"机制的方式和途径。一方面,应进一步健全能源、资源、生态环境服务价格形成机制,将污染

---

① 刘长兴:《论"绿色原则"在民法典合同编的实现》,《法律科学(西北政法大学学报)》2018 年第6 期。

治理成本、生态损害修复成本纳入能源开发、资源品和生态环境服务定价体系之中;完善资源税、环境税计税征收体系,将生态环境成本列入一般社会产品生产定价当中,改变长期以来形成的环境保护需求端支付不足的情况。另一方面,应构建起公共环境服务使用者与政府间合理的环境保护成本分担机制,在纠正长期不到位的价格体系的基础上,根据具体的细分领域的特点,以及不同地区有针对性的环保需求的特征,适时开展特定用户付费试点工作,引导绿色生活与绿色消费理念在全社会的形成。

第四章　多元化环境治理体系中的
社会参与责任及发挥

　　治理和保护生态环境，除了需要发挥政府的主导作用以及企业的主体作用以外，社会的有效参与也是重要的一环。公众、社会组织以及一些特殊社会群体等社会主体在环境治理中承担着多重角色。一方面，公众等社会主体是生态环境的直接利益相关者，应当享有充分的生态环境权益，并得到有效的决策参与和权益救济保障；另一方面，以公众为代表的社会主体承担着保护生态环境的义务和责任，需要配合政府践行绿色生活方式，自觉维护生态环境。同时，各类社会主体，特别是各种环境组织、各领域专家群体以及宣传媒体等对于推动政府和企业环境治理具有重要的监督和辅助作用。目前，从总体来看，我国环境治理的社会参与程度还有待提升，社会力量还比较薄弱，参与机制还不完善，社会参与还存在一定的经济、文化、法律因素制约，迫切需要进一步赋能、规范和引导。同时，我们要特别关注到，随着信息社会的发展，社会主体将有更多的机会，并通过更广泛的信息化途径参与到环境治理中来，如何应对信息化带来的机遇和挑战，运用好各种信息化手段，特别是大数据手段，有效推动环境治理中的社会参与是一个需要探索的重要问题。

第一节　多元环境治理中的公众参与

党的十九大明确指出,中国环境治理需要"构建政府为主导、企业为主体、社会组织和公众共同参与的环境治理体系"。但相对于欧美发达国家已经十分成熟的公众参与环境治理模式,中国环境治理中的公众参与还很不充分,虽然"政府主动、企业被动、公众不动"的局面有一定改善,但由于缺乏制度保障和参与渠道,加之公众主观参与能力的不足,公众目前的参与水平还相对较低。因此有必要对公众参与做进一步的研究。目前学界对公众参与的主体指向主要有广义和狭义两种理解,广义上包括企业、环保非政府组织、普通公民,狭义上仅指独立的公民个体,本部分的探讨是以狭义概念的公众参与主体为基础的。

一、公众参与环境治理的地位与作用

公众参与的概念和理论肇始于西方,最初应用于政治学和管理学领域。20世纪90年代,公众参与理论传入我国,作为一种管理原则后被引入环境治理领域。从相关理论的一般性介绍,到公众参与功能的讨论,再到具体参与行为、参与途径的分析,理论研究逐渐深入。① 随着研究的深入,公众参与在环境治理中的重要作用也从"工具论"的角度向价值层面转变,公众参与不仅能有效弥补政府治理能力的不足,更有利于公众环境权和发展权的实现,是环境善治与环境民主的体现。公众在环境治理中的角色,也从服从者、协助者、自身利益的维护者向共享共建主体转变。② 而在政府、企业与公众三方共治的体系中,公众参与是最根本、最核心的动力。"三方共治"有效运转,要求公众的参与必须是全员参

---

① 周文翠、于景志:《共建共享治理观下新时代环境治理的公众参与》,《学术交流》2018 年第 11 期。
② 周文翠、于景志:《共建共享治理观下新时代环境治理的公众参与》,《学术交流》2018 年第 11 期。

与、全方位参与和全过程参与。①

1. 公众参与是环境善治的必然要求

作为公共管理学领域中新近出现的一个重要理论,善治理论是学者们在批判和吸收传统的政府治理、市场治理以及社会组织志愿治理的经验和教训的基础上形成的,旨在解决跨区域、跨部门公共问题的一种新治理形式。环境问题既是一个复杂的技术问题,也是一个复杂的跨部门、跨群体的社会问题。作为单一主体的政府没有足够的资源和能力来独自解决和处理环境问题。因此,"善治"即政府、市场与社会的合作是环境治理的必然选择。

环境善治是使环境利益最大化的社会管理过程,是一组相互依存的利益相关者相互合作和利益分配的过程。治理的不仅仅是环境,还有不同社会群体的关系、人们的环境参与意识、环境制度等,谋求的不仅仅是环境的改善,更是综合绩效的最大化,在制度、观念、关系方面可持续地影响后代。在这个过程中,公众的作用尤为重要。一方面,环境污染是垄断、委托代理关系信息不对称、经济负外部性等"市场失灵"和"政府失灵"的衍生物,而公众作为第三方力量,在补充信息、约束权力,解决政府与企业之间的信息和权力不对称问题,在环境治理体系中起到"纽带"作用。另一方面,公众在参与的过程中获得了表达利益诉求的机会,保障了公众的环境权益,同时,在参与的过程中,公众不断提高环境意识与环境行为能力,也为相关环境政策的顺利实施提供了基础。因此,在环境善治的过程中,公众的参与不可或缺。

2. 公众参与是实现公众环境权利和环境公平的有效路径

正如有学者指出的,人类生活所必需的环境要素,如空气、阳光、水等"自然财产"并不是"取之不尽,用之不竭"的,它们是人类的公共财产。② 我国是社会主义国家,一切权利属于人民,环境权自然也属于全体人民。当然,从实践角度

---

① 涂正革、邓辉、甘天琦:《公众参与中国环境治理的逻辑:理论、实践和模式》,《华中师范大学学报》(人文社会科学版)2018 年第 3 期。

② 王宝贞、王琳:《水污染治理新技术》,科学出版社 2004 年版,第 175—178 页。

看,社会公众不可能直接管理环境财产,必然要委托给政府,由政府实施直接的管理,科学决策方法和程序,只有这样才有利于环境这种公共财产品质的提高。但这不意味着公众在环境治理、环境管理过程中的退出。相反,公众可以通过参与立法、举报污染行为等间接的参与"环境财产权"的管理,从而实现自己的环境权利。另一方面,充分的利益表达与利益协商,能够平衡不同主体的利益需求,有助于决策科学性与公平性,促进了实质的环境公平。

3. 公众参与是环境政策实施的有力保障

环境的治理不仅是一个技术问题,更是一个社会行动的过程。换言之,任何技术的实施,必然经由社会中的行动者(包括政府、企业、非政府组织、个体公众等)认同并将技术付诸实践。所谓"徒法不足以自行"尤其是环境治理中的各种措施,诸如限行、产业结构调整、清洁能源的使用等都与公众的生活息息相关,因此,公众的配合无疑会促进技术顺利实施。在环境治理的过程中,如果公众能够全程、全方位的参与立法、监督、决策、规划,不但可以有助于"理性决策"与"公平决策",更会提升公众对相关政策的认可度,为环境政策的顺利实施提供保障。否则,由于公众的不理解、不认可,政策实施就遇到很大的阻碍,就会增加环境治理的成本。另一方面,公众参与环境治理是权利与义务的统一。

二、公众参与环境治理的现状分析

随着生活水平的提高及环境问题日益突出,中国公众的环境意识与环境需求不断提高,而国家基于发展战略的需要也积极回应公众的需求。这在一定程度上促进了公众参与环境治理。从总体上说,公众参与环境治理的水平还相对较低。虽然公众具有了一定的环境意识,但环境行动力弱。多数学者的研究也证明了这一点。如魏勇等通过 CGSS 数据分析发现,中国公众存在环境问题认知率高、环保知识水平低、环境污染程度评价高、环保工作满意度低、环保行动水平低的特点,且环境认知、环保知识、环境污染评价省际差异较大。[①] 再如袁亚运通过 CGSS 数据分析发现,居民的环境行为差异性较大,社会阶层地位对环境行为

---

① 魏勇等:《中国公众环境意识的现状与影响因素》,《科普研究》2017 年第 3 期。

具有显著影响,个体因素、社会外部因素,如环境污染状况、政府环境治理行为和大众传媒都具有显著影响。[①] 基于此,本章主要依托"天津千户网络调查(2019)"及其他相关调查的调查结果,以天津市为例,对公众参与环境治理现状进行了实证分析。"天津千户网络调查(2019)"共回收有效问卷1848份,其中男性占比39.1%,女性占比60.9%,平均年龄44.8岁。调查结果显示,目前环境领域公众参与取得了一定进展,公众普遍具有一定的环境责任意识,但实际行动力较为不足。具体而言:

1. 公众具有初步的环境意识和责任

(1)公众关注生态文明和环境状况,有一定的责任意识。调查显示,80.9%的被调查者关注生态文明建设及环境污染情况,其中,非常关心的占40.3%,比较关心的占40.6%,一般的占17.4%;不关心的占1.4%,非常不关心的占0.3%。通过进一步的差异性分析发现,年龄、性别等因素不影响公众对生态文明建设及环境污染的态度,但是不同教育水平的被调查者之间存在着一定的差异。学历越高,对环境问题的关注度就越高。见表4-1:

表4-1 不同教育水平对环境保护关注的差异

学历	您是否关注生态文明建设及环境污染情况					总计
	非常关心	比较关心	一般	比较不关心	完全不关心	
初中以下	31.7%	38.6%	27.0%	1.6%	1.1%	100%
高中	39.0%	39.8%	19.2%	1.6%	0.4%	100%
大专	44.5%	38.5%	15.0%	2.0%		100%
大本及以上	42.1%	42.7%	14.0%	1.0%	0.2%	100%
总计	40.3%	40.6%	17.4%	1.4%	0.3%	100%
卡方检验	$X^2 = 26.609$ df = 12 p < 0.001					

[①] 袁亚运:《我国居民环境行为及影响因素研究——基于 CGSS2013 数据》,《干旱区资源与环境》2016 年第 4 期。

从关心的具体内容看,公众最为关心的污染问题是空气污染,比例为60.75%;其次关心的为水污染,比例为32.58%;关心土壤、噪声、光等其他污染的比例为6.67%。

从责任意识上看,89.7%的被调查者认同"公众在生态文明建设中具有重要作用",94.0%的被调查者同意"建设绿色家园,关注可持续发展事关子孙后代的福祉,现在自己麻烦一点儿也值得",97.2%的被调查者同意"治理雾霾政府有责任,公众也有责任",这说明社会公众具有了一定的环境保护意识。

还有,调查也显示,被调查者这种责任意识并不能完全转化为他们积极参与环境保护的意愿,尤其是参与环境保护需要付出一定代价的时候。统计结果表明,仅有45.6%的被调查者愿意为环境治理提供一定的资金支持。进一步分析可以发现,性别、学历因素对人们意愿的影响并不明显,年龄与收入水平因素对人们是否愿意为环境保护提供资金支持有一定影响,特别是收入越高的被调查者更愿意为环境保护提供资金支持。见表4-2:

表4-2 不同教育水平群体支付环境保护资金的意愿差异

您是否愿意为环境保护提供资金支持							
年龄	愿意	不愿意	合计	收入水平	愿意	不愿意	合计
初中以下	52.4%	47.6%	100.0%	低收入	36.0%	64.0%	100.0%
高中	47.0%	53.0%	100.0%	中低收入	52.0%	48.0%	100.0%
大专	43.3%	56.7%	100.0%	中等入	57.6%	52.4%	100.0%
大本及以上	43.6%	56.4%	100.0%	中高收入	60.0%	40.0%	100.0%
				高收入	60.0%	40.0%	100.0%
卡方检验	$X^2 = 25.989$	df = 3	p < 0.001		$X^2 = 31.852$	df = 4	p < 0.001

(2)公众的环境保护知识不足,对政府的环保政策、工作不了解。虽然绝大多数的被调查者都表示自己关心环境保护,但调查结果显示,多数人的环保知识不足,对政府的环保政策不了解。例如调查显示,被调查者知道世界环保日是哪

一天的只有 33.33%。虽然公众最关心的环境问题是空气污染，但是只有不到 10% 的被调查者能够回答出大气污染中的污染物包括哪些，并在查询空气质量的时候会关注这些物质的含量。垃圾分类是目前社会关注的热点环境问题。虽然有 89.5% 的支持生活垃圾分类投放、分类运输，同时有 96.7% 的被调查者认为垃圾分类投放与处理对改善环境有帮助，但是公众的垃圾分类知识却很匮乏。能够正确判断可回收垃圾的被调查者仅占 21.4%，其中判断正确率比较高的选项是：书本（正确率是 98.2%）、包装纸（正确率是 98.2%）、易拉罐（81.3%）等。有毒有害垃圾的判断正确率为 17.8%，判断正确率比较高的是油漆（87.0%）、过期药物（71.5%），有过半的被调查者不能正确判断荧光灯、化妆品是有毒有害的垃圾。能够正确判断湿垃圾的仅有 2.3% 的被调查者。多数被调查者通过垃圾的含水量来判断垃圾是否属于湿垃圾，所以 91.2% 的被调查者认为剩菜剩饭是湿垃圾，同时 88.5% 的被调查者认为花生壳不属于湿垃圾；而尿不湿、湿巾因为含水量高，49.7% 的被调查者认为它们是湿垃圾。从以上的数据可以看出，多数被调查者的垃圾分类知识还处在"感性认知"阶段，不是从垃圾分类处理的角度来判断垃圾的类别，显示出被调查者明显缺乏垃圾分类的知识与对垃圾分类处理的深入了解。与自己生活息息相关的环境知识如此匮乏，从一个侧面说明了社会公众缺乏环境保护知识。

另一方面，多数公众对政府的环境保护工作并不了解。调查显示，有 42.6% 的被调查者不知道"美丽天津一号工程"。能够正确回答出"美丽天津一号工程"内容的仅占被调查者的 21.4%。"美丽天津一号工程"是于 2013 年 9 月 1 日正式启动的一项已经进行了 6 年（到调查时）的环保工程，且有持续专项的宣传报道，仍然有四成多的天津市民不知道此项环保工作，八成市民不了解此项工作的具体内容，这说明多数的公众对政府的环境保护工作并不了解。

同样，对于 2019 年的重点环保工作的内容，多数公众也没有深入的了解。调查显示，仅有 10.6% 的被调查者知道 2019 年天津市投入 2 亿元保障垃圾分类；仅有 9.8% 的被调查者知道天津日产垃圾总量；仅有 9.4% 的被调查者知道天津宝坻区正在建设日处理千吨的垃圾焚烧厂；仅有 9.5% 的被调查者知道西青区正在建设日处理垃圾 3750 吨的垃圾处理厂。被调查者对最为"热门"的环保工作的了解尚且有限,可以想见其对其他政府环境保护工作更是知之甚少。

(3)公众对环境问题及环境保护的认知感性化

环境问题与环境保护是理性严肃的科学问题。但是公众在对环境问题做出评价的时候往往存在着"感性化"的问题。例如在大气污染问题上,公众对于空气质量改善情况的判断与空气质量实际监测结果往往有较大出入。普通市民大多仅凭个人模糊的记忆和经验以"感性认知"来判断空气质量的变化,而缺乏理性的科学的认知。在获取有关信息时,受知识基础等因素的影响,大多数普通人较少接触权威的专业性文章,大多数人习惯于接受各种来源的"网络新闻"的引导,缺乏科学的独立的理性认知,容易偏听偏信,观点摇摆。

(4)公众对环保措施的选择具有"避害性"的特点

调查显示,虽然公众能够认识到自己在环境保护中的责任,但是在选择支持什么样的环保措施时,多数会"趋利避害",选择对自己影响最小的环境保护措施。在问道"您认为政府可以采取哪些措施治理雾霾?"时,有89.6%的人选择了重点污染企业禁产;72.8%的人选择了减少煤炭的使用;62.0%的人选择了禁止燃放烟花爆竹;61.1%的人选择了禁止高污染的车辆上路;59.2%的人选择了禁止燃烧秸秆;44.0%的人选择了加大机动车限行力度;38.9%的人选择了清明节等节日禁止烧纸;31.3%的人选择了适度提价,提高汽油、柴油品质。

从上面的选择可以看出,被调查者认为政府应该采取的治理措施,与他们认为的污染源有一定的联系。根据与被调查者生活的密切及便利程度可以把这些措施分为三类。一类是与被调查者日常生活基本没有交集的,这一类主要是"重点排污企业禁产""减少煤炭的使用""禁止燃烧秸秆""禁止高污染车辆上路"(虽然私家车已经非常普及,但是绝大多数的私家车都符合国家的机动车排放标准,所以,这项措施与市民的生活关系不大),这四项被选中的比例分被排在了第一、第二、第四、第五位。第二类是与被调查者日常基本生活有一定交集的,分别是"禁止燃放烟花爆竹"和"清明节等节日禁止烧纸"。从调查结果看,选择这两项的比例明显降低了。尤其是选择"清明节等节日禁止烧纸"的比例位于倒数第

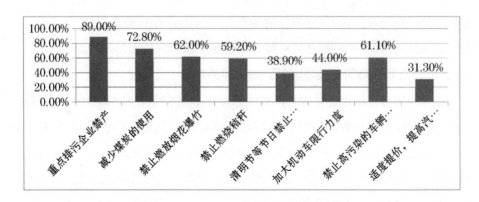

图4-1　公众对各类环保措施的选择倾向

二位。第三类是与被调查者的生活密切相关的,主要是对机动车的治理。而选择这些选项的比例进一步降低。有研究表明,提高成品油的品质,减少成品油中的有害物质,能够有效减少大气污染中的有害物质,是一项非常重要的大气污染治理措施。但是,从调查结果看这一选项的比例是最低的。从上面的分析可以看出,如果治理大气污染的措施与其日常生活没有关系或关系不大,归因与归责能够在一定程度上统一。有69.9%的人认为天津市大气污染形成的主要污染源是工业污染,相应的选择重点排污企业禁产的比例也最高,达到了89%。但另一方面,如果治理大气污染的措施与日常生活关系密切,归因与归责出现了不统一。在选择大气污染源的时候,选择机动车的排在第二位。但是选择治理机动车措施则排在最后一位。这说明公众在环保措施的选择上有一定的"避害性",缺乏相应的"公益性"。

总之,目前社会公众虽然具有了一定的环境意识和责任感,但缺乏环境知识,不能理性地认知环境问题,以及在行为选择中的"避害性"倾向导致了公众参与环境保护的能动性不高。

2.公众参与环境保护的行动力弱

(1)公众环境保护行动力弱

概括而言,公众参与环境保护的方式主要是表达环境保护需求,积极参与环境保护立法;举报环境违法行为和践行简约适度、绿色健康的生活方式。从调查结果看,公众在这三方面的行动力都比较弱。统计结果表明,仅有不到5%的被调查者会关注环境方面的立法并向相关部门反映自己的意见。从积极参与环境治理看,被调查者中有15.8%的人举报过污染行为;26%的人劝阻过他人破坏环境的行为;22.7%的人参与过环保志愿活动,积极参与环境保护的比例比较低。从日常生活习惯看,被调查者中有76.5%的人能够做到节约用水用电,但其他环保行为的比例并不高。其中不购买过度包装商品的占39.5%;随身携带环保购物袋的占36.9%;有垃圾分类处理习惯的占29.9%;能够随身携带餐具不使用一次性餐具的占18.6%。总的来说,多数被调查者并没有形成简约适度、绿色低碳的生活方式。

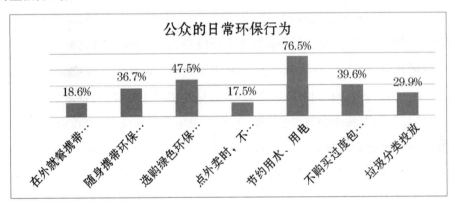

图4－2　公众的日常环保行为倾向

(2)规范管理与宣传教育会影响公众的环境行为

燃放烟花爆竹和祭扫"烧纸钱"都会影响空气质量,但是被调查者的行为却有很大差异。调查显示,84.6%的被调查者在过去一年内没有燃放烟花爆竹,而没有烧纸的比例为35.7%,二者相差了近50个百分点。造成这种差异的原因,很大程度上在于禁止燃放烟花爆竹的规定已经实施,而且燃放烟花爆竹的有害后果已经经过了很长时间的宣传,人们对其已经有了很大程度的认同。但是对于烧纸祭扫的行为,政府一直以劝导为主,也没有明确的禁止性规定和罚则,因此公众接受度较低。这在一定程度上说明了制度规范与宣传教育对人们行为的影响。

三、社会公众参与环境治理行动力弱的原因分析

从上面的现状分析可以看出,目前社会公众对环境问题的认知行动能力还处于较弱的状态,公众虽然能够认到环境问题的重要性,但是缺乏积极参与环境治理的自主性、能动性和行动力。究其原因主要是因为:

1. 公众缺乏对多数环境问题的直观感受

从类型上看,环境污染可以分为显性污染(人们可以直观感受的污染)和隐性污染(生活中人们不容易认识的污染)。一般而言,显性污染(如空气污染和水污染等)的可见性更能触发公众的环境意识。但是,随着科学技术的发展,人类与自然环境的关系也逐渐疏远。在人类建设的环境中,人们虽然可能意识到了环境问题的重要性,但是对很多隐性污染并没有真实的体验,因此也缺乏践行环保行为的积极性。以塑料污染为例,虽然多数人从各种宣传渠道中知道了"白色污染"的危害性,但是我们在日常生活中,大量使用的塑料袋、快餐盒被当作垃圾处理掉之后,周围的环境依然干净整洁,我们的生活并未受到影响。塑料难以二次加工与分解的危害对多数人而言只是一个"传说",在这种情况下,人们往往会觉得"白色"污染问题离自己很远,多用一个塑料袋并没什么问题。

2. 缺乏有效的奖惩机制,导致"趋利避害"的环境行为

对于社会公众而言,参与环境治理最直接有效的方式就是形成节约适度、绿色低碳、文明健康的生活方式和消费模式。但是在现实生活中,由于缺乏有效的奖惩机制,环境问题往往会成为"公用地悲剧",即在个体利益和公众利益产生冲突时,人们会选择个人利益,损害公共利益,最终导致所有人的利益受到损害。虽然在生态文明建设中,每个人都应该做践行者、推动者,形成节约适度、绿色低碳、文明健康的生活方式和消费模式,但是生活习惯的改变不但要克服惰性,还可能会牺牲一些舒适、方便、快捷的生活方式。少用一次性用品肯定是一种环保行为,但是"随身携带餐具购物袋有些麻烦,况且即使我不用,别人也用,对环境改善也没什么作用";少开车是可以减少环境污染,但是"我开的车排量这么小,

不会对空气质量有什么影响的。真正应该限制的是那些大排量的豪车"。"环境
保护既然是大家的事情,那就要大家都去做,就我一个人能对环境有什么影响,
反正如果大家都去绿色环保,我肯定会做到绿色环保,别人不做也别要求我。"正
是这种心理导致人们虽然认识到了公众在环保中的重要作用,但是在行动中却
把自己排除在了公众之外。

3. 公众参与环境治理制度保障不足

虽然随着我国公众权利意识与环境意识的不断提高以及国家对公众参与环
境治理的重视,有关公众参与环境的法律制度不断完善,但是,由于缺乏法律规
定的实施细则和监督处罚机制,公众的环境知情权、诉讼权、监督权等落实还不
到位,法律还停留在"文本"的状态,影响了公众参与的积极性。首先,环保的信
息公开制度不完善。缺少生态环保信息公开的统一平台,不同信息公布的主体
不同、平台不同,造成信息查询困难。缺少信息公开的程序性约束,导致部分信
息更新不及时、内容含混晦涩,公众很难获得及时、准确的环境信息,影响了公众
的理性判断和环境合作行为。其次,环境信息反馈制度不规范。政府有时对公
众的生态环保诉求回应不积极、不及时,对公众参与缺少重视,难以调动公众参
与环境治理的积极性。最后,环境公益诉讼制度不完善,个体诉讼主体资格、诉
讼范围、举证责任等方面的限制,增加了公众通过司法获得环境权利救济的难
度,致使公众的环境权难以得到真正落实。

4. 公众缺乏有效的意见表达渠道

总的来说,我国公共政策的制定基本上是自上而下由党和政府来主导进行
的,人民群众的利益要求和意见主要是由党和政府的各级党政干部按照群众路
线的要求,通过调查研究的方式进行主动认定,并主要通过上述体制渠道向中共
决策中枢进行输入,逐步形成以各级党政干部代表人民群众进行利益表达的替
代性利益表达机制。① 这种替代性利益表达机制发挥作用的关键在于各级党政

---

① 马胜强、吴群芳:《当代中国利益表达机制的结构转型——基于国家与社会关系的理论视域》,
《学术月刊》2016 年第 8 期。

干部对某一问题的重视,而不是公众的意见表达。久而久之,公众对公共事务的意见表达热情也逐渐降低。在环境问题上亦是如此,各种环境治理政策措施的实施很大程度上是自上而下推动的结果。公众的意见对政策的影响很小。虽然有的环境治理措施也会有"公众征询"的程序,但由于宣传不到位,且公众意见对政策的影响非常有限,因此公众对政府的环境治理措施关注度也很低。2018年10月1日起,天津市开始全面使用乙醇汽油。在2018年9月19日,天津市发展和改革委员会发布了《天津市调合配送和销售车用乙醇汽油管理办法》征求意见稿并向社会征询意见。但是从2018年7月天津社会科学院的一项调查看,仅有个别的被调查者知道这一征询信息,绝大多数的被调查者表示不知道,且觉得自己的意见没有什么作用,没必要知道和参与建议征询。从中可以看出,缺乏有效的意见表达渠道在很大程度上影响了公众参与环境治理的积极性。

5. 缺乏系统有效的环境教育

所谓环境教育是指以环境意识、环境道德、环境法制、环境科普知识为主要内容,培养环境保护技能、树立环境价值观的教育活动。环境教育是帮助公民养成亲环境行为和提升环境行动能力的重要途径,是一种低成本、高效率的环境治理措施,对缓解环境问题和推进生态文明建设有重要意义。改革开放以来,随着环境问题的日趋严重,环境教育问题也逐渐受到了重视。但是总的来说,我国的环境教育还处在"初级阶段",不能有效地发挥作用。

第一,法律规范不完善。目前我国还没有出台专门的《环境教育法》。2015年1月1日实施的新《环境保护法》总则第九条规定,可以视为我国环境教育的"总体性纲领"。该条款规定:"各级人民政府应当加强环境保护宣传和普及工作,鼓励基层群众性自治组织、社会组织、环境保护志愿者开展环境保护法律法规和环境保护知识的宣传,营造保护环境的良好风气。教育行政部门、学校应当将环境保护知识纳入学校教育内容,培养学生的环境保护意识。新闻媒体应当开展环境保护法律法规和环境保护知识的宣传,对环境违法行为进行舆论监督。"该条款对各个社会主体在环境教育方面的责任与义务做出了明确的规定,但是并没有规定如何监督条例实施的情况,没有对环境教育结果的评估机制,更没有明确未按照规定组织实施环境教育的惩处机制。这并不是一个完整的法律规范体系，并不能保证相关的法律规定落到实处，实现法律的预期效果。

第二，从宣传教育的内容上，重政策解读，轻知识的传播与理念的培养。环境教育是知识、价值观念与实践能力的综合。环境保护知识的增加、环境保护意识的提高和环境保护技能的获得，是公众认同环境治理政策、积极参与环境治理、践行绿色环保生活方式与消费方式的前提。因此，在环境教育中必须要重视知识的普及和价值观的塑造。环境教育可以经由多种渠道进行，其中媒体的舆论宣传是非常重要的一环。但目前环保舆论宣传教育却忽视了环保知识的普及、环保理念的传播。以"天津环保"公众微信号上发布的信息为例，2018年4月份，该公众号共发表了百余条信息，平均每天三条。这些信息可以分为六类。一是关于大气污染天气预警的。在出现大气污染严重的状况下，"天津环保"会发布预警信息，应急响应措施以及措施接触的信息，方便公众在大气污染发生时安排自己的工作与学习。二是关于政府的环境保护行动。如2018年4月2日发布的信息《天津：打好污染防治攻坚战，用环保推动高质量发展》介绍了近期天津市环保工作的重点及取得的成效。三是有关政策解读。如2018年4月9日发布的信息《天津环保怎么做，请看"津八条"》。四是环境举报的处理结果。五是环境违法典型案例。六是环境质量报告。可以说，这些内容基本涵盖了政府环境保护工作的各个方面，但直接面对公众进行环境知识普及、观念引导的内容却非常少，仅有三条（2018年4月3日的《4月初京津冀区域中毒污染过程有何特点？请看专家解读》，2018年4月7日的《"我想拨开这迷雾，看看曾经的我们……就像怀念你"，倡导清明节文明祭祀，减少烧纸等不文明行为》，2018年4月23日的《没那么简单就能测出空气质量指数》）。可以说，作为读者，人们在阅读"天津环保"公众号时，最大的收获是能够初步了解到政府在做什么，但如果仅限于了解政府的工作动态，那读者的角色也就只限于政府环境污染治理的旁观者，最多也就能够形成对政府相关政策和行动的理解认同，很难成为有自觉性的参与者。这样的舆论宣传不能充分达到环境教育的目的。

第三，从教育的形式看，重宣讲轻体验。国内外环境教育的经验均表明，体验式教学对人们环保意识的培养具有重要的作用。德国等国的学校环境教育均有环保体验的课程设置。如德国，德国的环境教育形式多样，注重实效，环境教育项目以学生为主体。如1994年由汉堡市教育部门倡导的"半半项目"，该项目旨在为学校节约资源，实施主体是学生，学校的整体实施方案由学生展开讨论并制定，学生讨论哪些可以节省，如何节省，并开展调查，提出方案。实施过程中，学生是主体，同时也是监督者，节省的费用中一半作为奖金交由学校，由学校统一自由支配。这样的"参与性"教育，使学生亲身体验到了环保的作用与意义，提高了学生的参与能力。目前，我国不少地区都有关于中小学生环境教育的原则性规定，但是教育的参与性不足。例如，天津市虽然规定了中小学学生每学年环境教育不应少于4学时，但是目前天津市并没有具体的针对不同教育对象的环境教育教材以及相应的环境教育计划要求，环境教育的主要方式是知识的宣讲，缺乏学生参与的教育项目，教育效果不佳。

第四，从教育的过程看，重过程，轻结果。每年都会有工作计划，但是在内容上，对做什么有规定，对达到什么效果却没有量化的考核指标。环境教育的结果并未受到重视，多数公众对环境教育活动不甚了解，也未从中明显受益。

四、促进公众参与环境治理的对策建议

从一定意义上说，社会公众参与环境保护是一个从认知到认同到内化再到行动的社会教化的过程。在这个过程中，需要通过以下方式将积极参与环境治理"内化于心、外化于行"，特别是要着眼于长远，发挥环境教育的根本性作用。

1. 建立健全完善的环境教育体系

环境教育是提升公众环境意识和引导友善环境行为的主要方式，在促进公众参与环境治理中具有决定性作用。促进公众积极参与环境治理，首先要建立健全完善的环境教育体系。

（1）加强立法，建立完善的环境教育体系。国外的发展经验表明，立法对推动环境教育的制度化、规范化、长效化具有十分重要的作用。目前，许多国家和地区已经出台了环境教育的相关法律、政策和计划。其中，美国、日本、巴西、韩国、菲律宾等国家都对环境教育进行了专门立法，以此来推进本国的环境教育发展。瑞典、德国、英国等部分欧洲国家虽然没有对环境教育进行专门立法,但是这些国家在其相关环境立法中以条款的形式对环境教育提出要求,同时将环境教育写入本国的课程标准和教学大纲中。虽然不同国家在环境教育的立法模式和具体表现上有所不同,但不可否认的是,环境教育相关立法工作对本国环境教育的发展有着积极的影响。① 而我国也应尽快完成"环境教育法"的立法工作,明确环境教育的主体、相关主体的权利义务、覆盖的教育受众、教育的内容、资金保障以及评估、监督、惩处措施等,推动环境教育的开展。

(2)建立环境教育基金。环境教育的推动和稳步开展,离不开稳定的经费支持,世界主要国家(地区)的环境教育法均对环境教育实践的经费来源及其使用与管理作了规制。目前我国并没有在这方面有明确的法律规定。为了保障生态文明教育的开展,应该借鉴其他国家或地区的经验,建立完善的环境教育基金和管理制度:首先,建立环境教育基金并拓展基金来源。基金的来源应该包括财政拨款、一定比例的排污费和环境污染罚款、社会捐助等。其次,要制定"环境教育基金收支保管及运用办法",对环境教育基金的收支、保管及运用进行规范,对基金管理会的职责权限进行细化和明确。

(3)制定全面系统有针对性的生态文明教育规划和课程体系。环境保护需要全民的参与,生态文明教育也要涵盖各个群体。首先,制定"生态环境行为规范公约"。由于我国公众的生态环境意识整体处在较低的水平,缺乏参与环境生态文明建设必要的知识与技能,因此,要编制有引导性、针对性强、接地气、可操作的公民生态环境行为规范,使公众具有基本生态文明知识与意识、引导公众积极参与生态文明建设。其次,要针对学生、社会公众、企业、政府等不同主体的特点,结合其相应的环境保护责任,制定不同的生态文明教育计划和教材,在主动体验与实践的基础上,明确教育目标、内容并建立相应的评价体系,全面提升不同人群的生态文明素质。

---

① 吴惟予、肖萍:《新〈环境保护法〉"环境教育"条款有效实施的思考——以环境教育立法为出路》,《生态经济》2015 年第 11 期。

（4）建立生态文明教育绩效评估体系。绩效评估是提升政府执行力的有效手段。目前我国环境教育缺乏评估机制，不能有效地了解环境教育的效果，掌握公众的生态文明素质和生态文明教育需求。评估应当坚持评价与指导相结合的原则，构建评价指标，通过自我评价、上级部门评价和第三方专家评价等方式，科学、客观、公正地评价环境教育开展情况。充分发挥环境教育绩效评价的反馈调整作用，根据绩效评价结果，对照问题，及时整改，确保环境教育的投入取得实效。

（5）建立完善的激励保障机制，鼓励社会力量参与生态文明教育。从国外的成功经验来看，生态文明教育的成功都是政府与社会力量协同合作的结果。一方面，可以通过购买服务、开展公益创投项目、项目管理以及社会组织孵化、培训等多种手段为社会力量参与环境教育提供支持与帮助。另一方面，设立专门的环境教育奖，用于奖励表彰在环境教育和环境保护中表现突出的社会组织和个人，并在媒体上进行广泛的宣传。通过"环保领袖"的带动作用，促进大家对环境保护和环境教育的重视，积极参与环境保护。

（6）加强生态文明教育的人才培养和科学研究。环境教育专业性强，对环境教育从业人员的知识结构和综合素质都提出了较高要求，因此，必须建立一支专业化的环境教育人才队伍。首先，要在高校中设置环境教育专业，培养专业的环境教育人员。其次，要实施环境教育专门人才认定制度，环保、教育和人力资源和社会保障等部门开展环境教育从业资格认证，加强环境教育从业人员职业准入，并定期举办环境教育从业人员培训班，提高环境教育从业人员队伍和环境教育机构的专业化水平。最后，要重视生态文明教育的科研工作，鼓励高校和科研机构开展相关的课题研究，为生态文明教育提供科学指导。

（7）建立生态文明教育"民情监督反馈系统"。环境教育不仅要增加人们的环境知识，提升人们的环保责任意识，还要对人们关心的环境问题做出积极的回应，引导人们正确理解环境问题和环境政策。建议在电台、电视台、各大门户网站，及生态环境部等微博、微信公众号上开设专栏，进行长期系统的生态文明教育。同时还要委托专业机构进行定期的调查，了解社会公众生态文明意识的变化情况、重大环境事件的态度、重要环保政策的认知和评价,有针对性的调整生态教育的内容。另一方面也要做好舆情监督工作,当发现一些媒体发布扭曲事实、有违科学理论的观点,且文章具有一定传播效果时,应及时做出"科普"反应,批驳这些非科学、非理性的言论,并为公众做出有科学依据的解释,用正确的知识、观点抵消不良媒体的消极影响。

2.畅通环境保护公众知情与民意表达渠道

参与环境治理是公众的责任,也是公众的权利。对环保问题的知情权和表达意见是公众实现自身环境权益的途径。另一方面,通过意见表达也可以进一步提高和强化公众的环保意识,提高公众参与环境治理的积极性。如前所述,目前我国在保证公众的环境知情权以及利益表达方面还没有形成完善有效的机制,从而影响了公众参与环境保护的热情,因此需要从以下几方面着手,保障公众的环境知情权和利益表达权的实现。

(1)进一步完善环境信息公开制度。生态环境信息公开法规制度是公众参与的基础。2015年起我国施行的新《环境保护法》对"信息公开"做了专章的规定。此外,国家还颁布了《环境信息公开办法(试行)》《建设项目环境影响评价政府信息公开指南(试行)》《国家重点监控企业自行监测及信息公开办法(试行)》《企业事业单位环境信息公开办法》等,以保证公民的环境知情权。但信息不对称的问题依然存在,需要进一步完善环保信息公开制度。一方面要明确生态环保信息发布的主体及其义务,信息发布内容、时效范围,发布的程序规范,违法的惩处机制等,以确保信息披露的充分、及时、准确。另一方面,还应健全环境信息公开的大数据平台,方便公众查询、监督和使用环境信息。

(2)完善公民参与环境立法与决策机制与途径。优化传统的"替代利益表达"机制,建立多层次的公众—政府交流对话机制。进一步完善环境听证制度,扩大听证的适用范围,简化听证程序,缩短听证时间,并为参与听证的公众提供一定的资金支持等。建立环境治理多方会议制度,由环保部门定期召开,介绍国家环境治理政策和地方环境治理问题,请公众代表参加会议并献计献策。组建环境治理委员会,以社区、乡镇为单位,由政府代表人员与公众共同组成,实现公众的有序参与及合理表达。建立环境治理问卷调查机制，由第三方专业机构定期向公众发放问卷，了解公众对生态环保决策、监管、执法等方面的诉求和意见。①

（3）完善环境保护公众监督机制。从行政监督的角度看，目前我国已经建立起了比较完善的公众环保举报制度。公众可以通过电话、网络等多种渠道对危害环境的问题进行举报，举报的问题也会得到及时回复。但是在环境保护公益诉讼制度方面还有改善的空间。尤其应该赋予自然人、非直接利害关系人诉讼权，完善举证责任倒置制度，鼓励公众积极参与环境保护监督。

第二节　环保社会组织参与环境治理的责任及路径

环境问题的备受关注，多元化环境治理理念的兴起，以及环境治理中政府和市场的失灵，为社会组织参与环境治理提供了机遇和条件。党的十八大以来，社会组织在环境治理中的地位和作用越来越受到关注和重视。2015 年 4 月印发的《关于加快推进生态文明建设的意见》，要求引导生态文明建设领域各类社会组织健康有序发展。党的十九大报告明确提出，构建政府为主导、企业为主体、社会组织和公众共同参与的环境治理体系。2017 年 3 月，环境保护部和民政部共同出台的《关于加强对环保社会组织引导发展和规范管理的指导意见》指出，环保社会组织是我国生态文明建设和绿色发展的重要力量。由此可见，社会组织尤其是环保社会组织在环境治理领域中的地位和作用日渐凸显，不仅有利于弥补"市场失灵"和"政府失灵"的空缺，还能发挥"第三部门"的整合、沟通、表达、教育和监督的功能和作用。因此，在这种研究背景和形势下，提高环保社会组织

---

① 周文翠、于景志：《共建共享治理观下新时代环境治理的公众参与》，《学术交流》2018 年第 11 期。

参与环境治理的有序性、规范性和实效性,已然成为构建多元化环境治理体系的共识。

一、社会组织与环保社会组织

人类社会不断进步,经济社会也日趋为各种社会组织所充盈,社会组织已成为我们现实生活中的重要组成部分。只有大量的社会组织得到了发展,整个经济社会才能得到可持续发展;只有环保社会组织有效参与环境治理,我国的环境质量才能得到全面改善。环保社会组织是社会组织构成中的一部分,因此,有必要了解和把握社会组织的相关概述。

1.社会组织相关概述

社会组织(Non-Governmental Organizations,简称 NGO)亦称非政府组织,通常也叫"第三部门",是指在地方、国家或国际级别上,为完成特定的社会目标,自愿组织起来的非营利性组织。关于社会组织(NGO)的特征,国际上比较认可的是莱斯特·萨拉蒙提出的"五项特征法",即组织性、私有性、非营利性、自治性和自愿性。[①] 随着社会组织的发展壮大,根据活动领域将其分为 12 类,包括社会服务、环保、慈善、卫生保健、国际、教育与研究、宗教、商业以及其他等,亦可称之为民间组织、环保组织、志愿组织、公益组织、慈善组织、宗教组织,等等。

根据国情,我国将社会组织划分为基金会、社团和民办非企业三大类型。根据中国社会组织网 2009—2018 年发布的数据,我国社会组织的数量呈逐年上升的趋势,从 2009 年的 304676 个上升为 2018 年的 818128 个,年均增长38.96%。其中,基金会、社团和民办非企业的数量分别从 2009 年的 2099 个、163365 个和139212 个增加到 2018 年的 6498 个、379150 个和 431480 个,同比增速分别为209.6%、132.1%和209.9%。无论从数量上还是从增长速度上看,当前民办非企业组织发展最快,社团组织虽然在数量上比基金会有优势,但发展速度却低于基金会组织。

---

① Salamon. Lester M. and Helmut K. Anheier. *Defining the Nonprofit Sector*. Manchester:Manchester University Press, 1997,pp. 33—34.

目前由于单个组织的活动范围不断扩大,活动内容呈多元化发展趋势,传统的基金会、社团、民办非企业社会团体等类型,已经不能涵盖或呈现出社会组织宗旨、任务和目标的多元化发展趋势。研究表明,近70%的组织在超过一个领域内开展工作①,比如,从服务领域看,有的社会组织既从事残障、慈善、教育等服务,又从事环保宣教服务;有的社会组织既从事金融、法律、文化等联合服务,又从事环境公益服务。同时,从组织结构看,由于社会组织的规模、性质、结构和管理等方面存在差异,在同一领域开展工作的社会组织,其组织构成上也是不尽相同,有的组织由专业人士组成,有的由草根组织主导,还有的由热衷于某一种事业的志愿者构成。为了实现社会组织有序参与环境治理的目标,破解环境治理瓶颈,因此,这里只将以环境保护或环境治理为宗旨的社会组织,纳入研究范畴,并统称为环保社会组织。

2. 环保社会组织的起源与内涵

我国的环保社会组织始于1978年中国环境科学学会的成立,随后经过多年的发展,环保社会组织逐步成为我国环境治理主体的重要组成。从呼吁保护滇金丝猴珍稀动物,到推动污染信息公开,到金沙江水电站违法建设提起环境公益诉讼,再到"怒江水电争鸣"以及"26摄氏度空调节能"政策的出台,都凸显了环保社会组织在参与、影响和监督环境治理中的地位和作用。由此可见,环保社会组织作为多元化环境治理主体中的一部分,在环境治理领域中发挥着重要作用。

(1)环保社会组织的起源与研究现状

环境群体事件的不断爆发,多元利益主体的矛盾逐步升级,以及对改善环境质量、追求美好生活的现实需求,为环保社会组织(环保型非政府组织)的兴起与发展创造了良好的条件。同时,可持续发展理念亦使得社会合作、社会组织和公众参与环境治理成为一种共识,引起了国内外学者的广泛关注。

国外环保社会组织起源于20世纪50年代,重点关注公众参与环境保护问题

---

① 林敏华:《公共管理视角下的社会组织分类及信息化管理》,《广州大学学报》(社会科学版)2017年第2期。

的研究。1962 年由美国学者 R. 卡逊撰写的《寂静的春天》一书的出版和发行,标志着公众首次作为环境治理主体的一部分参与环境保护或治理,随之有关环保社会组织(ENGO)的研究也逐渐呈现出来。关于环保社会组织的研究,国外学者普遍认为,环保社会组织是环境治理的参与者和监督者,其可以通过信息反馈推动相关保护政策和法律的制定和实施。马哈茂德·艾哈迈德·莫明指出,环保社会组织在为改善环境质量上所施加给政府的压力,产生了很大的积极作用,尤其是在重大环境事件中,成为监督和问责政府相关部门的主力。[1] 随着环保社会组织在参与环境保护中地位和作用的不断上升,其参与形式和实现路径也在发生变化。玛利亚·何塞·埃斯皮诺萨·罗梅罗认为,环保组织在环境保护中的角色定位发生了根本性的转变,从环保的宣传者和维护者,转变为环境保护和治理的监督者,通过宣传、诉讼、问责、监管等方式全面参与环境保护和资源监管,强化了对政府的监管和对企业产品的环境认证。[2] 当然,政府部门也应该加强对环保社会组织的审批、审核和监管,以提升介入社会组织的环境保护能力。

国内环保社会组织始于 1978 年中国环境科学学会的成立,随后一些国际环保社会组织如绿色和平组织、地球之友等相继进入我国。1992 年"联合国环境与发展大会"召开通过《21 世纪议程》后,我国环保社会组织不断发展壮大,辽宁省黑嘴鸥保护协会(1991 年)、自然之友(1994 年)、北京地球村(1996 年)、绿家园志愿者(1996 年)、中华环保联合会(2005 年)、中国绿发会(2016 年)等环保社会组织先后成立。与此同时,学界对于环保社会组织的研究也相继展开,自环保社会组织概念产生后,国内学者主要围绕环保社会组织的起源、作用、内涵、特征等方面展开研究与论述。比如赵素兰对环保社会组织的作用进行了分析,认为环保社会组织既是解决政府与市场失灵的中坚力量,又是与国际环保组织接轨的重要途径,尤其在加强环境治理和环保技术的交流与合作方面,具有不可或缺的

---

[1]　Mahmood Ahmed Momin. "Social and Environmental NGOs' Perceptions of Corporate Social Disclosures:The Case of Bangladesh", Accounting Forum, 10. 1016/j. accfor. 2013.

[2]　Maria J. Espinosa – Romero. "The Changing Role of NGOs in Mexican Small – scale Fisheries:From Environmental Conservation to Multiscale Governance", *Marine Policy*,2014,50,pp. 290—299.

地位和作用。① 肖晓春等在《民间环保组织与生态社区建设》一文中,总结了民间环保组织的特征,并根据组织的活动宗旨、章程、活动形式、原则和参与环境保护的方式等方面论述了资源紧缺、环境保护以及如何处理人与自然的关系。②

总体上说,国内学者普遍认为,环保社会组织在环境治理中发挥着重要作用,在发展过程中也面临一些困境和障碍,比如数量、规模、认可度、影响力等发展不充分,相关法律法规不完善,环境行政问责中身份不明确,等等。因此,解决其参与环境保护或环境治理中遇到的问题,是实现环保社会组织持续健康发展的重点和焦点。

(2)环保社会组织的内涵与分类

所谓环保社会组织,是指以环境保护为主旨,致力于环境保护、环保公益或环境治理活动的,非营利性质的民间组织。也就是说,环保社会组织主要强调四个方面的内容:一是以环境保护为主旨,主要围绕维护人类生存环境的利益和维护各种动植物的生态权利。有的社会组织虽然将环境建设等内容写入其章程规定,但其主旨并不仅限于环保,故不纳入本研究中。比如中国扶贫基金会主旨是"扶持贫困社区和改善人口发展,实现脱贫致富和可持续发展"。二是不以营利为目的,也就是说,其根本属性是公益性的,其收益主要来源于社会捐赠和政府补贴等形式,且这些收益只能用于开展与环境保护相关的社会公益活动或者发展壮大自身的社会团体。三是不具备行政权力,也就是说它是由热衷于环境保护事业的社会人员自愿组成的,在体制机制上独立于政府机构,亦不具有任何政治特权。四是为社会提供环境保护的公益性服务,比如,环境宣传教育、维护公众环境权益、保护稀有动植物物种、进行社会监督、为促进环境保护资政建言或者建言献策等。

为了便于资料的收集,更好地研究环保社会组织在环境治理中的作用,我们借鉴中华环保联合会(ACEF)的划分方式,以社会组织的发起单位(发起人)、性

---

① 赵素兰:《NGO:环境保护运动中一支不可或缺的积极力量》,《社科纵横》2007 年第 7 期。

② 肖晓春、蔡守秋:《民间环保组织与生态社区建设》,《生态经济》2006 年第 7 期。

质、组织结构、服务范围和宗旨目标为依据,将环保社会组织分为四类,分别是:一是公立型环保社会组织亦可称之为"自上而下"的环保组织(也称 GONGO),其特点是挂靠单位是政府相关部门,如中国环境科学学会、中华环保联合会、中国生态文明研究与促进会、中国生物多样性保护与绿色发展基金会、中国生态道德教育促进会、天津市生态道德教育促进会等。二是草根型环保社会组织,也就是"自下而上"的环保组织,其特点是由热衷于环保事业的志愿者为主体,自发形成的民间组织,这种社会组织一般在工商部门登记注册,例如全球环境研究所、自然之友、北京地球村、爱芬环保、绿家园志愿者、绿色使者志愿者协会、绿色浙江等。其特征是具有广泛的群众基础,能够迅速抓住污染问题的根源,快速解决对当地发生的环境危机。三是高校型环保社团。主要是以各类高校为依托,由校内大学生作为发起人的志愿者环保社会团体,目前在参与环境保护活动方面比较有影响力的有厦门大学绿野协会、清华大学学生绿色协会、四川大学环保志愿者协会等。四是国际型环保社会组织。这里主要包括两类:一类是由国际大型环保社会组织在中国设立分部形式发起的环保社会组织。主要是立足于国际环境保护问题,促进国内外在环境保护或环保技术上的交流与合作,如绿色和平组织、大自然保护协会、世界动物保护协会、绿色生命组织等。另一类是致力于成为国际化的国内环保社会组织,在国际层面参与全球环境治理和提供发展援助。比如 2004 年成立的全球环境研究所,以寻求经济、社会和环境共赢为宗旨,坚持"走出去"的战略方针,在东南亚、南亚等地区的环保领域发挥了桥梁和纽带的作用。这里我们主要探讨第二类,即我国环保社会组织的国际化发展情况。

　　总之,随着我国环境治理体系的不断完善,社会各界环保意识的逐步树立,良性的社会组织发展对我国生态文明建设和多元化环境治理体系的构建具有重要意义。一方面,社会组织具有较强的社会动员和组织能力,在环境治理中成为一支重要的社会力量。① 另一方面,国家在政策法规、舆论引导、资金支持等方面为社会组织的发展壮大,搭建了良好的服务平台,进一步促进了社会组织宣传、

① 刘新宇:《社会管理创新背景下深化社会组织环保参与的研究》,《社会科学》2012 年第 8 期。

监督和协助作用的发挥。

3.环保社会组织在环境治理中的作用

环保社会组织是推动生态文明、美丽中国建设的重要力量,是环境治理体系中环境保护的生力军,在倡导绿色生活方式、提升公众环保意识和环保参与、开展环境监督、推动环境立法等方面发挥着重要作用,其良性发展对我国多元化环境治理体系的构建具有重要意义。

(1)普及环保知识。环境伦理和环保知识是提升公众环境意识,推进生态文明和美丽中国建设的关键因素。环保社会组织在宣传环保知识、环境教育以及环境伦理建设方面具有不可比拟的优势,比如,福建福州的环保社会组织通过在公园、社区、街道等公共场所宣讲大气污染的成因、危害及预防措施,为公众普及了大气污染方面的知识。还有环保社会组织利用网络或自媒体等电子平台,宣传环保知识,提升公众对环境治理和保护方面的认知。比如,世界自然基金会在西藏羌塘自然保护区进行环保宣传工作时,主要采取定期向牧民发放宣传资料和放映宣传短片等形式,让牧民知晓珍稀野生动植物对平衡高原生态环境的重要性,进而提高牧民的生态环境保护意识。可见,环保社会组织在宣传环保知识方面发挥了巨大作用。

(2)倡导绿色生活方式。环境保护是一项长期、持久、综合性的工作,也是生态文明和美丽中国建设的基础性工作,仅靠政府不能实现环境保护和生态文明的目标要求。环保社会组织作为环境保护和治理的积极参与者,具有公益性、专业性、独立性和灵活性的特点,在某种程度可以跨越区域利益的约束,具有其他行为主体所不具备的优势,其根植于公众基础的强号召力,以"道义、规范"为环境保护的依据,是环境治理与保护的一种"软权力",在环保领域中成为继政府与企业之外的参与环境保护与治理工作的第三支力量,不断发展和壮大着环境治理的社会参与力度。

(3)推进环保立法。良好的环境保护法律、制度和体制机制,是环境治理的前提和保障。正如党的十八届三中全会所指出的,要"用制度保护生态环境",环保社会组织在环境立法、环保制度的制定和实施过程中,发挥着不可或缺的重要作用,不仅能为环境保护制度提供前瞻性的思想和理论,还能对环境保护政策的实施起到监督的作用。一方面,任何政策的制定都要建立在广泛的调查研究基础之上,作为关乎公众切身利益的环境政策的制定,更需要了解和掌握公众意见和调研资料。而环保社会组织成员构成的特点(具有基层性和"接地气"的属性),在一定程度上弥补了政府和市场的缺陷和不足。作为连接政府、企业和公众之间的桥梁,环保社会组织既可以将环保专业人员纳入环保工作中来,增强环境治理的专业性、科学性和合理性,又可以有针对性地进行民意调查,汇集公众对环境保护和治理的诉求,从而为环境治理和保护提供客观的资料,辅助政府科学处理信息,提高环境治理效率。另一方面,国家环保立法不仅需要政府主导,还需要环保社会组织的参与和推进。环保社会组织具有专业环保的力量,通过会议活动、媒体宣传、社会运动等形式发起环境倡议,促使政府关注各类环保问题,进而推进环保立法工作。从属性看,环保社会组织不同于政府,它更关心与环境相关的问题,更希望将有关的环保观点或主张融入环境决策过程中。从结构看,环保社会组织更具灵活性和时效性,能广泛获得有效信息,更早觉察到一些潜在的环境问题,并及时对环境问题做出回应,为推进国家环境立法奠定了前提和基础。

(4)监督各类环境行为。环保社会组织具有团体优势,对各种环境污染事件或环境突发事件,能够及时、高效地提起环境公益诉讼,为保护公众的环境权益和监督各类企业的违法行为提供保障。据了解,新《环境保护法》为700多家环保社会组织获得环境公益诉讼主体资格。环保社会组织对各类环境行为的监督主要包括三个层面,一是政府层面,对其履行各项环保政策、提供环保物品、落实环保要求的各项监督;二是企业层面,主要是对企业从投入到产出,从经济、技术到管理等各个环节对行为的监督;三是公众层面,着重考虑公众在日常生活中的行为习惯是否符合生态文明建设和环境保护的要求,这也是目前最难进行衡量和监管的一个领域。与此同时,环保社会组织既可以独立对企业行为进行监督,还可以动员社会力量对企业的违法行为,比如违反环境保护的各项政策法规,不能实现达标排放等,提出环境公益诉讼。这样不仅有利于唤醒公众的环保意识,鼓励公众参与环境保护和治理监管，还能增强企业的治污意识，进而有效制止和惩治企业破坏生态环境的行为，减少政府和企业的"失灵"问题。

（5）凝聚和联络各位环保人士。环保知识的普及、污染形势的严峻、环境治理的紧迫，多重因素使得越来越多的社会个体参与到环境治理和保护过程中。为了让各领域的环保人士在环境治理过程中发挥其应有的作用，环保社会组织无疑是环保人士组织归属和力量整合的最佳选择。且随着社会组织的发展和壮大，会凝聚和联络越来越多的环保人士参与到环境治理和保护的队伍中来。在环境保护领域，比较有影响力的环保人士包括律师、媒体人和社会科学人士三大类。他们作为环保社会组织的成员，在参与环境治理过程中发挥着不可比拟的优势。

第一，律师类环保人士。律师作为法律职业者，是法律规则的代言人。律师社团通过各种渠道参与环境立法或环境公益诉讼，在案件处理过程中从专业的角度提出意见或看法，在环境保护或治理过程中发挥作用。同时，律师对环境法治的宣传更接地气，因为接触的人群更广泛、多元，也更了解各层次人群的环境诉求，作为环境法制的专业人士，不仅了解环境法律法规制定的背景、运行和执行情况，更能很好地维护环境法律法规的权威性。因此，在我国生态文明建设和环境治理的关键期，律师团体应成为环境治理主体的一部分。

第二，媒体类环保人士。媒体作为环境传播的重要载体，在环境治理的实践中占有主导地位。它通过多种话语表达方式对环境问题进行传播，并为其他环境治理主体的合作提供桥梁和纽带。媒体人具有"多重角色"：一是传播者和动员者角色。在短时间媒体人要将环境保护、环境治理以及环境事件等相关政策信息传递给公众，并动员社会各界力量参与环境治理。同时，媒体人还要对各类突发环境事件的虚假信息进行过滤，为政府和公众搭建交流互动的桥梁。二是民意表达和民众诉求的发声者。一些突发环境事件发生后，社会各界充分利用各种信息平台，第一时间将见闻或见地发表出来，从而促进环境治理信息的传播。在此过程中，也会出现一种"双重身份"，既是记者又是环保志愿者，这种双重身份的出现亦为我国多元化环境治理体系的构建奠定了基础。

　　随着自媒体的兴起,其环境信息传播方式已由传统的"精英"话语格局转变为"公众"话语格局,并逐渐成为民众表达和公共参与的重要途径,对环境污染问题、环境风险、环境危机和突发环境事件,进行文字、图片、语音或视频等形式的传播和动员,增强社会对环境问题的认知程度。作为多元环境治理主体的一部分,媒体类社会组织通过客观的舆论监督参与环境治理,其自身具有独特的优势。一是报道型的参与。媒体的首要职责就是将环境问题尤其是突发性环境问题全方位、准确、及时地报道给公众,确保公众对环境问题的知情权,帮助维护社会的团结稳定。二是推动政府型的参与。媒体代表公众利益,将未被政府部门及时发现的环境问题,通过客观的宣传报道,利用舆论压力推动政府对相关环境问题采取处理措施。三是公益型参与。在环境治理过程中,媒体将倡导环境保护理念、宣扬环保人物、宣传环保事件等作为主要任务,不断提高公众的生态文明素养,形成良好的环保意识。四是对话型参与。充分发挥媒体"喉舌"的作用,为政府与社会各界构建良性的对话平台,既要将政策信息准确及时地传递给公众,又要让政府听到公众的心声。比如上海的高端对话、情系民生访谈等直播节目,就是利用媒体这一平台,围绕突发环境事件、大气污染治理、污染企业的治理以及河道清理等有关环境保护的主题,实现了政府与公众的直接交流与对话,并取得了很好的成效。当然,媒体在环境治理过程中仍然要注重舆论监督,既不能顺应个别官员的"偏好效应",又不能"媒体腐败"。媒体只有真正成为公众利益的代言人,才能在环境保护领域实现传播信息和塑造价值的社会功能。[①]

　　第三,社会科学类环保人士。社会科学是指以影响政府环境决策为目标,以社会环境需求和公众利益为问题导向,对政府决策、企业发展、社会舆论与环境知识传播具有影响的科学。社会科学类社会组织通常以环境领域的专家、学者的集体智慧服务于决策机构,通过基础理论和应用研究,为环境保护和治理提供理论依据和服务决策,从而实现环境治理的目标。社会科学类环保社会组织通过对环境保

[①]　涂正革、邓辉、甘天琦:《公众参与中国环境治理的逻辑:理论、实践和模式》,《华中师范大学学报》(人文社会科学版)2018 年第 5 期。

护和治理的思想文化、理论知识、政策法规的宣传和普及,增强公众的环保意识和环保行为,营造良好的生态文明建设氛围;还可汇集跨地域和国界的高水平、高层次的专家学者,针对环境领域的某些特定问题,以座谈或研讨等方式吸收经验和意见,使政策制定更具广阔的视野和深度。与此同时,社会科学类环保社会组织的智库功能,能够将满足生态文明建设的需求作为重点,将其研究和关注的领域融入资源环境可承载的范畴开展工作,还能通过自身广泛的社会影响力,推进生态文明和美丽中国建设。因此,应当重视专家学者等高端专业智库在环境治理上的话语权建设,使专业智库成为辅助政府环境治理决策的重要咨政形式。

二、环保社会组织参与环境治理的角色分析

在多元化环境治理体系中,政府、企业、环保社会组织、公众各主体之间既要发挥其应有的功能和作用,还要理顺相互之间的互动关系,只有这样,才能协同治理环境问题。

1. 与政府互动关系中的角色

与政府不同,环保社会组织倾向于环保类的专业知识,在与政府关系互动方面,环保社会组织能更好地协同合作伙伴,针对环境问题或环境事件,从更专业的视角为政府提供解决问题的思路或方法。尤其是对一些环境类的公共危机事件,政府面对公众的舆论,也希望与具有专业知识的环保社会组织进行合作,并对政府提供指导性和帮助性的改善措施。一方面,通过政府购买服务,环保社会组织既可以解决民间社团组织的资金来源问题,也可以获得政策性支持,保证社团组织的独立性,还可以通过推动环保政策的出台,提升环保社会组织在环境治理领域的影响力。另一方面,面对日益严峻的环境保护问题和压力,政府迫切需要从多元化环境治理体系中逐步抽身。当前,环保社会组织与政府之间的互动和合作主要体现在决策影响、购买服务和监督与督促三个方面:

第一,监督与督促。在环境治理领域,政府既是管理者,又是被监督者,因此,政府需要具有非政府性、非营利性、公益性、民间性的环保社会组织进行监督。一般而言,在环境治理领域环保社会组织对政府的监督和督促主要体现在两个方面:一是能够推动政府信息公开,提高政府决策的透明度,督促其统筹生态环境保护与高质量发展之间的关系。二是督促政府更好地履行环保职能，对监管不到位的地方，环保社会组织可以在充分调研论证的基础上，通过征求公众意见，将环境问题传递给政府，并督促其及时、高效地解决这些被忽视的环境问题。其中，"自然之友"保护藏羚羊行动就是很好的例证。

第二，决策影响。随着一系列环境政策、条例和法规的出台，我国环保社会组织通常针对特定的环境问题，通过研讨会、学术论坛、参与政府发起的会议或调研活动等活动方式，以环境维权、行政问责、公益诉讼等形式影响政府决策，推动环境政策的制定和完善。比如在申办北京奥运会过程中，一些环保社会组织通过参与"绿色申奥"的调研活动，撰写研究报告，提出专业性的信息咨询和对策建议，以"思想库、智囊团"的角色参与到具体环境政策的制定之中。

第三，购买服务。本质上讲，环保社会组织与政府在环境治理和环境保护上的宗旨是一致的，双方在保护环境，实现人与自然和谐共生的职能分工上，存在互补关系，政府部门着眼于宏观环境保护政策的制定和管理，环保社会组织致力于微观层面的信息反馈，利益诉求，架起国家与社会之间的桥梁。实践也充分证明，环境保护与公众生活息息相关，仅靠政府解决环境问题是不行的。因此，政府部门通常在信息咨询和建议、环境政策的阐释以及宣传教育等领域，向环保社会组织委托服务或购买服务。比如，2010年，北京市园林局用30万元向"自然之友"购买了环境宣教工作，并得到政府部门的普遍认可。

此外，环保社会组织通过参与环境治理活动，还能增强国际的交流与合作。当前，环境污染、生态系统退化等已是全球环境治理面临的问题。一些国际型环保社会组织，比如大自然保护协会、绿色和平组织等不断加强与国内外环保社会组织在信息和环保技术等方面的合作，通过交流与合作，在提升自身社会组织的社会和国际影响力的同时，更好地参与到环境治理中。

2. 与企业互动关系中的角色

企业既是资源环境的使用者，又是环境治理的主体，还是环保产品和服务的提供者。通常情况下，企业以追求最高利润为目标，当环保与利益相互矛盾时，企业往往会选择破坏环境，这就需要以环保为宗旨的社会组织对企业行为进行监督，并引导企业履行环保责任。同样,环保社会组织也是产品和服务的提供者,尽管从短期看,环境治理会增加企业的运行成本,但从长远看,企业会因环境保护的投入,获得生态价值收益、绿色品牌收益以及环境保护商誉等无形资产的收益。基于企业行为的双重属性,环保社会组织与企业的互动关系是既有监管又有合作。

为了弥补企业行为的负外部性,环保社会组织一方面动员公众监督企业行为,另一方面广泛收集与环境相关的企业信息,通过各种传播途径披露给社会。比如,针对排污企业,环保社会组织通过监督其生产活动是否有违环境保护宗旨、破坏生态环境、污染物处理设备的配备和运行情况、排放是否符合标准等内容,通过舆论压力,倒逼企业节能减排,从而推动企业生产行为的生态化。比如2014—2015 年严重并持续的大气污染,引起社会各界对空气问题的关注。公众环境研究中心等三家环保社会组织先是联合发布近千家高排污企业的报告,呼吁消费者不购买超标排污企业的产品,压缩超标排污企业的生存空间,迫使企业改进其行为。之后,在新环保法推行期间,自然之友等 8 家环保社会组织陆续提起了 23 起环境公益诉讼。① 可见,环保社会组织对企业行为的监督手段,主要是动员公众的力量,借助社会舆论和压力,对企业行为进行监督。

为了更好地发挥环保社会组织的作用,近年来环保社会组织开始利用其专业性、创新型等优势,积极宣传绿色生产方式,推广环保节能技术,在项目和技术等方面与企业开展合作。一方面是促进污染主体(企业)采用环保材料、购买清洁生产设备,在生产源头上减少污染物的排放,主要是通过合作、建议的形式,并不强制;另一方面是向社会推广使用环保产品,比如减少一次性产品的使用、鼓励购买绿色产品,倡导循环利用。

总之,环保社会组织与企业的监督与合作是互利双赢的。环保社会组织在培养企业环保责任的同时,使企业自觉履行环保责任,达到环保宣传和环境治理的双重效果。在监督企业行为,倒逼企业改进生产方式的活动中,逐步提升社会

---

① 董慧:《当代资本的空间化实践——大卫·哈维对城市空间动力的探寻》,《哲学动态》2010 年第10 期。

组织的影响力和号召力。当然,企业与环保社会组织的项目合作,有利于形成绿色品牌,提高企业的环保形象和公众的认可度,与此同时,还能解决环保社会组织自身长远发展的资金问题。

3. 与公众互动关系中的角色

环保社会组织是由具有共同理念和信仰的公众组成,在环境治理过程中,所依赖的是成员的团结合作和平等互惠精神,所依靠的是"环境保护"这一共容利益。环保社会组织与公众的良性互动,既体现在环保信息的共享,又体现在环保行为的养成上。与公众相比,环保社会组织具有规模性、专业性和敏感性的特征,不仅能为公众的环境诉求提供沟通渠道,还可以通过合理的舆论引导,将公众的环境需求和意见反馈给政府或企业。由此可见,环保社会组织与公众的互动关系体现在两个方面:一是为公众代言。环境问题既涉及部分公众的切身利益,又涉及区域经济、文化、社会等诸多因素,因此,以公众个体向企业提出环境诉讼,通常在信息、专业、知识等方面存在不足,而环保社会组织成为公众的代言人后,就可以提供信息和技术咨询,提供法律或诉讼等方面的支撑,成为公众参与环境治理或保护的精神支柱。二是为公众架起沟通的桥梁。环保社会组织在将政府的环境政策传达、宣传、阐释给公众的同时,又将公众的环保需求和改善环境的意见反馈给政府,促进两者的协同共进。比如,政府制定专项规划时要进行公众环评,并对公众意见的采用情况进行反馈,成为政府、企业、媒体、公众之间围绕环境价值问题和环境困境的解决而进行对话、调解、协商、合作、参与的发酵因素。

环保社会组织凭借来自民间、贴近民间的优势,广泛开展环境保护宣传活动,激发公众的环保意识和参与兴趣,引导公众积极投身环境保护的公益事业。同时,环保社会组织发挥自身吸引和整合各种资源的优势,积极开展保护物种多样性、保护生态等环保专项活动。

综上所述,环保社会组织与政府、企业、公众的互动关系体现在以下几个方面(见图4-3):①政府职能监督者,②政府决策影响者,③环保服务合作者;其次,我们将其在与企业互动关系中的角色定位为:④企业行为监督者,⑤环保项目合作者;最后,我们将其在与公众互动关系中的角色定位为:⑥宣教倡导者,⑦公众代言人。

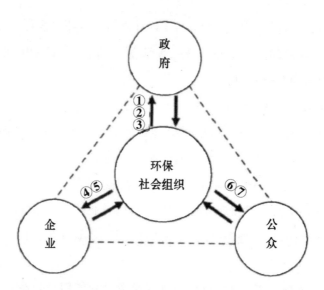

图4-3 环保社会组织与政府、企业、公众的互动关系图

三、环保社会组织参与环境治理的现状

尽管环保社会组织参与环境治理的宏观政策逐步完善,党的十八届三中全会以来,中央政府和相关部委从人才、资金、制度等各个方面,为环保社会组织更好地参与和介入环境治理提供了制度保障和政策支持。[1] 一些环保社会组织在环境治理中也开始发挥作用,但在实践过程中,环保社会组织还面临一些困境,比如社会支持不足、长远发展资金支持不足、专业知识受限、影响力不足等。

1. 环保社会组织的规模不断扩大,但缺乏稳定的资源供给

据《中国环保民间组织发展状况报告》和《2015 年社会服务发展统计公报》的调查数据显示,我国环保社会组织的数量呈上升增长趋势,从 2008 年的 3539 家发展到 2015 年的 7433 家。[2] 其中比较有影响力的有自然之友、北京地球村、绿色家园志愿者、中华环保联合会、中国环保网、绿网等,前三家是我国具有代表

---

① 嵇欣:《当前社会组织参与环境治理的深层挑战与应对思路》,《山东社会科学》2018 年第 9 期。
② 中华环保联合会:《中国环保民间组织现状调查报告(2006)》和《中国环保民间组织发展状况报告(2008)》。

性的民间环保社会组织。无论在规模和数量上，还是在活动领域和范围上，我国环保社会组织都呈现良好的发展态势，尤其是在环境治理领域，从倡导、宣传、教育等基础性服务，向督促政府履行环保职能，推动企业履行社会责任等监督性服务，再向引导公众积极参与环保，维护公众自身的环境权益等公益性服务，进一步向通过对环境事件调研论证，为相关决策部门建言献策，推动环境环保政策的出台与有效执行，以及完善公众参与机制等政策性服务的方向发展。

尽管环保社会组织的规模和社会功能呈现良好的发展态势，但稳定的资金来源一直是制约其发展的瓶颈。从其资金来源看，主要来自会费、捐赠以及提供技术指导和环保服务。其中，会费的来源相对稳定，但数量有限，不足以支撑环保社会组织的可持续发展。捐赠主要来自企业和社会，随着环保意识的深入，社会和企业对环保社会组织的捐赠成为其资金收入的重要组成部分，但由于我国环保社会组织起步较晚，尚未形成制度化、正规化和透明化的捐赠流程。捐赠者的行为往往是偶然的，而非长期持续的，这些都很难为环保社会组织提供稳定的资源供给。同样，政府向社会购买的服务，目前主要集中在社会服务领域，环保领域相对而言投入较少，且这部分投入被分散在宣传、绿化、市容市貌等多种环保活动之中。此外，政府购买环保服务的形式主要是以项目运作的周期性、季节性的方式推进，所以很难将分散于各个部门或环保领域的资金整合利用。这就很难形成稳定的资金资源供给。比如，在对特定的环境违法行为进行环境诉讼的过程中，不仅需要有诉讼行为能力的社会公益性环保社会组织，还需要大量的调查取证费以及污染鉴定费等，这些都需要一定数额的资金来支持。据相关数据显示，我国有固定资金来源的环保社会组织仅占26%，其中，有提起诉讼行为能力的环保社会组织约700家，仅占环保社会组织总数的9.4%，且年活动经费少于50万的约占50%，年活动经费在100万以上的占30%。因此，要彻底解决环保社会组织资金严重短缺的问题，政府层面需高度重视环保社会组织的发展，出台切实可行的激励措施，同时通过网络舆论倡导先进的环保理念，让公众知晓环保社会组织对于环境保护的重要性，让环保社会组织积极投身到环保事业当中来。

2.环保社会组织已在发挥协同作用,但其专业化和职业化程度有待增强

在环境治理过程中,一些地方也在探索发挥环保社会组织在环境治理中的协同作用,实现政府、企业、公众和社会组织的良性互动。比如在流域管理中推行"河长制"的同时,探索公众和环保社会组织参与的河道管理机制;在垃圾分类治理中,政府主动与以垃圾治理为活动宗旨的环保社会组织展开合作;在黑臭水体治理中,探索环保组织与地产开发商共治的体制机制。可见,环保社会组织已在发挥协同作用①,特别是近年来,环保社会组织围绕垃圾分类,水、气、土壤环境环保,海洋保护,以及环境污染防治、信息披露和信息公开等方面,表现出了组织化、专业化和职业化的能力和水平②。与此同时,环保社会组织不断加强与政府、企业、公众的联系,积极探索跨领域的创新协作形式。比如,将环保与健康、脱贫、教育等议题相结合,这样既有利于政府对环保社会组织有更深入的了解和认知,又有助于引导和支持各项环保政策发挥作用。

尽管在政府宏观政策的主导和推动下,环保社会组织参与环境治理的意识有所增强,也逐渐以各种形式参与到环境保护和治理中,但是在实践层面,环保社会组织参与环境治理依旧存在很大的提升空间。从参与领域来看,环保社会组织在环境政策倡议、环境群体性事件、环境公益诉讼等重要领域的参与度比较低,甚至时常出现"集体隐身"的局面。③ 也有学者对近十年环境群体性事件进行分析,发现环保社会组织的参与度非常低,不到总数的5%,且主要集中在自然之友、中华环保联合会、绿发会这三家。据资料显示,仅有24.5%的公益诉讼案件不是由这三家社会环保组织发起的。这其中自然之友担任原告的案件占总数的16.3%,中华环保联合会担任原告的案件占总数的18.4%,绿发会担

---

① 林红:《我国民间环保组织发展的历时和共时向度》,《中华环境》2016 年第 8 期。

② 邢宇宙:《环保社会组织发展的制度安排与前景展望》,《中国环境管理干部学院学报》2017 年第 6 期。

③ 叶托:《环保社会组织参与环境治理的制度空间与行动策略》,《中国地质大学学报》(社会科学版)2018 年第 6 期。

任原告的案件占比较大,达到40.8%。① 由此可见,环保社会组织的参与作用
有待加强。从参与能力来看,大部分环保社会组织的专业化水平不高。从某
种意义上说,环境治理涉及多领域跨学科知识体系,需要复合型专业知识体系
的建设,而当前我国环保社会组织普遍面临专业化水平不高、能力不足的问
题。根据环保部门的统计,我国环保社会组织中技术性和专业性人才奇缺,具
有专职环境工程师的环保社会组织实属凤毛麟角。全国范围内拥有全职工作
人员的社会组织不足25%,过半数环保社会组织的专职工作员工不到10人,
大多数社会组织由兼职工作人员和实习生构成,其中专业环保人士的数量平
均不足3人,而且他们的工作多集中于环境宣传和教育,在环境案件中搜集污
染证据的能力明显不足。除了工作人员数量不足外,数据显示其中76.8%的
环保社会组织员工并非环境专业出身,仅有13.2%的社会组织具有独立的法
务部门。② 因此,需要保持稳定的人力资源投资和长期的技术积累,使其有能力
从专业角度应对各种环境问题。

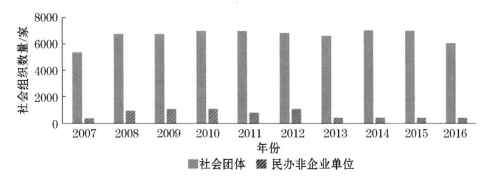

图4-4　2007—2016年环保社会组织的数量变迁

　　数据来源:民政部《2007—2009年民政事业发展统计公报》和《2010—2017年社会服务发
展统计公报》。

---

① 张卿:《我国适格环保组织提起环境公益诉讼的意愿和能力研究》,中国政法大学硕士学位论文,
2016年。

② 杨伟伟、谢菊:《新环法视角下环保NGO公益诉讼分析》,《城市观察》2015年第2期。

3.环保社会组织与政府逐步开展合作，但参与环境政策的程度和水平有待提升

在政府主导的环境治理结构中，环保社会组织的形成和发展离不开政府的接受、支持和认可，这既是环保社会组织明确身份的标志，也是其发展壮大的前提。从某种意义上说，政府和环保社会组织在环保治理和保护上所遵循的原则和追求的目标是吻合的，这也是政府与环保社会组织开展合作的前提和基础。近年来，随着环境政策的逐步完善、多元治理结构的形成，政府越来越注重与环保社会组织的合作，如地方政府环保部门根据地方或区域环境治理计划，向环保社会组织委托采购环境治理服务，并给予资金支持，已经取得了很好的效果。

当前环保社会组织参与的环境政策，往往是基于环境技术治理层面的，而在更高层次的环境政策的制定方面，参与和介入得还不够，或者不利于环保领域"共建共治共享"多元化社会治理格局的形成。其中一个重要原因就是缺乏内外部资源整合与交流机制。一是尚未广泛建立环保社会组织交流机制，不利于组织间通过交流提升业务能力，实现信息共享与资源整合。二是环保社会组织与政府及企业缺乏有效的联动机制，导致有限的保资源浪费以及环保手段碎片化。协调和平衡多元环境治理主体，实现主体间的良性互动、协同共治，是提高环境治理的关键。在环境治理过程中，多元治理主体之间往往是一种松散合作模式，且因自身需求不同而产生博弈，良性互动少，效率低。因此，环保社会组织发展要处理好与政企之间的关系，形成和谐稳定共生关系。此外，在大数据建设背景下，环境数据作为政府及相关部门进行环境治理的基础型资源，其开放共享对于政府、企业、公众、环保社会组织、媒体等多元主体间的跨界合作意义重大。但由于环境数据复杂多样，通常会涉及多部门、多领域、多主体等共同的数据，加之，政府在环境危机等方面的数据和内容不够全面，更新也不够及时，数据的标准和内容不统一，造成政府与环保社会组织之间存在"数据鸿沟"，很难实现真正意义上的跨界合作。

4.组织动员参与环境治理能力增强，但仍面临提升瓶颈

据统计，2015—2016 年，环保社会组织提起的环境公益诉讼案件达 112 件，

年均增长 8 件,涉及地域扩展到 21 个,比原来增加了 7 倍左右,案件类型也逐步扩展到水、气、土壤等多个环境保护领域。与此同时,随着"互联网 + 技术"的广泛应用,各种社交平台为环保知识的学习和宣传,以及参与和监督环境治理提供了便利,也为环保社会组织的发展壮大提供了条件。环保社会组织通过建立官方网站、微信公众号、环保论坛等社交网络平台,依据宣传内容、受众群体、传播途径、传播效果等细分市场,运用各种传播媒介,扩大自身组织知名度的同时,提高组织自身的环境治理能力和参与深度。

尽管环保社会组织的类型不同,但四种类型的环保社会组织都面临不同的问题。

公立型环保社会组织面临的问题是:注册门槛高,参与领域局限,在发挥主观性和能动性上受影响。比如对政府的依赖性较强,整合区域环境资源要素的能力较弱,不能根据市场和社会的需求在环境治理过程中进行及时的调整与改进。

草根型环保社会组织面临的问题是:社团自身运行和发展的资金得不到有效保障;处于边缘位置,虽有参与环境治理的热情,但缺乏参与的平台和渠道,造成与政企合作开展工作不易;在环境保护和环境治理等领域的专业性和权威性不够;随机性较强,缺乏稳定的社会网络支持。比如在社会组织的人员构成上,其参与力量主要是热衷于从事环保事业的志愿者,且大部分是兼职性质,加之,志愿团队成员知识结构的参差不齐,导致在意识和行动、精力和时间上的不匹配。同时,这种团队具有不稳定性的特征,这也造成草根型环保社会组织成长缓慢,经常面临人才和资金方面的缺口。因此,其参与环境治理的领域也比较狭窄。如何让草根型环保社会组织在环境治理中"扎根落地"是当前亟须解决的现实问题。

高校型环保社团面临的问题是:缺乏资金保障,同时,大学生环保社团还处于初期发展阶段,在环保项目和社团组织建设等方面缺乏专业性。以污染防治为例,由于缺乏对相关环保领域政策的把握,社团能够认真调研,向地方政府反映情况,却难以实现专业化的项目运作,也很难形成持续性的积累效应。

国际型环保社会组织面临的问题是:我国环保社会组织参与全球环境治理的水平较低。由于我国环保社会组织的国家化发展起步较晚,大部门海外项目仅限于资金援助、参加国际会议交流等层面,参与全球环境治理的深度不够、影响力不高、真正地介入国际性环境保护事件不多。

四、环保社会组织参与环境治理的路径分析

环保社会组织作为环境治理主体的重要组成部分,应进一步明晰其在环境保护或环境治理中的职能和定位,创新各种要素资源的统筹机制,增强其环保的专业化水平,提升参与环境治理的能力,推进环保社会组织体系的长远发展,切实推进我国环境质量的整体改善。

1.创新要素资源的统筹机制

一是拓宽政府购买服务渠道。为了保障环保社会组织参与环境治理的资金支持,健全并完善《政府购买服务指导性目录》,根据环保社会组织的活动宗旨,将其能力承受范围内的环境公共事务纳入其中,并将环保活动的预算经费纳入政府购买服务范畴之内,从而加大环保社会组织资金需求方面的扶持力度。同时,要逐步加大对环保公益活动的资金支持力度,并强化对环保公益活动专项资金使用去向的监管。

二是搭建政府购买服务平台。为了有效利用社会资源撬动环保社会组织的高质量发展,充分利用政府、企业和社会三方资金资源,构建整体化运行的服务平台,既可以为环保公益活动的供需双方提供合作桥梁,又可以完善和发展环保社会组织的培育和孵化机制。一方面,成立不同层级的环境保护基金会,探索市场化运行管理模式。通过寻求捐募资金、设立孵化资金、争取优惠政策等形式,为环保社会组织提供长期、稳定的发展支持。另一方面,定期公布政府及相关部门的购买需求,努力实现不同环保社会组织间的交流互动,促进信息共享,使得各环保社会组织合理布局其发展战略。

三是制定政府购买环保服务清单。在明确各级政府的生态管理和服务功能的范围内,制定各级政府的环保服务购买清单,为环保社会组织参与环境治理提供制度依据。按照因地制宜的原则,以同区域、不同城市的市场供求状况为依

据,将政府购买环保服务的内容、方式、质量、数量、价格等详细列入购买清单,其内容大体可划分为环保产品、环保工程和环保管护三个方面。此外,还要根据社会发展的需要,对环保服务购买清单进行动态调整,以精准反映和回复公众的环境诉求。

2. 增强环保社会组织的专业化水平

环保社会组织应及时学习国家大政方针,学习环境保护和社会组织相关法律法规和政策,不断提高自身解决环保问题的能力,逐步开发和创新参与环保的机制和方式,与政府和其他社会主体一起依法依规、积极理性、健康有序地参与和推动环境保护工作。具体建议如下:

第一,加强国家相关环保政策和制度的学习和理解。既要积极参与政府和社会服务机构举办的环保政策宣传和培训活动,也要积极主动举办各种形式的机构增强环保知识的学习,国家性、区域性、行业性的组织和协会要及时进行政策解读和政策宣传。通过准确理解和把握国家环保制度和政策,了解最急需解决的环境问题及相关国家治理规划及任务,了解政府、企业和社会组织在具体环境治理中的责任、权利和义务,才有可能采取最有效的方式积极参与到环境保护工作当中。

第二,加强自身专业化水平建设。无论环境保护,还是环境治理,都是系统且专业性很强的科学,比如大气、水环境、土壤、湿地保护、动植物保护等不同领域所需的专业人才以及所具备的专业知识都有较大的区别,因此,环保社会组织的长远发展离不开环保专业人才的支持。一方面,要加强专业培训,不断提高环保社会组织自身的专业能力,从发现和描述环境问题,到通过分析提出解决问题的方案,以及最后的总结和启示。不仅要培养其发展和解决环境问题的能力,更要注重培养解决由环境危机引发的社会问题的能力。另一方面,要加强综合素质的培养。环保社会组织的从业人员不仅仅需要热衷环境保护事业,具有环保意识,更需要良好的沟通协调能力,以及与其他部门跨界合作的能力。此外,环保社会组织在日常事务管理中,还应该注重环保专业人才的招募和培养,适时建立环保专业人才的培养机制。

第三,开发和创新参与环境保护的模式和机制。针对不同环境介质、不同环境现状调查、不同环境治理阶段、不同社会群体,找准环保社会组织的自身定位,制定详细的、有针对性的治理活动方案,提高环境治理的效率和效果;开发和创新环保社会组织参与环境保护的模式,包括拓展环保社会组织参与环境保护调查、环境公益诉讼、环境信息公开、环境社会服务等各个环节的有效途径,适当借助现代化的信息技术,保障环境信息透明、公开、公正的基础上,不断提升环保社会组织的服务质量。此外,注重环境风险预防和化解、环境社会对话、参与政府主导的环境治理等活动,都是开发与创新参与环境治理模式的关键。

3. 提升环保社会组织参与环境治理能力

自身参与能力的不断提升,是环保社会组织保护和治理生态环境的前提和基础。

一是提高对环境变化的洞察力。与其他社会组织不同,环保社会组织的业务范围主要在于保护或治理生态环境,这就要求其在生态环境保护、修复和治理等方面,具有更高的警觉性,以便及时为后期的环境修复和治理提供战略性的方案和建议。

二是提高经济上的独立能力。由于环保社会组织具有非营利的属性,所以其所需经费往往依赖于补贴,这极大地限制了其参与环境治理的能力。[1] 所以,要拓展其经费来源,在经济上寻求独立自主性。一方面,要加强与各类基金组织的合作。据了解,对环境保护领域给予关注和资助的基金组织约有百家,比如中华环境保护基金会、万科公益基金会等,都对环保社会组织的环保项目给予过资助,因此,要继续争取与各类基金会的合作。另一方面,提升组织的影响力。当前,生态环境保护已经成为公众共识,若能激发公众参与环境治理的主动性,通过公众捐赠,将解决环保社会组织的经费问题。比如,通过各种环境保护活动,提高社会组织的影响力和号召力。在此基础上,有针对性地组织筹资活动,既能减少公众对环保社会组织的担忧,又能形成稳定的资金来源。

---

[1]　姬翠梅、王喜军:《多主体协同框架下环境治理体系建设》,《知与行》2018 年第 6 期。

三是协调各主体关系,实现协同互动。环保社会组织既要协调好与政府的依赖和自主关系,将重心放在参与环境治理,有效促进环境问题的解决;又要与企业在互动和沟通中共赢,既要对企业排污情况进行监督,又要向企业宣传环保理念,通过沟通和互动,解决企业环境污染问题;还要寻求公众认同,调动公众参与环境治理的积极性。同时,也要增进社会组织之间的协同互动,围绕当前环境治理的工作形势,加快环境信息资源的共享、共建、共用,形成互为补充、优势互补的格局,为多元化环境治理体系的构建奠定基础。总之,环保社会组织基于自身倡导环保理念的责任和使命,与政府、企业、公众等环境治理主体实现良性互动。

4. 推进环保社会组织体系的长远发展

完善的环保社会组织体系建设,既有利于推动社会组织的发展壮大,又有利于多元化环境治理体系的构建,为我国环境治理的全面改善提供保障。

一是清晰界定环保领域中政府与社会组织的职能边界。长期以来,受传统"官本位"思想的影响,政府往往承担着过多的社会职能,与环保社会组织尚未形成合作机制。在环境治理和保护领域,环保社会组织作为一种社会组织,在政府与企业之间具有"润滑剂"的作用,因此,要根据经济社会和环境保护发展的需要,立足于政社分开的原则,充分梳理和完善各类管理环保社会组织的法律法规,明确环保社会组织的职能和定位,确保其发展壮大。

二是完善环保社会组织发展的制度和政策,拓宽其参与环境治理的渠道。当前,我国环保社会组织的准入门槛较高,严格的准入条件限制了环保社会组织的发展,因此,要从立法层面确立环保社会组织的身份,使其能够依法开展和参与环境治理或环境保护工作,同时,也能维护组织自身的权益。与此同时,还要逐步完善环保行业的法律法规,降低环保社会组织的准入门槛,减少对各类环保社会组织发展的阻碍,这样既有利于监管,又有利于环保事业和生态文明建设。

三是拓展参与途径,加强环保国际合作交流。习近平曾指出,民间组织是推动经济社会发展,参与国际合作和全球治理的重要力量。随着我国经济的快速发展,环保社会组织作为国家交往的"润滑剂"和民心相通的"催化剂",需要"走出去",着眼于全球化背景下的生态治理,着眼于"一带一路"绿色发展建设。一方面,积极参与国际环保领域的交流与合作。通过参加国际论坛展会、联合国气候变化大会等,发挥环保社会组织在环境保护中的作用。另一方面,努力构建环保领域合作平台。围绕联合开展公益服务、生态环保智库、环保科技合作项目等方面,进行交流访问或国际合作,打造集沟通、信息、产业、技术等一体的合作平台。在交流合作过程中,既要传播中国好声音,维护国家利益,又要学习国外的先进经验和管理方法,这样既有利于分享和传递生态环境理念,又能参与全球环境治理,提高全球环境质量,为生态文明建设做出贡献。

第三节 大数据时代各种社会主体 参与环境治理的有效途径

随着互联网、云计算以及大数据的迅猛发展,我国环境治理的方式发生了巨大变化。2015年7月中央全面深化改革领导小组第十四次会议通过了《环境保护督察方案(试行)》《生态环境监测网络建设方案》等多项生态环境保护政策。2015年8月国务院颁布了《促进大数据发展行动纲要》,为开展生态环境大数据建设和应用指明了方向。环保部办公厅于2016年3月印发的《生态环境大数据建设总体方案》,成为推进环境治理体系和治理能力现代化的重要手段。大数据与环境治理的结合,不仅改变了传统环境治理的行为方式,还推进了多元主体的协同治理模式。

一、大数据时代社会主体参与环境治理的途径

大数据时代的环境治理意味着所有的环境决策都是"用数据说话",因此建立包括基础数据、应急数据、监管数据等在内的以生态环境多重要素为基础的环境数据必不可少,这些数据库的建立,不仅仅要依靠生态环境部门、工业和信息

部门、统计局等政府部门的力量,企业、社会组织和民众等各种社会主体也都应该发挥积极而重要的作用。

以环保大数据平台为技术支撑的主体联动机制,可以充分重视各关联主体之间的外部效应,将多种数据的信息指标相结合,建立多领域指标融合的关联模型,在统筹分析的基础上制定相应的计划与目标,形成多主体、多层次之间的合作治理,实现最大限度的普惠性和共享性。我国核心技术、基础技术的缺失以及国家层面、法律法规层面对数据共享支撑不足等问题,需要政府加快政策法规的出台和完善,健全顶层设计,加大对环境信息大数据技术发展的政策支持,通过优化产业环境和强化政策扶持,鼓励企业对大数据技术的开发,支持金融机构对大数据技术开发企业的扶持,引导社会投资向大数据产业倾斜。加强政府间上下级协作与多部门协作,促进环保信息的上下级流动和平行流动。对采取合作态度、积极参与环境治理并依托大数据技术进行升级、转型的企业给予政策扶持、税收减免等优惠。保障公民合法权利,依托互联网等技术手段,降低公民参与成本,提高公民参与意愿,鼓励公民积极为环境治理建言献策,依靠公民的灵活性与数量众多的特点,随时监督身边企业的污染行为,形成政府顶层推动、企业利益驱动、公民有效参与的主体联动机制。①

1. 企业:生产过程中的绿色化和监测数据的提供

一方面,企业对污染治理需要投入大量的资金、人力、物力,污染物治理成本高、企业环境责任的缺失、群众监督渠道的不畅通、媒体监督的失声等负外部因素的影响及直接排放的低成本甚至零成本,促使企业存在侥幸心理,在利益的驱使下铤而走险,废弃物未经处理直接排放。另一方面,企业没有很好地落实环境信息公开这一制度,给外部监督带来了很大的困难。大数据在企业中的应用可以通过优化产业结构、提高能耗效率,极大地改善企业生产与污染治理中"先天不足、后天乏力"的现状。企业将环保大数据技术应用到生产全过程,以污染物排放数据为基础,记录现在的排污情况,并与历史排污数据对比分析,通过数据

---

① 梁贤英、王腾:《大数据时代环境协同治理机制构建研究》,《合作经济与科技》2019 年第 7 期。

偏差趋势进行环境影响分析,有效预防重大的环境污染事故;通过从原料投放到生产经营各个环节的数据收集与分析,挖掘各个环节中能耗与污染物排放、生产设施及环境设施运行情况等,通过原材料的结构优化、生产技术的改良、工艺参数的调整等手段,有针对性地对企业生产流程进行升级改造,提高企业的科技水平与生产效率,帮助企业降低生产和污染治理成本,推动企业经济效益提升的同时,也从源头控制了污染物。

在大数据条件下,企业不再是被动的守法者和被规制者,它们也会利用和提供环境信息,参与到环境信息体系之中。关于前者,企业可以根据大数据进行分析,发现自身环保设施的运行状况,以更好地改进环境治理设施的运行。关于后者,企业的环境治理设施也是整个大数据系统中的一部分,利用这类设施有利于生态环境部门发现问题、总结问题,并提供有效的基础性数据。[①] 2013 年 3 月 28 日,阿拉善 SEE 公益机构、中城联盟、自然之友、公众环境研究中心等 26 家环保社会组织共同提出《污染源信息全面公开倡议》,政府部门对此进行了积极的回应,此后一些大型企业的数据开始实时公开,到 2014 年 30 个省级平台逐步公开,到 2019 年已经达到 18000 家重点污染源企业可以向社会实时公开重点污染源的在线监测数据。

2. 公众:诉求的充分表达和环境监督权的行使

公众参与是监督行政部门环境规制行为的有效方式,也是弥补行政部门环境治理能力的一种有效途径。公众参与的前提是公众具有相应的知识与能力。通过不同方式的信息公开,公众可以获得相应的环境信息,这不仅可以对政府与企业的行为进行监督,也可以帮助政府监督企业,甚至可以帮助企业降低环境治理的投入,提高全社会的环境保护水平。

信息技术的发展和移动终端的普及使互联网成为社会各界表达意见和利益诉求的重要平台,公众接收与传播消息的手段多、速度快、范围广,且不受空间和

---

① 邓可祝:《大数据条件下环境规制的变革——环境信息规制功能的视角》,《中国环境管理》2019年第 5 期。

时间的限制,强化了以网络为主的非制度化参与。政府应积极引导,主动作为,建立政府、企业和公民互联互通的参与体系,通过"互联网＋"等渠道健全公民参与机制。政府应该把保障公民的参与权贯穿到环境治理的始终,通过大数据挖掘技术将分散的社会个体的意愿表达进行关联性分析,识别公众对环境治理中自身角色转型的评价与期待,主动回应公众对于环境治理的参与需求,推动公众由象征性参与向实质性参与转变。这不仅增强了公众参与的预期收益以及政策落地后的支持度,还增强了政府权威,降低了环境监督成本,提高了环境治理质量与效率,同时也提高了环境治理决策的民主化程度,公众对环境治理工作的知情权、参与权、表达权、监督权的意识也更加强烈。网络作为信息策源地、舆论生成地、信息集散地,政府利用网络倾听民情,并充分宣传环境治理的实践成果、理论成果、制度成果,阻断了环境群体性事件的演化进程。政府通过开通微信举报平台等措施,使公众可以随时随地举报身边的环境污染问题,公众反映哪里有污染,就去哪里查,降低了执法成本,促进了监督的精准化,并提高了环境保护部门的工作效率。政府可以借助公众的力量,把发现问题、解决问题的权力分包给众多的公众,这既有利于环境治理中各种问题的解决,也有利于政府从具体事务中脱身,以更多精力从事宏观调控。

　　大数据在激发公众运用环境信息积极性的同时,还可以提升所收集的数据的准确性。环境信息监督网的搭建不应仅限于网站渠道,还应通过各大网络社交平台、应用软件、"两微一端"等方式,进而畅通公众环境信息参与的渠道,实现大数据时代的高效监督机制。大数据技术让公众也成为环境信息收集的主体,通过搭建专门版块收集公众提供的有效信息,可以让公众看到其对环境治理做出的贡献,进而激发公众环境信息监督权法律构造的内在动力。①

　　3.社会组织:环境基础数据的收集与使用

　　社会组织作为环境治理的参与者,相比个人有更多的优势,社会组织拥有更

---

　　①　方印、张海荣:《大数据视野下公众环境信息监督权的规范构造》,《贵州大学学报》(社会科学版)2019年第6期。

加专业的环境知识和法律知识,更易处理各项具体事务。大数据平台可以在各环境治理主体之间起到连接作用,为信息传递架桥铺路,大数据平台的高效运行,既需要信息技术基础设施作为硬件载体,又需要海量数据的有效收集、分析、挖掘和应用作为软件支撑。其中大数据基础设施建设主要以政府为主导、以技术性企业为主力,而社会组织则可以在数据的收集和使用等方面发挥积极作用。一方面,社会组织可以借助大数据平台获得更多数据,让传统的环境治理工作拥有全新的工具;另一方面,社会组织可以有效使用大数据平台提供的海量信息进行分析和挖掘。如"大地之友"通过运用地理信息系统分析水污染监测数据并提交给相关部门,该团体还出版一般的普及性指南来帮助人们理解监测结果。

二、大数据时代社会主体参与环境治理的案例分析

案例一:城市黑臭水体治理中的多元参与

城市黑臭水体治理是《水污染防治行动计划》(以下简称"水十条")的重点工作之一。"水十条"明确提出城市黑臭水体治理的目标和时间表,即到 2020年,地级及以上城市建成区黑臭水体均控制在 10% 以内,2030 年全国城市建成区黑臭水体总体得到消除。黑臭水体作为城市的主要顽疾之一,其特点决定了社会各主体参与的必要性。从社会组织层面来看,黑臭水体影响城市的整体形象,因此很多社会组织将参与和推动黑臭水体治理作为工作重点,凭借自身独特的优势,通过多种方式监督和促进黑臭水体治理;从公众层面来看,黑臭水体有较差的视觉和嗅觉效果,严重影响人们的工作和生活,因此公众非常关注城市黑臭水体的治理进展,黑臭水体也容易受到公众的投诉和举报。由此可以看出,在城市黑臭水体的治理过程中,社会主体的多元参与显得尤为重要。

1. 政府相关部门做好平台搭建

在推动城市黑臭水体治理多元参与的过程中,政府除了做好顶层设计外,最主要的任务是搭建平台。住房城乡建设部与生态环境部联合建立了由信息报送、信息发布和公众参与三个子系统组成的城市黑臭水体整治监管平台,有效串联了社会公众和各级、各行业的信息化需求;两部门还联合建立了"城市水环境公众参与"微信公众号,公众可通过该公众号直接举报身边 10 米范围内的黑臭水体,并监督政府反馈和处理效率,截至 2020 年 1 月 12 日(自 2016 年 2 月 18 日微信公众号发布以来),累计收到监督举报信息 13719 条,地方主管部门已办结 13620 条。

2. 企业积极参与

(1)科技创新型环保企业发挥积极作用,如"博天环境"在天津参与了坑塘治理、黑臭水体治理等多类项目建设。

(2)PPP 模式的推进。近年来,国家对"PPP + 水污染防治"的政策支持力度不断加大,当前有关部门对于 PPP 模式如何在环保领域的应用已经达成共识,并已开始具体落实在项目推进层面。当前,黑臭水体治理的核心问题就是资金缺口大,根据招商证券研究团队的保守估计,2017—2020 年"宏观河道治理 + 城市黑臭河治理"总体投资约为 2.7 万亿元,每年需要投资 6750 亿元,而 PPP 模式不仅可以借鉴地方财政资金缺口,更可以引入优质技术力量,节约成本,并推动治理透明公开,做到合理的风险分担。目前国内在黑臭水体治理上较成功的 PPP 案例有云南大理洱海治理、广西南宁那考河治理等。①

3. 社会机构采取多种方式参与监督和治理

(1)研究机构。研究机构主要为黑臭水体治理提供智力支持,一些研究机构针对城市黑臭水体治理及社会参与相关内容展开调查研究,并形成具体的政策性文本,为后期推动环境治理工作奠定了坚实的基础;还有一些研究机构通过研发新技术,为黑臭水体的监督治理提供依据。过去对于黑臭水体治理情况的监督主要靠"河长"和公众,而江苏省环境监测中心联合南京师范大学等科研单位进行的黑臭水体"天空地一体化"观测实验,则是通过"天眼"卫星来辅助勘验城市黑臭河道整治,该实验将时间定于我国高空间分辨率卫星"资源 3 号"02 星过境当天,然后利用多旋翼无人机进行低空航拍,采集纳入评价的治理后河道的相关数据,包括实测遥感反射率、氧化还原电位、溶解氧、透明度、氨氮等数据,同时基于黑臭水体和一般水体的睡眠反射率光谱差异进行黑臭水体光学遥感识别技

---

① 邓冰:《PPP 模式助力黑臭水体治理》,《中国财经报》2019 年 8 月 8 日。

术,从而区分中度黑臭水体、轻度黑臭水体和一般水体,这一过程牵涉到大量的数据对比,大数据技术在其中发挥着重要的作用,同时遥感手段也为黑臭水体的筛查、治理过程监督和整治效果评价提供技术支持。①

(2)社会基金组织。一些社会组织同国内较有影响力的基金会合作,推动基金会以项目资助等方式支持民间组织广泛参与城市黑臭水体整治工作,如阿拉善 SEE 基金会等,对参与黑臭水体治理的学生社团、民间环保组织予以资助。在黑臭水体清单公布以后,各地环保组织积极响应,复核黑臭水体名单并调研治理实际情况,如阿拉善 SEE 基金会与公众环境研究中心等多个社会组织联合发布黑臭水体治理观察系列简报,评点各地黑臭河名单更新情况、治理计划和进度完成状况等,这些都对城市黑臭水体治理产生了一定的促进作用。②

(3)社会公益组织。在"蔚蓝地图"手机平台上,各地的水质现在已经有接近 20000 个不同的监测站点,河流、湖泊、地下水、饮用水源地、海洋的数据一起集成,上百万的企业也可以定位到电子地图上,和数据库交互之后可以看到其排放和达标情况。蔚蓝地图和两部委的举报平台互联互通,公众可以直接提交举报,举报在 7 个工作日之内得到回应。同时,直到县一级的水源地也实现数据公开,水质数据定位到了蔚蓝地图上,公众也可以看到。

(4)公众。沈阳在 12 条黑臭水体集中治理工程达到国家初步验收标准后进行了市民评议,每条黑臭水体将接受周边社区居民、商户等百份以上公共调查,市民评议结果将作为整治效果的"裁判"依据。③

案例二:中国治理大气污染实录

近年来,在中国频繁出现,且最受公众关注的环境污染问题莫过于大气污染了,PM2.5——这种直径不到头发 1/20 的细小颗粒物成为中国公众密切关注的对象。2011 年,它引起了中国政府和环保部门的高度重视,随着 PM2.5 被正式

① 于飞:《卫星从天"看"江苏黑臭河道治理效果》,《金陵晚报》2018 年 5 月 15 日。
② 王谦、郭红燕:《城市黑臭水体治理公众参与现状及建议》,《环境与可持续发展》2019 年第 1 期。
③ 张阿春:《沈阳黑臭水体治理效果如何?请市民当"裁判"》,《辽沈晚报》2017 年 10 月 30 日。

列入中国空气质量综合指标,中国治理大气污染的路程就此开启。在治理大气污染的几年间,中国环境部门决策者经历了从被动到主动,从盲目到有针对性,从粗放到精细的过程。在这一过程中,大数据功不可没,各种社会主体也发挥了极其重要的作用。

(1)研究机构

2014 年 7 月,IBM 中国研究院在"IBM 大数据峰会"上宣布,将在中国启动一个集治理大气污染、可再生资源再利用、减少污染物排放为一体的综合环境保护项目,项目与北京市政府达成了一个重要合作,即在未来十年内,IBM 将凭借其在能源管理和天气预测等多方面的大数据分析优势,为北京市政府治理大气污染提供决策支持。在 APEC 会议召开前期,通过对北京市具体情况的研究和在电脑系统上的初步测试,IBM 开发了一个能够提前三天预测空气污染情况的人工智能系统,数据工程师们先以周边地区作为对象,分别为其建立子模型,采集大量数据存储其中,然后进行数据综合分析,并对结果进行分析评估,政府根据结果采取一系列临时防控举措,从而实现了 APEC 蓝。随后 IBM 研究院协助环境决策部门构建了一个辐射京津冀的高精度的网格状三维模型,这一模型所辐射的范围内,半径每一公里的地区都会产生空气指标,在此基础上,结合传感器、天气监测、卫星遥感等多来源的数据,整合所有污染源的排放信息,最终生成较为准确的数据报告。有了这样的精确报告,环境决策部门就可以有针对性地进行环境管控。

(2)公益组织

始建于 2006 年的蔚蓝地图数据平台,收集来自官方的环境数据。目前每天收集 3500～4000 个不同的数据源,并将这些分散的数据集成、清洗、发布。其中和企业相关的数据主要涉及监管,包括政府的监管、企业自行监测的数据以及经过官方确认的投诉举报的信息,企业反馈和整改的信息也越来越多。

2014 年 6 月,阿里云计算平台的环境监测应用软件"污染地图"悄然上线,可实时查询 3685 家废气排放企业的排放数据,一旦有超标记录,将即时出现在公众面前,接受社会监督,对污染企业等源头起到了有效地遏制。"污染地图"是由公益组织公众环境研究中心(IPE)发布,阿里云免费为其提供云计算资源。与其他环境监测软件单纯的空气质量监测功能不同,"污染地图"借助阿里云计算平台的大数据实时处理能力,可随时查询 190 个城市空气指数和污染物浓度的同时,还首次汇总了多省市废弃污染源实时排放数据,地图将清晰地标注出超标排放废气企业的名称,并标注有该企业排放有害气体的控制指标和检测值与标准对照,是否超标排放一目了然,大众可以随时分享到微博、来往等社交平台,让企业接受公众监督。该应用上线短短几日,就有大量网友在微博晒起了附近的超标污染源,谁排了,排在哪儿? 污染企业无所遁形,网友们更自发呼吁排放浓度高的企业对此做出公开说明。山东省环境保护厅等监督单位的官微表示,将大众举报出的超标排污企业转至相关部门处理,并表示,信息公开展现的是一种理念,支持民间环保和社会各界监督评议,希望各级环保部门督促企业认真治理,积极回应。过去,使用传统 IDC 服务,受限于服务器规模,对于短时大量的并发访问无法承受等问题,很难对海量数据进行采集和存储。如今 190 个城市以及 3000 家企业的实时监控数据,每小时更新一次,对数据的计算和处理能力要求极高,由此产生的历史数据则更为庞大,大数据技术则为此提供了可能。

公众环境研究中心(Institute of Public and Environmental Affairs,IPE)拥有 10 年全国 31 个省大气污染的数据,从 2006 年以来,IPE 全面收录 31 个省、338 个地级市政府发布的接近 1700 个数据源的环境质量、环境排放和污染源监管记录,企业基于相关法规和企业社会责任要求所做的强制或自愿披露,反馈和整改信息,以及经确认的公众投诉举报。通过 IPE 环境信息数据库和污染地图网站、蔚蓝地图两个应用平台,可以在线搜索、实时监控政府和企业公开的环境信息。以纺织行业的品牌为例,截至 2015 年 10 月,已有超过 40 个大型国际国内品牌定期使用污染地图对其在华供应商进行管理,成功推动 1600 余家供应商企业改善其环境表现。2016 年推动 700 家企业使用 IPE 提供的环境信息进行整改。企业投入巨资升级改造污水处理设施,使得每年逾千万吨污水实现达标排放。在行业内部,共用供应商的品牌形成合力,意味着环境准则纳入采购标准,由此激发了巨大的污染减排潜力。

第五章　多元化环境治理体系中跨空间协同治理模式创新

生态环境本身的特性决定了环境治理进行到深处，就会面对突出的区域性甚至全球性生态环境问题。在行政区划、城乡分化、国别相隔等客观存在的社会条件下，推进跨区域环境治理，同样需要多元主体的共同参与。只是，在参与结构上，它不仅仅强调"政府—企业—社会"等不同类型主体的参与配合，而且更依赖相关区域主体之间的跨区域沟通、协同。在某种程度上，跨空间协同治理是多元环境治理的一种特殊形态延伸。现实中越来越突出的区域协同、城乡协同和全球环境治理协同需求给现代多元化环境治理体系的创新完善提出了更大的挑战。

第一节　区域协同环境治理模式与创新：以京津冀为例

环境污染问题产生已久，但区域环境协同治理任重道远。党的十九届三中全会明确提出，"实行最严格的生态环境保护制度，构建政府为主导、企业为主体、社会组织和公众共同参与的环境治理体系，为生态文明建设提供制度保障"。

良好的生态环境必然要求有效的治理体系与治理能力。因此,要立足区域生态环境现状,打破传统的行政区划管理壁垒,既要实现经济、政治、文化、社会治理等内部的有机联系、相互配合,又要实现政府、企业、社会组织、公众等不同主体之间的共同参与、协同共治。通过充分发挥区域各环境治理主体的作用,完善创新机制,健全利益共享机制,推动区域环境协同治理的进程。

一、区域协同环境治理的必要性

近年来,跨区域交叉污染严重,且环境污染现象与污染特征趋同。所以,解决突破属地管理下的治理分权问题,针对污染传输的区域性特征,解决区域产能超载问题,应对区域复杂污染源问题,都亟须区域协同治理。

1. 突破区域属地治理

在同一地理区位和大气环境条件下,环境污染不仅具有区域性,还具有交叉性,所以传统的以属地为界限的单独减排治污难以解决其根源。同时,由于行政分权、区域经济发展不平衡等,地方政府重视地方利益而忽略了区域整体利益,在环境治理工作上容易出现互相推诿的状况。所以,环境污染的影响具有一定的负外部性,主要体现在某一城市或地区环境质量下降,但该城市或区域并没有承担周边治理污染所花费的成本。可见,区域环境协同治理既有利于解决目前互相推诿、各自为政的工作态度,又有利于打破原有的行政壁垒,提高区域内各政府、各部门的积极性,明确治污职责,形成治污合力。

以京津冀为例,京、津、冀同处环渤海核心地带,相互接壤,三地跨区域交叉污染现象较为严重。同时,京津冀区域聚集了大量水泥、钢铁、炼油石化等高耗能高污染企业。由于京津冀分属不同的行政区,而环境污染又是一种公共问题,地方政府作为一种"理性经济人",对主动、自觉地环境治理的积极性较差。同时,出于地区利益的考量,三地都希望把发展的机会更多地留给自己,也就是说,经济水平有限的河北,更希望由经济发展水平较高的北京、天津治理污染,而北京、天津则认为河北的污染最严重,理应由河北承担更重的治理任务,这就造成三地协调不畅,容易诱发"搭便车"行为和公地悲剧。其破解之道就是要积极推进京津冀区域环境污染的协同治理。

2. 解决环境污染的跨域性

基于环境污染的叠加性、传输性和区域性,我们必须将区域视为一个整体,这是因为一个地区环境质量的恶化会影响其周边地区的环境质量,"同呼吸,共命运",谁也不能独身。因此,要从根源上解决环境污染问题,就必须以区域大气环境的整体利益为出发点,以联防联控、协同治理区域环境污染为落脚点,协商统筹、共同规定,努力改善区域的空气质量。

以大气污染为例,目前京津冀区域的大气污染已由点源污染发展到面源污染,由单一型污染转变为复合型污染,由城市污染逐渐扩张到区域污染。由于污染物传输不会遵守行政边界,在"弧形地势""同一气候带"的共同影响下,污染物形成污染区后往往呈现"区块移动"—"污染传输"—"交叉污染"—"污染反复"的区域性特征。据 2017 年环保部披露的 PM2.5 源解析结果,京津冀大气污染的来源具有趋同性,其中,北京的 PM2.5 区域传输占比 28%～36%,天津市占 10%～15%,石家庄市占 23%～30%。[①] 可见,仅从行政区划的角度治理大气污染易犯"刻舟求剑"的错误,必须从顶层视角做出顶层设计,打破区域行政藩篱,建立京津冀区域大气污染联防联控机制。

3. 缓解区域的环境超载

通过深层次的理论分析大气环境污染的原因,可以看出,以煤炭为主的能源消费结构是造成一氧化碳(CO)、二氧化硫(SO_2)、氮氧化物(NOx)和细颗粒物(PM2.5)等大气环境污染的主要成分。因此,调整产业结构、节能减排是改善城市环境质量需首要解决的问题,而这些问题的解决,依赖于区域的协同治理。从治理目标来说,区域协同治理是防止区域环境污染防治过程中公地悲剧现象、消除环境污染防治中的溢出效应的实现方式。例如,京津冀区域大气污染问题的成因,主要是伴随着三地经济快速发展带来的负面产品。具体体现在三个方面:一是能源结构偏煤,造成污染物排放量过大。截至 2017 年底,三地年均消耗煤炭占全国煤炭消耗量的 33% 以上。二是产业结构偏重,消耗大量的能源和资源。

①　王金南:《区域大气污染联防联控机制路线图》,《中国环境报》2010 年 9 月 17 日。

尤其是河北省的高耗能工业,对能源依存度过高。三是交通运输偏堵。随着居民生活水平的提高,私家车数量越来越多,汽车的排放量也越来越高,致使尾气排放成为大气污染不可小觑的移动源。特别是京津冀发展不平衡,且产业结构差异很大,长期较高的工业比重,是京津冀大气污染最为直接的原因之一。尽管京、津已形成"三二一"的产业格局,但河北的产业结构依然偏重。这说明,区域的产业结构偏重,超过了区域资源环境的生态承载力。要减少工业污染排放,需要区域协同消减过剩产能,共同探寻产业结构转型升级的路径。

总之,区域大环境协同治理要求各相关主体共同防治环境污染,从区域整体性出发,统筹安排,制定环境预警计划,部署并监督相关防治工作的开展。可见,区域环境协同治理有利于整合与共享区域人力、技术、资金等环保资源,增强区域环境治理的实力,降低环境污染治理成本。①

二、区域协同环境治理的历史演进与价值逻辑

以城市化推进为核心的工业文明困局,衍生出来的一系列日渐严峻的诸如大气污染、淡水资源短缺、城市拥堵、环境承载力加大等难题。区域环境协同治理的成效如何,可持续性潜力有无,在多大程度上能够实现区域生态空间内人、自然与社会系统共融,对其他地方区域生态环境治理、生态文明建设具有引领带动和示范效应。

1. 区域协同环境治理的历史演进

区域环境问题的日益严峻与城市化进程密切相关。从城市化发展进程看,城市化是人类社会由传统农业文明步入现代工业文明的必经阶段,伴随传统村落向现代城市演进,与城市化发展相伴而生的是人类生产、生活方式、思维方式、价值观念乃至社会关系结构层面的深刻变革。依据世界城市化阶段性规律诺瑟姆"S"曲线,我国在经历了 70 多年建设和发展,尤其是 40 多年的改革开放使我国的生产力、生产技术装备水平稳步提高,产业布局状况日臻完善较好地保障了生产方式、生活方式进一步向好的方向更高水平发展,我国已经进入城市化的快

---

① 袁小英:《我国区域大气污染联防联控机制的探讨》,《四川环境》2015 年第 5 期。

速发展阶段。对于我国而言,城市化快速发展的特殊之处在于这种快速发展是同我国经济社会体制深刻转型并行交错,这加剧了我国城市化进程中环境治理转型、治理现代化的复杂形势。

(1)从传统工业文明发展到生态环境建设

城市化进程本身就是生产方式、生活方式聚集推动的结果,而生产方式、生活方式的聚集程度、聚集方式必然会进一步促进社会分工的专业化,以及更高水平、更高质量、更高效益的专业化分工基础之上的重新聚类组合。城市化集聚本身有助于资源重新配置,发挥规模效应,但随之而来也出现了粗放集聚规模的负面效应。后来伴随大量诸如交通拥堵、污染、资源压力等发展问题不断涌现,学界和政府事务部门开始反思传统的不计成本代价及环境资源承载力的粗放扩张式城市化,反思以工业化为核心的传统城市文明取向。我国是个农业大国,农业人口占我国人口的绝对比重较高,国土空间环境区域资源禀赋特质差异巨大,传统的城市化过多地关注了工业文明推进过程中各种资源要素的生产性贡献,如我们对土地、矿产能源、地下水、森林等资源的过度开采与过度依赖虽然在一定程度上保障了经济高速发展,工业文明快速推进的同时,城市化水平也在迅猛提高,与之相伴而生的是生态环境恶化、资源枯竭对人类生产生活的毁灭性打击。沙尘暴、空气污染、淡水水资源短缺等在今天已经成为我们生产生活必须要面对的常态,这说明我们过去的发展方式、人与自然资源环境关系的处理方式是存在严重问题的。

无论是城市化,还是工业文明,其发展核心和价值诉求都是以人为中心,追求生产和生活上的舒适和美好,这是我国对城市化发展提出的时代要求和长远目标。新时代城市化发展在生态层面提出了更多的要求,要珍惜并合理利用地球上的生态资源,科学保护资源生物多样性及资源环境本身,尊重客观社会发展的阶段性规律和经济规律,综合发挥经济、社会和生态三大系统功能的最大公约数,以工业文明推进为核心的城市化,应当是综合考虑资源环境综合承载力基础上的生态城镇化或城市化,关于三大系统之间的关联可以参见图 5-1。而生态城市化是城市化发展的必然趋势及其与生态文明建设在过程上的深度融合。[1]"着力推进绿色发展、循环发展、低碳发展"，集约高效利用资源能源，控制温室气体的排放，提高居民的生态文明意识，是城市化不可忽视的重要内容，同时也是推进新型城镇化的重要保障和内生动力。[2]

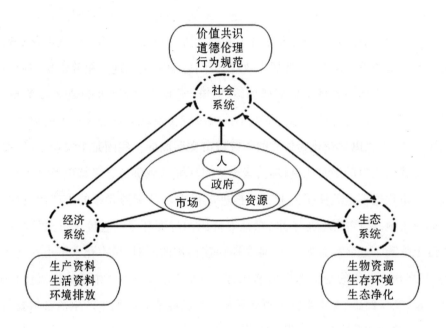

图 5－1　京津冀区域环境治理系统

（2）京津冀区域环境保护协同与北京非首都功能的疏解

不同区划环境治理过程中存在着政府失灵、市场失灵和志愿失灵的可能性，如何规避失灵，减少伤害，形成京津冀整体综合协同治理的合力是我们推进京津冀环境保护协同发展必须正视的问题。

---

① 包庆德、梁博：《关于京津冀协同发展进程的生态维度考量》，《哈尔滨工业大学学报》（社会科学版）2018 年第 3 期。

② 包双叶：《论新型城镇化与生态文明建设的协同发展》，《求实》2014 年第 8 期。

　　由于河北、北京和天津在地理位置、空间区位上的毗邻,历史上三地之间的行政区划范围及辖制关系也不断调整,尤其是改革开放以来,我国步入了正常城市化发展的轨道之后这种调整合作更趋频繁。学术界对京津冀区域发展的关注由来已久,曾先后经历了京津唐城市带、京津冀都市圈、京津冀城市群等不同称谓阶段。而首次明确京津冀协同发展的提法,是习近平同志在 2014 年 2 月 26 日考察北京后主持召开的座谈会上,将"京津冀协同发展"确定为重大区域发展战略,并作为生态文明建设试验的示范区,积极探寻人口、资源、经济、社会和生态优势互补、节约集约的发展路子;2015 年 4 月 30 日,中共中央政治局召开会议,审议通过《京津冀协同发展规划纲要》,2015 年 12 月底,国家发改委发布了《京津冀协同发展生态环境保护规划》,进一步从国家层面明确了京津冀协同发展过程中要把生态环境保护协同治理作为首要突破口,要在有序疏解北京非首都功能的同时,坚持生态优先战略,在京津冀协同发展过程中通过高生态标准要求以生态修复更新与生态环境保护治理拓展首都都市圈的区域生态空间,并逐渐建设成生态文明建设的示范区;其后 2016 年 2 月印发实施的《"十三五"时期京津冀国民经济和社会发展规划》成为全国第一个跨省市的区域空间发展规划,从空间发展规划层面进一步增强了三地经济社会发展的整体性和协同性;2016 年 7 月,国家林业局又组织北京、天津、河北共同签订了《共同推进京津冀协同发展林业生态率先突破框架协议》,进一步明确了"十三五"时期京津冀区域环境协同治理的具体目标、业务领域、工作重点及协作机制搭建等。

　　伴随着雄安新区于 2017 年 4 月 1 日被中共中央、国务院明确为继深圳、浦东之后的又一国家级战略新区,2018 年 4 月 14 日,中共中央、国务院批复了《河北雄安新区规划纲要》,围绕疏解北京非首都功能,雄安新区的承接转化等均以生态环境节约集约发展的高规格要求为今后生态文明建设、区域环境协同治理树立了标杆,为京津冀组团发展奠定了更加具有凝聚力的协作平台,促使京津冀之间的交往、交流、协作、对接都进入新的合作发展阶段,上升到新的水平。

　　2. 协同环境治理的价值逻辑:走向现代化治理

　　环境具有典型的公共物品属性,也具有较强的外部性。环境协同治理关注的是生态环境这种公共物品正外部性的保持和负外部性的矫治。环境协同治理本身就是国家治理现代化的重要维度、主要内容和重要组成部分。京津冀区域环境协同治理除了具有一般意义上的环境协同治理特性外,更突出了京津冀地域区域空间特征。跨区划环境协同治理的价值逻辑具体流程图可见图5-2。

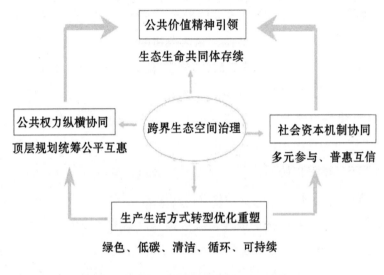

图5-2 跨区域环境协同治理的价值逻辑

(1)环境治理是国家对经济社会发展规律认识的深化

环境协同治理是党和国家对人类文明空间历史形态演进与更替规律做出的"中国式"解答。从世界人类文明发展的历史演进规律看,文明形态总是比较集中地表现为不同历史阶段的特定生产力的水平,以及由该范畴生产力水平建构的以生产关系为核心的社会关系实践形态。而这种社会关系实践形态的历史更替与再生产,又成为特定历史阶段国家治理的重要对象与范畴,构成了特定社会发展阶段社会主要矛盾演进更替最主要的驱动力。从我国建设发展的不同历史阶段的实践来看,我国经历了为解决全国人民温饱难题的城市化打基础阶段,后来的"物质文明"和"精神文明"都要抓、都要硬,齐抓并举阶段,并以此为基础形成了"政治、经济、文化"三位一体建设格局;伴随社会问题不断涌现,越来越多的民生问题进入社会议题,社会建设、社会管理、社会治理又成为21世纪以来党和国家治国理政必须要面对的重大政治议题,2007 年党的十七大首次明确"政治、经济、文化和社会"四位一体总体架构;伴随资源压力、人口老龄化及环境承载力等日益成为阻滞经济社会可持续发展的要素,生态治理利用进入党和国家治理的议事日程,党的十八大报告首次明确了由"四位一体"拓展延伸到"五位一体"总体布局,至此,生态文明建设与政治、经济、文化和社会建设共同构筑起了我国经济社会发展的总体战略布局。而在区域治理的政策定位中,一体化治理的目标诉求在操作中难度很大,而协同治理的目标定位更切合实际,行动路径也更具操作性。①

(2)协同环境治理是国家治理体系和治理能力现代化的重要载体

生态文明作为人类社会发展高阶文明形态,是我国推进新型城镇化,实现国家治理体系和治理能力现代化的重要载体。区域环境协同治理是生态文明建设的重要组成部分,是生态文明建设在区域空间层面的具体实践。京津冀作为国家级发展战略的实施地,同以浦东新区为核心的长三角、深圳为核心的珠三角区域的发展背景及动因具有明显差异,长三角和珠三角都是比较典型的经济驱动战略最终形成规模效应。而京津冀协同发展则是围绕北京非首都功能的疏解和各种要素资源的重新流动配置,空间布局优化,这种疏解本身就是对城市环境承载力规律的尊重,遵循了城市生态可持续发展的理念。京津冀客观上都是我国北方污染比较严重的地区,沙尘、大气、水、土壤等环境污染的严重性明显高于其他地区,加上北京作为国家首都人口规模庞大、城市交通拥堵、淡水资源短缺等造成的城市环境压力难题,才使北京非首都功能疏解成为京津冀协同发展命题需要考虑的重要变量。优化京津冀地区之间的公共资源和产业资源配置,形成分工合作、优势互补、协同发展的格局。②

区域环境协同治理是国家先行先试发展战略在京津冀区域发展层面的规划

---

① 杨宏山、石晋昕:《从一体化走向协同治理:京津冀区域发展的政策变迁》,《上海行政学院学报》2018 年第 1 期。

② 马晓河:《从国家战略层面推进京津冀一体化发展》,《国家行政学院学报》2014 年第 4 期。

定位,而"雄安新区"则提供了实践协同的平台。随着党和政府治国理念的日臻成熟,传统城市化造成的生产、生活层面的种种困局,使以人为核心的新型城镇化理念更加深入人心,与生活质量密切相关的生态环境质量越来越多地受到人们的重视,京津冀协同发展尤其是雄安新区建设规划更是明确了生态优先、绿色发展原则框架。为响应和践行生态优先、绿色发展原则框架,各行各业发展的各个环节,都开始对照雄安生态先行标准,通过生态先行实践转变生产、生活方式,最终实现绿色可持续发展。

(3)环境的公共属性凸显了国家治理现代化的"以人为本"

环境治理具有比较典型的公共物品属性,也具有公共物品属性社会功用的外部性。区域环境协同治理关注的正是由生态资源及其存在环境的公共性所引申出来的正外部性的保持和负外部性的矫治。区域环境协同治理为公共服务的"外部性"溢出赋予了新的发展性内涵,是以人为本、以人为核心的区域发展策略的具体实践。从结构属性看,环境是一种公共物品和公共资源,具有不可分割的特点,对于环境的产权特别是跨区域生态环境的产权很难界定,即使要科学界定,其成本也极为高昂,几乎不可能实现。[①]

区域环境协同治理由于涉及主体众多,涵盖了政府、企业、公众和社会组织,而且这些主体成分构成及分布属地区域又极为复杂。以政府为例,京津冀三方同为省一级政府建制,虽然成立了由国务院副总理任组长的京津冀协同发展领导小组及办公室,但领导小组及办公室目前只是临时协调机构,其他形式的联席会则更是形式意义大于实际功能的发挥。作为公共权力代表的政府,纵横交错的组织网络本身已经非常庞杂,再加上分属不同省域的政府处在不同层级,在这种框架结构下协调合作进而协同发展的难度可想而知。而环境资源往往又横跨许多分属不同行政区划的地域空间,譬如在京津冀区域环境治理中比较有代表性的淡水资源保障供给就很能说明问题。任何一个饮用水储备水库以及为水库送水的流经河道,都需要生态卫生达标才能保证最后饮用水的安全,曾经多次引

① 丁国和:《基于协同视角的区域生态治理逻辑》,《中共南京市委党校学报》2014 年第 5 期。

起区域争议的潘家口水库、官厅水库、于桥水库等，都曾经围绕生态保护、生态移民、生态补偿、区域生态利益成本分担等形成不同区域间的发展矛盾。环境治理作为公共物品如何真正做到兼顾效率与公平，真正把以人为本、以人为核心落到实处，考验着国家、区域的综合治理能力与水平。而居于省域政府之上的临时性协调机构很容易促成不同地域之间就某项公共事务治理的运动式协同，而运动式协同治理单纯从行动效率层面来讲无疑是高效的。但问题是环境治理有自身的时间延续性，许多问题并不是仅凭搞几次运动式协同就能根治，实现实质性好转的。实际上，运动式协同既不能保障公共物品治理的以人为本，也不符合国家和地区的长远发展利益。从经济社会长远有序运行及绿色发展看，迫切需要在区域环境协同治理进程中明确以人为本、以人为核心的价值理念定位。

三、区域协同环境治理的模式

区域协同环境治理中，中央与地方以及各地方政府之间的协调关系主要表现为两种形式，即自上而下和自下而上。其中，自上而下通常是指通过规章制度以及政策法规的主动介入，用于解决京津冀经济和发展水平上的差异。自下而上则是指针对跨区域环境治理的合作风险，通过协商给予的补偿，保障为区域环境保护做出贡献的主体。为了便于总结和论述，围绕京津冀区域环境的协同治理，主要从以下三种模式进行阐述。

1. 宏观战略规划模式——京津冀协同发展战略

宏观战略规划模式是指为了促进京津冀环境治理行为以及三地政府之间的相互合作和相互协调，以京津冀环境长期发展目标为依据，组织制定并部署的各种环境保护或环境治理方案，保障国家特定宏观战略目标的实现。有关宏观战略规划的类型有很多种，既包括中央层面主导的跨区域环境协同治理，又包括地方层面的政策与规划引领。这种方式是自上而下的，以行政命令为主，并非平等参与和自愿协议，主要是借助中央政府主导的自上而下的环境治理模式，京津冀三地政府在区域环境治理过程中，表现出了很强的执行、落实和监督的能力，在某种程度上缓解了京津冀的生态环境问题，尤其是在空气污染治理上取得了良好成效。

从环境保护立法方面看,有关环境协同治理的法律法规主要包括:《环境保护法》(2015 年修订)、《大气污染防治法》(2018 年修订)和《水污染防治法》(2017 年修订)。这些法律法规都强调跨区域环境协同治理,强化在规划、监测、管理和防治等方面,坚持统一标准、统一决策、统一行动的原则。其中,《环境保护法》被称为最严格环保法,在区域环境协同治理方面,强调重点区域或流域的联防联控,统筹建立重污染天气应急管理预案和跨行政区域的联动响应机制。《大气污染防治法》在重点区域大气污染联合防治方面,建立重点区域大气污染联防联控机制,统筹协调重点区域内大气污染防治工作;按照"四个统一"要求开展大气污染联合防治,落实大气污染防治目标责任;根据重点区域经济社会发展和大气环境承载力,制定大气污染联合防治行动计划;重点区域内有关项目建设可能对周边大气环境质量产生重大影响的项目,要及时进行通报和会商;同时,要积极开展联合执法、跨区域执法、交叉执法。《水污染防治法》指出,建立重要江河、湖泊的流域水环境保护联合协调机制,实行统一规划、统一标准、统一监测、统一的防治措施。2015 年 4 月,国家出台了《京津冀协同发展规划纲要》,这份纲领性文件既为京津冀协同发展指明了发展方向,也为京津冀环境协同治理作出了重要指示,其核心和重点就是打破传统行政区划,在生态环境保护、修复以及污染防治上,建立全面合作、标准统一的环境准入和退出机制,加强环境污染防治的联防联控,实施清洁空气、水、土壤等专项行动,大力推进绿色、低碳、循环发展,积极改善区域生态环境质量。2015 年 12 月,国家发改委、环保部联合发布《京津冀协同发展生态环境保护规划》,该规划明确了京津冀环境与经济协同发展的方向,指明了生态环境保护对京津冀发展的重要意义,并着眼生态环境保护的目标任务、实现路径和体制机制保障,从推展京津冀生态治理空间、强化生态修复、打造环境改善的示范区等方面,提出推进京津冀区域污染防治和环境治理的合作机制。此外,针对京津冀水环境保护和大气环境治理,也从国家层面出台了许多专门规划或行动计划。

有关水环境保护和治理大体经历了水资源的可持续利用、重点流域的水污染防治、水利项目的协同发展以及区域上下游之间的横向生态补偿等几个重要节点。1999 年国家水利部协同北京、承德、张家口等部分城市编制了有关《21 世纪首都水资源可持续利用规划》,该规划于 2001 年 2 月被国务院批准实施,通过水污染防治、水土流失治理、水质检测、工农业节水、北京承德水资源保护生态农业经济区建设等五大项目的实施,既从区域水环境生态系统的视角对水资源进行了统筹分配,又保障了首都及周边地区水资源的可持续发展和利用。2012 年 5 月,环保部等四部委印发《重点流域水污染防治"十二五"规划》,该规划立足于重点跨流域水环境合作机制,针对京津冀区域的海河流域,建立京津冀上下游各级政府间的定期会商制度和各部门之间的合作应急机制,为京津冀水环境污染治理提出了具体的治理方案。2016 年 5 月,国家水利部印发《京津冀协同发展水利专项规划》,要求制定 2020 年和 2030 年京津冀水利建设目标与控制性指标,实现京津冀水资源的统一调配和联合管理。2016 年 5 月,财政部会同环境保护部编制了《引滦入津上下游横向生态补偿实施方案》,该方案明确了引滦入津过程中,水资源供给方的水环境补偿基金的来源和补偿金额。同时,该方案还提出,中央财政可以根据引滦入津工程的完成情况,进行目标考核,并以资金奖励的形式拨付给水资源上游地区,以鼓励其进行水环境的污染治理。

在区域大气环境治理方面,京津冀逐步完善顶层设计、建立法律法规、扩大合作领域。为了推进京津冀区域的大气污染协同治理,2013 年成立了京津冀及周边地区大气污染防治协作小组。该协调小组的组长由北京市委书记担任,副组长由环保部和京津冀三地政府主要负责同志担任,协调小组的成员包括京、津、冀、晋、蒙、鲁、豫七省和国家发改委、环保部和气象局等八部委。协作小组成立后,实行轮流制,即在京津冀轮流召开大气污染协同治理的联席会议,共同部署大气污染协同治理重点工作,协调解决区域污染治理难题、联合保障国家重大活动和重要事件期间的空气质量等。2015 年京津冀协同发展战略提出后,国务院成立了京津冀协同发展领导小组。2018 年 7 月,京津冀及周边地区大气污染防治"协作小组","升格"为"领导小组",进一步强化了京津冀区域协作机制的领导力和执行力,保证了京津冀地区大气污染协同治理落到实处,有利于提高协作力度,提升整体效能。为保障区域大气污染协同治理的执法力度,一方面,制定了一系列的行动计划和实施细则,如 2013 年环保部等部委联合印发了《京津冀及周边地区落实大气污染防治行动计划实施细则》。2016、2017 年,环保部组织制定了《京津冀大气污染防治强化措施(2016—2017 年)》《京津冀及周边地区2017 年大气污染防治工作方案》《京津冀及周边地区 2017—2018 年秋冬季大气污染综合治理攻坚行动方案》。2018 年,生态环境部制定《京津冀及周边地区2018—2019 年秋冬季大气污染综合治理攻坚行动方案》等。另一方面,不断加大执法力度,强化环保督察。通过目标、考核、督察、究责等层层递进式的压力传导,树立法治思维方式,形成高压执法态势,常态化、全覆盖的联动执法模式。这些严厉打击环境违法行为的立法、执法工作,为推进区域大气污染协同治理提供了重要的行动依据和方案引领。此外,京津冀区域大气环境治理逐步扩大区域合作领域。强化并扩大区域联防联控的合作领域是解决大气污染的根本途径。比如京津冀大气污染协同治理的合作领域,从最初共同研究确定阶段性工作重点、互通工作信息,到开展京津冀及周边地区逐步形成大气污染防治协作工作制度,包括信息共享、大气污染预报预警、联动应急响应、环评会商、联合执法以及结对治理等领域①,保障了京津冀大气污染协同治理的落实。其中比较典型的是,三地实现了大气污染监测数据的实时互通和共享共用,协同对市区机动车实行限号限行政策,协同治理施工场地、生产型企业的扬尘污染,协同对燃煤锅炉、冬季取暖进行整治,等等。这些协同机制实施的成效也充分证明,大气污染并非不可治理,只要区域间通力合作,协同治理区域内重点污染源,严格控制污染物排放总量,严守区域环境容量底线,同步实施各项政策和环保督察工作,严厉抓好环境执法工作,就能有效控制和治理大气污染。

2. 项目评估审核模式——重大环境项目

以项目形式推进京津冀环境治理的协同发展,是当前的一种重要方式。为了增强京津冀的生态服务能力,多年来,京津冀实施了一系列的大工程和大项

---

① 李云燕、王立华、殷晨曦:《大气重污染预警区域联防联控协作体系构建——以京津冀地区为例》,《中国环境管理》2018 年第 2 期。

目,比如三北防护林、太行山绿化工程、京津冀风沙源治理等,这些项目或工程以京津冀环境保护和修复为主要任务,积极构建环京津冀绿色生态屏障,衍生出多个生态环境建设项目。每个项目或工程都是京津冀跨区域环境治理的重要基础。为了保障区域环境治理的成效,京津冀采用了目标责任制和运动式的治理方法。一方面,通过制定相关项目或工程的规划、评价指标和考核方法,由上而下层层传达各项任务和指标,根据考核标准,定期对任务完成情况进行考核,并根据实际情况给予相应地奖惩。

2006 年起,京冀启动了生态水源保护林工程建设项目。该项目主要涉及北京、张家口和承德三地,重点是保护潮河、永定河和白河三大流域和密云水库、官厅水库的水资源。主要分为三个阶段,分别实施三个水环境项目,包括建设 20 万亩生态水源涵养林,配备与北京接壤的张承地区的 9 县森林防火基础设施,配备或购置京冀 12 个县(市、区)林木有害生物防治设施。[①] 自 2014 年起,京冀实施张家口坝上地区退化林分改造项目,该项目重点保护生态防护林,扩大京津冀区域的生态空间。[②] 自 2015 年以来,京津冀共同实施以圃代绿工程,在生态区位重要的城区近郊、高速公路、高速铁路等交通干线两侧新建生态苗圃。[③] 同时,北京市还在张承地区继续实施京津冀生态水源保护合作项目建设,大力推进水源保护林和大型林场建设。为推进北京冬奥会赛区和张家口赛区建设,京津冀大力实施国土绿化项目建设。一方面,通过调整种植结构,实施退耕还林(还湿)项目,增加绿化率,拓展京津冀的区域生态空间。另一方面,积极建设环首都国家公园体系,增加森林植被。

3. 联席会议模式——横向合作机制

联席会议模式是指在特定区域空间范畴内,各地方政府为了实现公共资源

① 张予、刘某承、白艳莹、张永勋:《京津冀生态合作的现状、问题与机制建设》,《资源科学》2015 年第 8 期。

② 张贵祥:《首都跨界水源地:经济与生态协调发展模式与机理》,中国经济出版社 2011 年版,第 231—232 页。

③ 邢飞龙:《三地负责人回应雾霾防治》,《中国环境报》2015 年 12 月 11 日。

的环境效益,在区域环境保护和治理上,通过各种沟通和协商,以区域发展论坛、区域联席会议、区域圆桌会议等形式,达成区域"行政协议"或者形成具有一定约束性的契约,比如协定、倡议书、意向书等。这种方式有助于区域各地方政府之间的交流与沟通,是推进跨区域环境保护和治理的重要举措。在京津冀环境协同治理过程中,三地政府不仅签订了环境合作协议,还就相关环境治理议题达成了共识。此外,还以联席会议的形式促进政府间在区域环境治理的合作,比如长三角的城市市长联席会议、长三角地区合作与发展联席会议、泛珠三角区域合作行政首长联席会议等。这些联席会议的召开,不仅为特定区域内各级政府之间的平等交流提供了平台,还为促进区域经济协同发展起到了带动作用。

2005 年,北京与张承地区组建水资源环境治理合作小组,三地政府通过多次协商制定了《北京市与周边地区水资源环境治理合作资金管理办法》,协商规定自 2005 年起连续 5 年内,北京将给予张承地区每年 2000 万资金,用于河北界内密云水库和官厅水库的上游地区的水资源和水环境的保护和治理。2013 年 12 月,成立京津冀及周边地区节能低碳环保产业联盟,该联盟旨在促进产业的节能、绿色、低碳和环保,通过联合三地的技术创新,突破制约传统产业发展的核心技术,依靠技术创新推动产业的生态化发展,为京津冀产业提供污染防治的技术方案。随后又在该联盟的基础上,成立了京津冀及周边六省市的节能环保低碳环保联盟专家委员会。

2006—2014 年,京冀之间通过联席会议先后签署了《关于加强经济与社会发展合作备忘录》(2006 年)、《京冀生态水源保护林建设项目合作协议书》(2009年)、《2013 年至 2015 年合作协议》(2013 年)、《共同加快张承地区生态环境建设协议》(2014 年)、《密云水库上游潮白河流域水源涵养区横向生态保护补偿协议》(2018 年)等,京津之间先后签署了《关于加强经济与社会发展合作协议》(2013 年)、《关于进一步加强环境保护合作的协议》(2014 年)等,津冀之间先后签署了《天津市河北省深化经济与社会发展合作框架协议》(2013 年)、《加强生态环境建设合作框架协议》(2014 年)等,这些协议大部分是通过相互协商制定的各种环境保护协议,其内容涉及水资源、大气污染防治等多个方面,其核心是在环境保护的多个领域内强化合作,建立联防联控的环境治理机制。比如,北京与天津签署的《关于加强经济与社会发展合作协议》,要求在重污染天气的应急联动方面建立合作机制①,实现两地的合作和共享。一方面加强两地的合作,包括在治污技术、排污总量控制、排污权交易、PM2.5 治理等方面;另一方面加强共享,要在环境监测数据、监测点位、监测时段、空气质量预测和预警等方面实现数据和信息共享,协同改善区域大气环境质量。

为了协同京津冀在产业结构调整、节能减排和有效应对重污染天气等方面的实施方案,围绕国家制定的《大气污染防治行动计划》,2015 年 11 月召开第一次京津冀环境执法与环境应急联动工作机制联席会议,并成立了京津冀环境执法联动工作领导小组。领导小组每半年会商一次,下设小组办公室,每季度会商一次。季度会议由三省(市)轮流组织,领导小组制定了定期会商、联动执法、联合检查、重点案件联合后督察和信息共享工作制度。2015 年,京、津、冀、晋、鲁、内蒙古六省区市成立机动车排放控制工作协调小组。协调小组每半年举行一次例会。② 2015 年 5 月,京津冀成立土肥水协同发展创新联盟。③ 为推动京津冀在面源污染和水环境方面的协同治理,三地通过定期开展学术会议、技术合作以及工作交流等,针对面源污染的防控、农药化肥的减量使用、耕地质量的改善、流域污染的防治和水资源的保护等多方面开展工作,为提升三地的土壤和水环境质量奠定基础。

为保障京津冀水环境和生态林业的发展,2014 年 10 月,京津冀环保部门联合签署《水污染突发事件联防联控机制合作协议》,成立了京津冀水污染突发事件联防联控协调小组,定期召开联席会议,共同商讨三地大气、水、土壤的污染防治工作。近年来三地建立了流域水污染联防联控信息共享平台,并逐步拓展合作领域。2015 年 2 月,京津冀及相关省份签署《京津冀协同发展林业有害生物防

---

① 《京津签署合作协议 联手治理 PM2.5》,《领导决策信息》2013 年第 13 期。
② 王硕:《京津冀等地排放控制小组将挂牌》,《京华时报》2015 年 3 月 9 日。
③ 陈忠权:《京津冀将成立土肥水协同发展创新联盟》,《天津日报》2015 年 8 月 4 日。

治框架协议》,2016 年 6 月,京津冀签署《共同推进京津冀协同发展林业生态率先突破的框架协议》①,要求在林业生态保护方面,实施一批重点工程,并从生态空间、国土绿化、国家公园体系建设、重要湿地保护与修复以及森林和储备林建设等七个方面加快京津冀区域绿色生态安全屏障建设,努力建成生态修复和环境改善的示范区。

四、京津冀协同环境治理模式面临的挑战

十八大以来,京津冀协同发展上升为国家战略,其中迫切需要协同的就是环境治理问题,尤其是秋冬季的大气污染问题。从生态环境部(原环境保护部)的数据显示,2014—2018 年空气质量排名后十位的城市中,京津冀区域的城市所占比重较大,其中河北省的城市居多,且排名比较靠后。由此可见,环境协同治理是京津冀迫切需要解决的问题。

1. 行政级别差异和行政观念制约

长期以来,由于京津冀在资源禀赋、要素投入和经济发展水平上存在差异,三地环境污染的区域性、叠加性、外部性与行政分割化、属地碎片化的治理之间的矛盾和冲突,是京津冀环境协同共治面临的困境,也是浅层次临时性相互协作的原因。实践证明,传统基于各种活动或行政指令的协作,是一种局部、松散、短期的合作模式,且在思维模式、参与方式、治理手段等方面存在"理性经济人"和"地方本位主义"思想,严重制约了京津冀环境治理目标的实现。

(1)行政级别差异促使政府间协作失衡

当前,各地政府的环境治理仍然立足于行政区域,这种行政区域的划定往往是基于政治、经济、文化以及历史等各种因素,而环境区域则是以区域的生态系统为基底,以某一自然地理环境为中心,形成的一种特定的自然环境区域。可见,行政与环境区域所囊括的范围不尽相同。尽管各地政府在环境治理方面,不断强化树立大局环保意识,但由于环境问题往往都具有流动性、交叉性和整体

---

① 焦玉海、姚伟强:《推进京津冀协同发展林业生态率先突破的框架协议》,《中国绿色时报》2016 年 6 月 24 日。

性,这种特性导致环境污染问题超出了行政区域的范围,这种区划上的不对等,不仅会造成行政区域边界的无人管治,也会造成单方治理效果的不理想。研究结果也显示,京津冀区域的大气、水以及土壤的污染与三地整体是密切相关的,环境污染在京津冀区域内是相互影响、相互关联的。换句话说,京津冀区域环境治理需要三地齐心协力、共同治理。此外,传统的行政区划也是制约京津冀区域环境协同治理的瓶颈,特别是区域交界地区,不管是执法过程中,还是空气质量检测和排污收费过程中,既容易受到多地政府的干预,又存在标准上的差异,这些都给区域环境监管增加了难度,使得环境执法成效堪忧。由此可见,如不能从根本上打破传统的行政级别差异和行政区域的块状管理,区域环境协同治理就很难实现。

（2）"碎片化"导致协同治理陷入多重困境

传统属地管理造成的治理碎片化是区域环境治理面临的主要问题,这种问题是长期的"条块分割"治理造成的。环境污染的区域性、外部性与行政分割体制、属地碎片化的治理手段之间的矛盾和冲突,是京津冀环境协同治理面临的困境,也是浅层次临时性相互协作的主要原因。

一是现实困境。囿于属地管辖的权限,在京津冀环境治理实践过程中,因缺少明确的环境治理主体,造成各自为政的碎片式治理。同时,环境治理既涉及多领域、多部门、多主体,又涉及重大项目立项、城市和区域长远发展规划、经济增长方式和高质量发展等多重问题。比如,区域内的环境治理问题也会涉及农业、水利、环保、海洋等多个部门,造成管理的重叠和交叉。这些都给京津冀环境治理增加了难度,成为制约协同共治的现实困境。

二是思想困境。在个体理性与集体理性、局部利益与整体利益、短期效益与长期效益等双重利益的博弈抉择上,缺乏全局和大局意识。由于京津冀的经济水平不同,为此在环境治污的支付意愿和实际支付能力等方面,三地存在差异,从而使得分担环境治理成本和共享环境治理收益,成为京津冀环境协同治理中的难题。

三是参与困境。从多元参与视角看,企业在环境治理中的参与,大多表现为被动惩罚式。尽管公众和社会组织在环境保护的宣传教育、公共服务等方面有一些参与,但仍未发挥出应有的作用。因此,如何调动企业、公众和社会组织共同参与环境治理的积极性和主动性,也是京津冀环境治理面临的问题。

(3)"本位主义"造成环境治理效果不佳

京津冀在环境协同治理过程中,既是三个不同的行为主体,又是三地环境协同治理的共同体。三地环境协同治理主体间的信任、尊重和认同是协同治理的前提和基础。事实上,环境作为跨区域的公共产品,具有公共性、排他性和有限性,京津冀三地政府为了保持各地经济的持续增长,往往会产生短期趋利的行为,而不愿意为环境治理进行大量的投入。尤其是,京津冀三地政府间的合作缺乏一定程度的信任时,就会造成三地地政为了当地的利益,造成所谓的"公地悲剧"。这种结果也是政府间的一种非理性行为,使得京津冀区域环境协同治理陷入困境。因此,京津冀区域环境的协同治理,必须要摒弃利己的本位主义,树立全局意识,着眼长远发展,权衡整体利益,从而进一步打破思想上"一亩三分地"的行政区划,纵观区域整体发展,做出正确的抉择,这样才能促进京津冀区域环境协同治理。

从治理成本上看,天津与河北都属于重工业地区,这些重工企业基本都以煤炭为燃料,而煤炭燃烧产生大量的氮氧化物(NOx)、二氧化硫(SO_2)以及颗粒物等,要实现达标排放就需要采用脱硫脱硝技术。而引进脱硫、除尘等废气净化装置需要大量的资金。从实际操作上看,三地协同治理空气污染存在一定的矛盾,具体表现为:第一,利益不均衡,即经济发展无法与生态环境达到有效的平衡。由于三地在经济上发展不均衡,河北省在协同治理中实力不足。同时,环境治理会对三地的财政收入产生影响,因此,三地在协同治理上存在治理成本高,而实力不足的现象。第二,顶层设计不完善,协调机制不健全。在环保执法力度、产业准入标准以及污染治理能力上都存在很大的差异,联防联控机制不明确。第

三,三地在生态环保方面的责任与义务不明确。① 三地政府为了追求自身利益的
最大化,存在政治与行政权的过度干预,使市场机制难以真正发挥效用的问题。
尤其是河北省,这种情况更为明显,没有对各地的环保责任进行明确界定,也没
有建立生态补偿机制,导致各地在利益协调上存在矛盾,难以实现协同治理和合
作共赢。

　　为了追求自身利益的最大化,在跨区域环境治理过程,各地政府往往存在属
地保护主义思想,将治污责任转嫁、相互推卸责任、"搭便车"等,这些消极行为给
京津冀三地府际间的环境协同治理造成困境,使得三地间环境协同治理成效容
易反弹,不具可持续性。以大气污染为例,不仅季节性明显,而且呈蔓延式发展,
对人民群众的身心健康产生危害。如果在理性经济人动机的驱动下,三地环境
治理主体会因为这种短期的利益博弈,陷入囚徒困境,导致区域空气质量下降和
协同治理成效降低。此外,传统的属地治理模式,也会阻碍府际间的沟通与合
作,影响京津冀区域环境协同治理的成效。

　　2. 协同治理主体间竞争大于合作

　　环境作为一种公共物品,其自身所具有的外部性特征容易造成治理成本与
治理收益不对称的现象,这种对资源或环境的恶性竞争行为,最终形成所谓的
"公地悲剧"或"搭便车"问题。京津冀环境治理涉及京津冀三个地方政府,由于
北京具有首都优势,无论在优质产业,还是在人才资源等方面,都具有得天独厚
的优势,产生了巨大的"虹吸效益",而津冀两地则是北京的原料和人才供应基
地,这也造成津冀两地重工业所占比重较大,进而形成环境污染。2014 年京津冀
协同发展战略上升为国家战略以来,北京逐步向津冀两地疏解非首都功能,在这
个过程中,津冀也是处于一种竞争状态。与此同时,河北省集中了大量的钢铁和
煤炭企业,这些造成环境污染的产业是河北省 GDP 的重要来源。如果关停或淘
汰这些产能落后的产业,对河北而言会带来经济上的损失,但对北京和天津而

_____

　　① 张伟、蒋洪强、王金南:《京津冀协同发展的生态环境保护战略研究》,《中国环境管理》2017 年第
6 期。

言,则能从中获得生态效益。因此,如何调动河北省参与区域环境治理的积极性,是区域环境协同治理的关键。

(1)区域发展不平衡制约了京津冀环境协同治理

在发展方面,2018 年京津冀三地财政收入分别为 5785.92 亿元、2106.24 亿元、3513.86 亿元,人均财政收入分别为 6.24 万元、3.95 万元、2.34 万元。北京与天津已经达到中等发达地区水平,但是河北还处于落后状态。同样,从京津冀三次产业的增加值及比重上看(见表 5 - 1),京津两地的第一产业比较很低,且产业结构均"三二一";而河北省的产业结构为"二三一",根据库兹涅茨的工业化发展阶段判断理论,京津属于后工业时期,而河北处于工业化中期。由资源依赖性曲线原理可知,京津两地对自然资源的依赖程度低于河北。① 可见,京津冀三地区域发展极不平衡。

表 5 - 1　2018 年京津冀地区三次产业增加值及比重　　　　单位:亿元

	地区生产总值	第一产业		第二产业		第三产业	
		增加值	比重(%)	增加值	比重(%)	增加值	比重(%)
北京	30319.98	118.69	0.4	5647.65	18.6	24553.64	81.0
天津	18809.64	182.71	0.9	7609.81	40.5	11027.12	58.6
河北	36010.27	3338.00	9.3	16040.06	44.5	16632.21	44.5

数据来源:《2019 年中国统计年鉴》。

在很大程度上,经济资源是支撑环境治理的基础。在京津冀区域内,各地的经济发展水平不同,污染程度也不同,主要污染类型也有所差异,在空气污染治理方面,也导致三地政府对大气污染的协同治理政策受到制约。北京市基本不存在重工企业,但是河北省主要依靠重工企业来带动经济发展,这势必会带来严

① 王竞梅、张宣昊、赵儒煜:《京津冀区域经济差异及其影响因素分析与政策选择》,《当代经济管理》2014 年第 10 期。

重的空气污染,面临巨大的工业治污投入。根据《2019 年中国统计年鉴》显示,2017 年京津冀在工业污染治理方面,河北省当年完成投资 34.3 亿元,北京完成 15.7 亿,而天津完成 7.8 亿元,河北省在生态治理负担上要明显高于北京与天津。但是在三地协同治理空气污染的实施方案中,北京与天津并未因此对河北采取补偿,这对河北省协同治理空气污染的积极性造成了严重打击。由此可见,京津冀地区在协同治理空气污染的过程中,应当对因污染治理而削减生产的地区给予一定的生态补偿。例如,河北省最需要的是环境友好型企业补偿,来弥补因协同治理空气污染而造成的损失。

(2)协同治理的主体之间存在利益竞争关系

从区域环境协同治理的逻辑关系上分析,利益处于最核心的地位,为了保护当地利益,必然会形成差异化的环境治理标准以及严重的行政壁垒,各方利益主体在三地协同治理中有着多元化的诉求。协同治理主体之间的利益竞争,给区域协同治理造成了很大的障碍。比如北京市希望其他两地可以尽快提高治理标准,与北京标准持平,同时还希望两地可以对产业协同机制进行完善,从而对其非首都城市功能进行疏解。天津市则希望协同治理可以尽量避免削减工业企业产能,尤其是在疏解北京的非首都功能过程中,获得更多的资源与项目。对于河北省来说,则更希望北京以及天津可以分担其产业结构调整中的负担与成本,尤其是希望对区域环境治理做出贡献的张承地区给予补偿。另外,河北省还希望通过消除京津两地在人才、技术和资金方面的虹吸效应,促进要素自由流动,进而实现产业的优化和升级。

由于缺乏有效的约束机制,各地都希望获得最大化的利益,因此,大气环境就是一个典型的公地悲剧,京津冀会充分利用"排污权",而忽视大气污染问题,最终使大气成为人人攫取而不付出的公地。在政策协调方面,三地政府也往往从"理性经济人"角度考虑问题,导致三地间利益冲突较为明显,"共容性利益"较为缺乏。例如,2014 年环保部公布的三地环境治理有关的钢铁企业名单中,需要治理的钢铁企业数量,北京为0,天津为17家,而河北则多达379家。[1] 从这一数据就可以看出,在区域环境协同治理过程中,河北必然会面临产业机构与经济发展的多方面压力,会直接影响其经济利益。在这个政策协调过程中,既缺乏相互之间的尊重和认同,又没有建立合理、有效的补偿机制,加之河北省经济水平较为落后,缺乏治污的动力和能力,对协同治理的推进造成严重阻碍。

(3)生态补偿的缺失影响了区域协同的积极性

从污染转嫁到治污"搭便车",地方利益难协调,到生态补偿缺乏,地区不平衡加剧,对三地协同治理大气污染的积极性造成严重打击。[2] 一是,跨界横向补偿尚未建立。比如2014年3月,由于出现持续6天的严重污染天气,石家庄关停了2025家企业,直接造成了60.3亿元的经济损失。但是由于环境治理存在明显的外部性特征,最终收益的不仅是石家庄,还有京津以及河北其他地区。在这次治污过程中,北京与天津并没有在其他方面横向补偿河北,影响了河北区域内协同治理的积极性。二是,没有建立全面的生态补偿标准,对于区域环境的间接损失、补偿年限以及地区差异等都没有明确规定,更没有重视环境移民问题。如对沙尘暴进行治理时,为了减少沙尘暴对北京与天津的直接影响,河北承德、张家口等地开展了规模宏大的退耕还林与封山育林工程,产生了大批的生态移民。但是由于生态补偿标准不明,经济效果不明显,反而给经济相对落后的承德、张家口等地造成严重的财政负担。

由此可见,京津冀协同治理大气污染,重点在于区域合作动力的提升,特别是要激发经济发展水平较低地区的参与积极性,但是其关键问题在于建立利益共享与补偿机制。

3. 市场和社会力量发育不良

从市场机制角度看,区域环境协同治理具有投资大、利润低和风险高的特征,加之社会环境需求和政府环境治理能力不匹配,造成政府与市场在跨区域环

---

① 周扬胜等:《从改革的视野探讨京津冀大气污染联合防治新对策》,《环境保护》2015年第7期。
② 王娟、何昱:《京津冀区域环境协同治理立法机制探析》,《河北法学》2017年第6期。

境治理中协调失衡,政府与社会组织、公众之间的互动缺位,各环境治理主体的作用发挥不充分。

(1)政府与市场协调缺失

改革开放以来,我国区域经济得到了迅猛发展,特别是长三角和珠三角成为我国区域发展中增长最快的两个区域,京津冀区域发展成效处于不断好转中。

当前,政府与市场协调失衡是京津冀环境协同治理面临的困境之一。区域环境作为一种公益性物品,通常是在市场失灵的时候,政府可强制性介入环境治理,为保障供需双方的公共利益,采用公共权力来促进双方的合作,这种方法在特定时期是有效的。在京津冀区域生态环境保护和治理中,仅依靠这种行政权力维系的合作或互动模式,并不能从根本上解决区域生态环境问题。与此同时,长期的行政权力主导,生态环境的供给者得不到补偿或其他方面的合理收益,需求者则依靠此模式,无偿使用环境这种公共物品,势必导致区域间发展的不平衡。比较典型的例子就是,张承地区既是河北经济发展较为落后的地区,又是京津冀的生态涵养区,还肩负着"首都绿色生态屏障"的功能。为保障云州水库向北京供水,赤城县的水田改为旱作;为保障首都生活用水,官厅水库早已完全限制张家口市的生产与生活用水;为保障首都三分之一的电力供应,建成了装机容量240万千瓦的沙岭子火电厂,每天燃煤20000多吨,长期消耗大量的地下水资源,附近的地下水位由10年前的2米迅速下降到近百米,邻近的洋河早已干涸,传统的高收益水稻种植只好改为利润较低且收益不稳定的玉米种植。

可见,京津冀区域环境治理需要协同多元主体的力量,正如奥普尔斯所强调的:"政府通过强制性权力推进环境问题的合作治理,具有一定的合理性。"但这并不意味着依靠政府可以解决一切环境问题,从某种意义上讲,政府对区域环境治理的过度干预有可能增加环境治理的难度甚至阻碍区域间跨界环境治理。因此,京津冀区域环境协同治理需要政府、企业、社会组织以及公众等多方主体的共同参与。此外,从经济学视角看,资源环境是一种公共物品,且具有经济价值,但在确权方面却存在产权界限不明晰的状况,尤其是水、气等具有流动性的资源,人们往往愿意享受其带来的便利和好处,却不愿意为改善空气质量和水环境支付成本,甚至不愿意为追求经济利益而破坏环境的行为承担相应的责任,从而忽视了对环境的污染和破坏。

(2)政府与社会组织、公众之间协调缺位

环境治理是一项系统的协同治理工程,它不仅涵盖大气、水、土壤等多重范畴,还涉及区域内外多元治理主体,其运行机制具有复杂性、多元性和协同性,这就亟须完善多元主体间的统筹协调问题。从环境污染产生的原因视角看,每个主体,甚至每个个体都是环境污染的受害者,但同时又是环境污染的生产者和制造者。基于环境自身所具有的外部性特征,在环境治理实践过程中,政府往往是主导者,承担着环境治理的大部分责任。企业、社会组织、媒体、公众等其他环境治理主体,在环境治理体系中的责任缺失,出现市场失灵的现象。要想从根本上解决环境问题,需要环境治理体系中每个治理主体的共同参与。

五、京津冀协同环境治理创新路径

区域环境协同治理是实现区域环境公共事务有效治理的重要途径。区域环境协同治理是一项涉及多个领域和环节的复杂系统工程,需采取有效措施着力推进。着力强化协同理念,区域跨界环境公共问题的协同治理,是以政府为主导的多元主体在协同理念的引领下开展的合作治理行动。其中,协同理念是协同治理行动的先导。推进区域环境协同治理,必须强化多元主体的协同理念。

1. 京津冀协同环境各治理主体作用的发挥

区域环境协同治理的推进离不开具体的落实主体。环境治理的主体由政府、企业、社会组织和公众组成,每个环境治理主体都扮演不同的角色,因此要充分发挥各环境治理主体的作用。

(1)政府:区域环境治理的主导者

区域环境协同治理过程中,政府作为环境治理的引领者、推行者和倡导者,为企业和公众提供公共物品,包括大气、水、土壤等各方面的污染防治,保障生态环境与经济的协调发展。因此,政府作为环境治理的主体,在跨区域环境协同治理中起主导作用。从各级政府关系看,理顺权责关系是推进跨区域环境协同治理的关键。上级政府要着眼全局制定区域环境治理目标,并确保相关宏观层面环保政策制定的连续性和可操作性,在区域环境协同治理中起到引领者的作用,充分担当三地环境协同治理的重责,同时引导三地政府由各自为政向协同共治转变,形成京津冀区域环境治理的外部监督和约束力量。下级政府作为环境治理的具体执行者和推动者,一方面要负责微观层面环保政策的传达、推进和实施,通过制定合理的规章制度,强化区域环境质量监管,将环境保护和生态文明建设作为各地考核的重要内容,进一步提升区域环境质量。同时,要打破"一亩三分地"的行政区划界限,立足整个区域统筹规划环境治理的具体方案,克服区域碎片化行政管理对环境协同治理的制约。另一方面要积极引导多元主体参与区域环境治理,通过统筹和协调各环境治理主体的利益冲突、制度供给、社会参与和信息共享,调动各治理主体参与环境治理的积极性,减少参与主体在环境治理过程中的资源浪费,满足各方的利益需求,保障区域环境治理的持续性和稳定性。此外,还要处理好上下级之间的衔接问题,达到区域环境协同共治的目标。

(2)企业:区域环境治理的主体

企业是市场经济的主体,也是环境污染的生产者和环境治理的社会主体之一。根据"谁污染,谁负责"的原则,企业要自觉履行环境保护的社会责任。随着环境保护督察的纵深发展,只有促进企业积极参与区域环境治理,激发企业在环境治理中的能动性,担负起企业的环境责任,充分发挥企业在京津冀区域环境协同治理上的重要作用,才能持续推进区域环境协同治理。

增强企业的主体作用对于提升京津冀区域环境协同治理具有重要作用。为此,一方面要提升企业环境治理的社会责任,让其在生产的各个环节自觉遵守环保的法律法规,并对其生产过程产生的污染以及破坏环境的行为承担相应的治理责任;另一方面,要强化生态环保理念,推动企业加强技术创新,更新产品属性,实现转型升级,从产品的设计、生产、消费、回收等环节,尽可能减少对生态环境的污染和破坏,在注重产品品质的同时,进一步提升企业的声誉和形象,推动企业的生态化转型发展。此外,还要提高相关环保法律法规意识。企业作为区域环境协同治理的主体,遵守相关的法律法规是前提和基础。2015年新修订的《环境保护法》就明确规定了企业环境保护的责任,这是从法律层面划出了企业生存发展的底线,同时也是一条设定的红线。要求企业不论是在建设之初,还是在建成之后,都要遵守国家的法律法规,依法担起环境治理的责任,否则可能处于违法被处罚、被关停的境地。

(3)环保组织和公众:区域环境治理的积极参与者和监督者

社会组织和公众是区域环境协同治理的重要参与主体,在区域环境协同治理中发挥着日益重要的作用。应努力促进和大力支持环保类社会组织的规范发展,不断提升公众的环保意识,进一步增强社会组织和公众参与区域环境协同治理的能力。

社会组织是推动生态文明、美丽中国建设的重要力量,是环境治理体系中环境保护的生力军,在倡导绿色生活方式、提升公众环保意识和环保参与、开展环境监督、推动环境立法等方面发挥着重要作用。在倡导绿色生活方式方面,社会组织作为环境保护和治理的积极参与者,具有公益性、专业性、独立性和灵活性的特点,在某种程度可以跨越区域利益的约束,具有其他行为主体所不具备的优势,其根植于公众基础的强号召力,以"道义、规范"为环境保护的依据,是环境治理与保护的一种"软权力",在环保领域中成为继政府与企业之外的参与环境保护与治理工作的第三支力量,不断发展和壮大环境治理的社会参与力度。在推进环保立法方面,社会组织发挥着不可或缺的重要作用,不仅能为环境保护制度提供前瞻性的思想和理论,还能对环境保护政策的实施起到监督的作用。在普及环保知识方面,社会组织在宣传环保知识、环境教育以及环境伦理建设方面具有不可比拟的优势,比如,世界自然基金会在西藏羌塘自然保护区进行环保宣传工作时,主要采取定期向牧民发放宣传资料和放映宣传短片等形式,让牧民知晓珍稀野生动植物对平衡高原生态环境的重要性,进而提高牧民的生态环境保护意识。可见,环保社会组织在宣传环保知识方面发挥了巨大作用。

公众是区域空间的重要载体,也是区域环境治理的实践者、获得者和监督者,换句话说,区域环境质量的好坏与公众的生产和生活息息相关,因此,京津冀区域环境协同治理要让公众成为区域环境治理的重要参与者,要将培育公众环境保护和治理的文明意识,作为区域环境协同治理的主线。一方面,要拓展公众参与区域环境治理的渠道。在现行的环境保护立法中,民众对其周边的生活环境非常了解,能够切身体会到区域环境质量的变化,是区域环境质量改善的晴雨表,也是区域环境保护和修复治理的主体力量。因此,要从参与、监督、回馈等层面调动公众的参与热情,为区域环境质量可持续性改善保驾护航。另一方面,要提升公众参与区域环境治理的知情权和监督权。区域环境质量情况要进行实时的更新和公布,只有确保公众的知情权,才能真正让其成为最有效的环境质量监督者,进而倒逼区域环境的整体向好改善。

2. 京津冀协同环境治理的机制创新

为促进京津冀环境协同治理共生系统功能的发挥,推进多元治理主体间的互促互进,协同治理,共同进化,要从加强"要素流"共享制度建设,完善区域法律法规保障机制,构建政府与企业、公众之间的良性互动机制等方面,提高京津冀环境治理的整体效能。

(1)加强"要素流"的共享和回应机制建设

环境信息、技术、政策等属于京津冀环境治理的"要素流",也是三地环境协同治理的基础。从信息协同共享、社会监督反馈、技术共享三个方面,拓展京津冀环境治理的协同共生界面,形成稳定的协同共生关系。

首先,完善信息协同共享机制。为了打破行政壁垒和区域限制,在统一京津冀环境监测数据标准的基础上,积极推进三地环境信息大数据建设。通过信息大数据的开放、协同和共享,打破传统区域或部门间的"数据孤岛"现象。① 为确保环境信息大数据的安全,要推进环境信息大数据在使用与应用上的法制化和制度化建设。

其次,建立社会监督反馈机制。社会监督反馈既是社会各主体参与环境治理的互动过程,也是形成协同共生稳定关系的必然要求。一是强化环境治理信息的公开披露制度。公众和社会组织只有充分了解政府对环境治理采取的政策

---

① 何玮、曾晓彬:《跨域生态治理中政府"不合作"现象分析及完善路径》,《中共宁波市委党校学报》2019 年第 2 期。

措施,了解企业的环境信息,包括排污清单、监测标准、环境信用等级等方面的内容,才能通过监督反映环境问题,督促政企双方统筹生态环境保护与高质量发展之间的关系。二是加强回应程序。政府部门接到企业、公众及社会组织反映的环境问题后,及时回复并解决这些问题,形成多元主体间的良性互动。其中,环保组织"自然之友"保护滇金丝猴和藏羚羊行动就是很好的例证。三是为提高社会多元主体参与的主动性、积极性和创新性,要建立健全环境信息及时发布和互动网络平台。

最后,推进技术共享机制。京津冀环境协同治理,一方面要重视和利用好现代信息遥感技术,通过大数据驱动助力产业主导功能区的规划升级,监测资源动态变动情况,消除"数据孤岛""数据烟囱"的状况,建立从数据采集到环境监测再到智能分析与信息共享等多种功能的天地水立体数据综合平台,为三地环境状况评价、变化趋势分析、预测预警及综合监管提供支撑。另一方面,为有效防范生态环境风险,需要提高环境质量监测的立体化、自动化和智能化水平,实现对京津冀区域环境状况监管的全覆盖,避免环境污染的"破窗效应"。

(2)完善区域法律法规保障机制

完善的法律规章制度,不仅可以提高环保部门的权威性,还能有效降低环境执法的成本。因此,需要树立环保的法制思维,构建完善的法律法规体系,并建立统一的环境规划以及环评标准。通过法律制度切实保障京津冀三地协同治理不间断、不走偏。[①]

与此同时,京津冀环境协同治理的实现,也需要规范化、透明化执法。要在不断健全区域大气污染联防联控法律法规政策体系的基础上,持续推动全覆盖、常态化的中央环保督察。加快建立京津冀区域间大气污染公益诉讼联动机制、法院执行联动小组,确保区域案件裁判标准统一。严格依法行政,依法治理,改善环保执法细节。提升执法透明度,应让企业和公众对执法标准、法律依据看得明白,心中有数,这样才能减少误解和对立情绪,提高公众的参与度和满意度。

---

① 周扬胜等:《从改革的视野探讨京津冀大气污染联合防治新对策》,《环境保护》2015 年第 7 期。

（3）构建政府与企业、公众间的良性互动机制

京津冀环境污染的跨区域公共性、流动性、持续性和复杂性的特点①，以及环境治理涉及多元治理主体间的复杂关系，这些都给三地环境治理增加了难度。在京津冀环境治理过程中，多元治理主体对共生单元资源和要素的依赖性不断增强，政府作为环境治理的引导者，应从"万能管家"转变为"协作伙伴"②，将企业、公众及社会组织纳入跨区域环境治理体系之中，形成"三个"良性互动（如图5－3所示）。

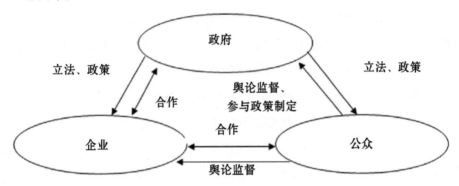

图5－3　京津冀环境协同治理主体间的互动

首先，政府与政府间的良性互动。京津冀三地政府是环境治理中的核心主导力量，是环境规划、标准、政策、法规的制定者和执行者，也是环保执法、环境督察的考核者和监督者，更是京津冀协同共生环境的主导者和构建者。京津冀三地政府应树立"生态人"和"道德人"的协同共生理念③，追求京津冀环境协同共治的目标和价值观。协调好京津冀三地政府间的利益关系，实现三地政府间的条块互动、上下联动。在环境治理上，建立信息共集、共享、共用的"共容利益，强

①　李冠杰：《"协同共生"：区域生态环境治理新范式》，《武汉科技大学学报》（社会科学版）2017年第6期。

②　王欣：《京津冀协同治理研究：模式选择、治理架构、治理机制和社会参与》，《城市与环境研究》2017年第6期。

③　秦书生、王艳燕：《建立和完善中国特色的环境治理体系体制机制》，《西南大学学报》（社会科学版）2019年第2期。

调由内而外的相互尊重、认同、平等和信任；在协同共治上，整合区域各环境要素，贯通环境协同的上、中、下游各个环节，逐步拓展协同治理领域，延伸环境治理链条。

其次，政府与企业间的良性互动。企业具有多重身份，既是环境污染的主要制造者，又是环境治理的主体力量，其责任是由"被动督察治污"转变为"主动减污治污"，走绿色生产和高质量发展道路。政府在环保执法和监管督察的基础上，要充分发挥市场作用，引导环境服务类企业由"单打独斗"向集群模式转变，督促企业强化环境信息披露，实现政企在环境治理上的"绿色共赢"。同时，要加强政企间的合作，积极推进 PPP 模式，鼓励企业和政府之间基于 PPP 项目的合作，尤其是在重大环保项目、第三方环境治理等方面。政府还要监督和引导企业主动承担环境治理责任，积极为社会提供良好的环境产品和服务。

最后，政府与公众及社会组织间的良性互动。公众和社会组织作为环境治理的主体，其最大的特点就是数量多、规模大、接地气。其中，公众的生活习惯和消费行为对环境治理有着重大乃至决定性作用。环境治理体系现代化的标志就是"环保最大公约数"力量的广泛参与，也就是实现政府与公众和社会组织的良性互动。一方面，要鼓励公众生活和消费绿色、低碳化，让节能（节电、节水等）、垃圾减量、循环利用、分类处理等成为一种自觉，一种习惯。提倡公众以个体或团体的名义，对各类环境问题、环保执法等情况进行监督和反馈。另一方面，鼓励社会组织尤其是环保社会组织充分体现其环境保护的宗旨，积极发挥宣传教育、环境问责、公益环境诉讼、野生动植物保护等方面的作用，为政府制定环境政策建言献策。为此，政府要为公众和社会组织参与京津冀环境治理提供平台，建立完善的参与和介入环境治理的运行细则，从而发挥公众和社会组织的智慧与创造性。

3. 京津冀协同环境治理的利益分享

注入利益补偿新动能是实现京津冀环境协同治理的关键环节，因此，需要在京津冀建立环境治理的生态补偿机制，以协调主体间因区域环境治理任务和治理能力差异，平衡跨区域环境治理主体间的利益关系，为三地环境协同治理注入新动能。

（1）建立利益互惠的市场机制

从环境污染治理投资额占 GDP 的比重来看，北京市为 1.31 ％，天津市为 1.55%，而河北省为 2.54%，河北省的生态治理负担要明显高于其他两个省份。[①] 在一定程度上可以说，协调好三地环境治理关系的难点在于协同解决分离不同行政区划的生态涵养地区生态保护与社会发展之间的矛盾。在这一问题上，既需要建立政府间的行政协调机制，更需要建立健全一系列市场化环境治理投入机制、生态资源产权制度以及跨区域抉择机制。

一是完善环境治理投入机制。为了防止"公地悲剧"的发生，京津冀要加强环境治理上的财政支持力度。鉴于三地经济发展水平上的差异，可在三地统筹制定生态红线标准，协同推进"三线一单"的编制和落实工作。并以此为依据，逐步完善环境治理的税收体系，包括环境的服务、污染、资源以及产品等方面，通过市场机制，鼓励和引导多元治理主体的参与。同时，积极探索构建重点区域、流域环境风险应急统一管理机制，预先防范和应对区域发展风险。加强京津冀区域环保信用联合惩戒和责任追究机制。

二是建立政府主导的排污权交易制度。为了防止"公地悲剧"的继续，可以采用公共资源私有化制度。例如对大气这种典型的公共资源，在进行治理时，可以通过立法或者新手段构建大气污染排污交易权制度，对区域内的大气资源实施私有化政策，由排污企业以及排污消费者来承担大气污染的资金成本。一方面要从宏观上进行调控，另一方面还要对省、市、县等的调控目标进行细化。此外，还要对排污交易市场进行有效的监管。

三是对成本分摊机制进行创新与改革，促进协同治理效果的提升。一方面，三地政府要在环境治理方面加大投入。尤其是财政投入上，要承认并尊重河北省在三地环境治理中的历史贡献以及重要地位和作用，同时完善并调整污染者

---

① 王家庭、曹清峰：《京津冀区域生态协同治理：由政府行为与市场机制引申》，《改革》2014 年第 5 期。

付费方式和受益者补偿机制。另一方面,对区域内环境治理的关键地区进行对口帮扶。采用技术支持、资金支持以及项目支持等方式,对河北进行重点支援,从不同层面实现对口支援,加强合作。

(2)建立利益分享的补偿机制

一是建立完善生态环境保护补偿机制。建议三地政府设立专项"项目支持和奖励",对污染治理的补偿基金进行转化,通过项目的形式实施产业替换,从而补偿当地由于产能削减而导致的失业与再就业问题,还可以通过新能源开发、污染处理技术开发以及发展清洁能源技术等方式,进行生态补偿,对于实施清洁能源开发的企业,在企业搬迁、建设用地以及资金等方面进行支持,鼓励生态产业的发展,帮助落后地区"造血",形成发展能力,通过外部补偿促进产业内部的自我更新与自我发展。

二是健全财政转移支付制度。从整体性视野出发,统筹推进三地生态资源产权交易配置机制建设,逐步建立完善的排污权交易市场,促进跨地区金融、资金、技术、教育、就业及其他基本公共服务领域的合作,优先扶持帮助生态涵养保护地区社会发展。京津冀协同发展进程中,为有序疏解北京非首都功能、优化提升首都功能、缩小京津冀发展差距、优化经济结构和空间结构,必须正确处理好追求经济效率和社会公平两大目标的关系。为此,京津冀应当加强战略规划协调,促进发展规划区域衔接,并基于战略协同联动实现区域发展有序竞合,特别是在制定实施低碳战略规划方面,要注重统筹推动三地产业结构调整,合理安排产业项目,共同优化区域能源结构,更好实现区域均衡发展。

三是拓展利益补偿的融资渠道。京津冀环境治理是一项持久性的工程。为保障环境治理过程中资金链的顺畅,要建立企业、社会等多元化的融资渠道,同时还要规范环境治理资金的管理制度,注重环境治理资金的使用去向,提高资金使用的透明度。

(3)建立利益分享的认同和尊重机制

利益关系是区域环境协同治理的基础,而其他关系是协同治理的具体表现。要想协调好区域政府间的利益关系,首要任务就是找到区域内各地政府同性或共容的利益,并将这些利益关系互为依托,形成一个统一整体。比如,在环境治理过程中,改善三地的空气质量就是三地的"共容性利益",但在治污过程中,如果需要牺牲某地的其他利益时,而某地又得不到区域内另外两地的认同和尊重,以及相应的人力、财力或物力等方面的支持和补偿,那么这种治污政策就会受到执行阻力,从而不能持续实施。所以,京津冀地区在协同治理环境中要始终将利益协调放在首位,要对各方的具体情况进行综合考虑,对其利益需求充分尊重,通过协商构建协同治理的具体方案。

第二节　城乡协同环境治理模式与创新

城乡协同环境治理包含在协同治理框架内,是指在城乡公共环境的治理过程中,城乡各主体根据自身的特点和优势,在身份、权利平等的基础上,与其他主体进行全方位、多层面的协调合作,以网络化合作的整体优势,实现自身利益、公共利益及生态环境最优的目标。[1] 从宏观尺度来看,城市化进程导致诸多环境和气候变化问题,例如水资源短缺、粮食减产、土地荒漠化、温室气体排放和沿海基础设施受损等,这些对城乡居民产生同样的影响。[2] 环境可持续发展需要城乡协同行动,如加强环境保护、避免弱势群体遭受环境灾害等。在微观尺度上,城市化进程加快不可避免地引起城乡之间的环境冲突,其典型体现在城乡交错带生态环境脆弱,出现资源短缺、环境污染、生态破坏等问题。解决这些问题亟待多

---

[1]　刘文浩、张毅:《基于城乡协同的乡村治理路径》,《山西财经大学学报》2017 年第 S2 期。
[2]　屠启宇主编:《国际城市发展报告(2019):丝路节点城市 2.0:"一带一路"建设重心与前沿》,社会科学文献出版社 2019 年版。

元化的主体共同参与,构建协同合作机制。① 无论宏观还是微观尺度,应创新适合我国基本国情与发展实际的城乡协同环境治理理论与实现路径,推动城乡环境可持续发展。

一、城乡协同环境治理的内涵

1. 内在逻辑

环境治理是诸多社会治理组成中的一部分,城乡社会治理随着城乡关系的演进而发生变化。城市和乡村是空间镶嵌、结构互补、功能耦合、相互作用的复杂地域系统②,城乡关系实际上由经济、社会、文化子系统构成,要理解城乡间协同环境治理的内涵,首先需厘清城乡经济、社会和文化的关系。

(1)城乡经济关系

城乡间经济差距一直存在。城乡二元结构其实质是城市—农村两大部门,城市市民—农村居民两大群体在经济资源分配过程中形成的一种状态。改革开放后,虽然极大地解放了生产力,但加大了市场经济条件下城乡之间各项资源的不公平分配。2003 年提出推进城镇化建设,特别是 2006 年取消农业税以后,逐渐开始工业反哺农业、城市支持乡村,但马太效应已经显现,城市与农村之间的经济差距呈现扩大的趋势,且东西、南北区域差异明显。

城乡经济关系体现在生产要素在城乡间的流动,如劳动力、资金以及技术。改革开放特别是近 30 年来,农业产业相对落后以及农村生活条件落后等因素,导致全国范围内农村劳动力向城市大规模的单向流动。随着城乡统筹发展,发达地区逐渐改善了城乡之间产业对立、各自为营的发展模式,农业加工业与城市工业、服务业结合发展。

城乡经济关系最终应通过城乡统筹发展实现城乡一体化,根据发展经济学的理论,其关键在于异质的二元经济结构转化为同质的一元经济结构,即如何消

---

① 秦柯:《我国城乡结合部生态环境治理的路径选择——基于多中心理论的视角分析》,《中南财经政法大学研究生学报》2016 年第 1 期。

② 刘彦随:《中国新时代城乡融合与乡村振兴》,《地理学报》2018 年第 4 期。

除城乡间的制度壁垒从而减少城乡居民生活水平的差距。应正视城乡经济差距，努力实现城乡经济一体化，通过科学合理的政策手段、城乡规划等弥合城乡经济结构鸿沟，加强城乡间经济联动以及优化城乡产业布局，无论是采取先富带后富产生的涓滴效应，还是直接投资于落后乡村地区，最终缩小城乡经济差距。

（2）城乡社会关系

城乡经济一体化不能完全体现城乡协调发展，还需在社会关系方面实现良性互动，主要体现在城乡公共服务以及城乡社会管理中的公共服务均等化、现代化乡村治理等。

城乡间在公共服务领域也存在差距，不均等的供给体现在基础设施建设、基础教育、社会保障和医疗卫生四个方面。城乡间基础设施的差距一直存在，基础设施的不完善导致城乡居民生活质量差距逐渐拉大，农民背井离乡去城市寻找工作机会。城乡教育水平失衡，无论是获取教育经费、吸引师资力量、办学软硬件等方面乡村与城市均存在巨大差距。尽管已经建立了农村社会保障体系，但部分农民、一些进城务工人员仍然被现代社会保障体系排除在外，成为边缘群体，不能享受到应有的各种保障措施。大医院集中在城市尤其是大城市，农村医疗卫生条件差，有些偏远地区甚至不能保证基本的医疗卫生服务。

改革开放以后我国实行的乡村治理结构为从上到下的垂直模式，遵循"乡镇政府—村两委—村民"的治理模式。在快速城市化、工业化向现代转型的变革下，这种传统的乡村治理模式由于受到变革的冲击而发生变化，垂直模式以及农村价值体系发生了巨大变化。近年来随着信息传播迅速加快，城市的生活方式和价值观念为农村提供了新的样本，旧的乡村秩序发生动摇。同时一些地区也在探索新的治理模式，例如由政府、农民协会、城市、企业、高等院校、农村金融机构及乡村精英等多元主体参与构建的"有限政府、农民主体、依托农协、全社会参与"模式。

（3）城乡文化关系

经济基础决定上层建筑，城乡间经济与社会的平衡发展对城乡文化融合有着重要意义。我国传统文化是建立在农业文明之上的文化，其本身并无城乡之分。随着信息技术的飞速发展以及智能手机的迅速普及，信息的流动及生活方式的传播也对城乡文化整合的空间结构有着深刻影响。城里人面对迅速城市化而带来的空气污染、生活空间逼仄、现代生活压力大等困境，逐渐向往乡村的自然景观和乡愁文化，乡土文化可以满足城市人的这种向往。

（4）城乡环境治理的内在逻辑

城乡生态环境关系的本质是城乡间人口、资源和环境的配置关系。粗放的增长方式，过度的资源开发以及协同管理手段的缺失，环保意识薄弱，环保政策不完善，导致城乡环境治理矛盾日益凸显。

当前我国城乡环境治理的内在逻辑是以由上到下的政府行政干预管制模式为主，"平等－互利"为主要特征的市场调控模式为辅，公众参与机制仍不完善。农村环境治理水平和效率均不高，主要原因在于环境法治不健全，治理主体缺失，缺乏环保资金，以及存在环境治理公共品"搭便车"现象。城乡环境问题有着区域差异，城乡交错带是环境问题最为突出的地区，其问题包括城市污染物溢出、城乡土地资源的可持续利用、生态控制线的优化及生态景观营造等问题。

总体来讲，我国的城乡环境治理协同化程度虽有所提高，但明显滞后于经济一体化程度，且受制于城乡社会治理水平的发展，其症结在于乡村文化体系的失语。

2. 行为主体

城乡协同环境治理的行为主体是指行使某项行为的自然人、法人和其他组织等，包括各级政府、乡贤精英、工商企业、种养大户、普通民众。在农村又包括村委会自治组织，以及经济行业组织、社会中介组织、基层公共服务性组织、群众团体等环保社会组织构成的多元化环境治理体系。不同行为主体有着不同的利益诉求，环境治理过程中各行为主体之间不断进行利益博弈，并相互影响、相互制衡，贯穿整个环境治理的始终。

（1）各级政府组织

从中央到地方的各级政府组织对城乡协同环境治理起到主要责任。政府为环境治理制定各项规章制度，提供各种环保公共产品，进行环保监测与执法。

省—市—县—镇(乡)各级政府通过不同部门条块分割,逐级向下传递政策要求。

(2)工商企业、种养大户等组织

一方面这些组织是政府进行环保监督的主要对象,另一方面这些组织能够聚集城乡的人力、技术等各项资源,进而发挥优势进行环境治理;既是公众监督的对象,也是公众利益的代表。

(3)普通民众

普通民众包括城市居民和农村居民,环境治理关系到普通民众生存和发展的环境诉求。当生存环境受到威胁,如在居民生活范围内建垃圾填埋厂,普通民众的诉求如何由下而上传递给政策制定者,便成为普通民众的环境诉求。

(4)村委会自治组织

在现行治理模式下,村委会既代表了村民对于环境治理的诉求,又必须充当上级政府的代理人。

(5)环保社会组织

环保社会组织可以充分发挥社会中介的积极性,一方面监督环境污染方的行为,一方面为政府提供政策建议。

(6)乡贤精英

乡贤精英即所谓的"能人",其出现填补了村委会权威不够和村民意见不能向上传达的缺陷。

二、城乡协同环境治理的作用机制

1. 作用机制

城乡环境协同治理发生在城乡间经济、社会、文化等相互关系的框架之内。系统内多种关系、多元主体之间交互影响,在诱发机制、支撑机制、引导机制、引擎机制的共同作用下,形成各种或分散或重叠的力量,对城乡协同环境治理的效果产生影响。

(1)诱发机制

环境污染并不能自然诱发城乡间协同治理。城市文化的输出和乡村文化的式微,信息技术的迅速发展,城乡间基础建设的完善和技术进步,导致城乡间各种要素的自由流动和结构调整,引起农村居民生活方式和价值理念的变化,并在环境治理过程中对乡村的经济社会形态造成一定影响。城乡经济二元性导致城乡间环境污染不同步,环境污染随着经济水平的提高而呈现先增长后降低的倒"U"形曲线,而城市经济发展快于农村,在城市已经进入环境治理水平逐步提高阶段后,农村地区才步入重视环境的阶段。农民对于城市生活的模仿和对美好生活的向往,在环境治理方面必然显现出农村地区治理力量的不足,因此诱发城乡协同治理的内在要求。

（2）支撑机制

城乡间的区位关系决定了城市和农村之间环境交互影响的程度,城乡距离越近,两个部门间的环境互动越频繁,协同治理的需求越迫切。城乡所处区位决定了该地区的环境污染水平和治理能力,例如东部发达地区的环境问题通过区域联防联控、城乡一体化等得到解决,而不发达地区的城乡之间环境协同机制还有待完善。

（3）引导机制

城乡治理模式、农村发展政策和市场调节共同引导城乡协同环境治理的各方面。我国"省—市—县—乡"的垂直治理模式是政府干预环境治理的主要手段,从上到下的环境部门条状机构,再到基层组织形成块状机构,条块组织在环境治理中相互交错、彼此协调。农村治理采取村民自治组织模式,而村两委在环境治理中充当组织者的角色。国家先后实施的以城市为中心的新型城镇化政策,到农村偏向的美丽乡村、农村人居环境整治等政策,都在逐步完善城乡居民生活环境,引导各项资源力量向农村倾斜。市场调节各方主体在环境治理中的作用,引导社会资本向环保领域聚集。

（4）引擎机制:各行为主体

各级政府、村委会、乡贤精英、工商企业、种养大户、普通民众、环保社会组织等多元主体在城乡协同环境治理中发挥各自的作用,构成其引擎机制。各级政府作为环境治理的责任主体,担当治理人的角色,在环境治理、资源分配、污染执法等方面起到重要作用。村委会作为村民意见代表和上级政府的传达机构,能够将分散的农民凝聚在一起,对于农村环境治理起到基础性作用。乡贤精英是农村环境治理中重要的一环,其开阔的眼界和权威号召力是改善农村环境治理效果的催化剂。城市居民和农村居民作为普通民众,其对于环境治理的满意度、知晓度和参与度是城乡协同环境治理的关键。

2. 问题凸显

农村环境的重要性不亚于城市环境,城乡之间的环境不断交互影响,特别是城乡交错带环境问题突出。而城乡协同环境治理在现阶段还不是很充分,主要存在经济、社会与文化三方面问题。

（1）经济:城乡投入不平衡

经济基础决定上层建筑,城乡间经济二元性导致的城乡经济差距同样映射在环境治理上,存在城乡环境治理投入资金不平衡问题。环境治理属于公共服务,需要大量人力、物力、财力的支持。城市经济发展水平较高,出现环境问题时其财政有足够的实力进行治理,而农村的环境治理经费主要来自乡以上行政部门的财政拨款,如果该地区本身属于经济较落后地区,则分摊到环境治理头上的资金就屈指可数。同时,在地区财政资金统筹安排方面,由上级部门决定分别用于城市和农村的环境治理资金,一般会优先考虑城市问题。同时,人才在城市集聚,农村地区人才流失严重,留守农村的大多为老弱幼小,这种人力资源的缺乏,使得农村地区的环境问题更加不被重视。

（2）社会:治理结构痼疾

我国的行政治理模式有着高效集约的优点,但也存在条块分割尾大不掉的缺点。在环境治理工作中,省、市、县三级均有专门的生态环境部门,而到了乡镇、村则没有专门的环境治理机构,基层工作分散到农业、水利、林业等多个相关部门。一旦出现需要治理的环境问题,各部门从上到下下达指令,而基层单位治理压力巨大。城市还有专门的环境部门处理问题,农村则治理力量薄弱。农村地区由国家出资建好环保设施后,还有"最后一公里"的衔接问题,需要国家介入与农民合作,要依靠自上而下的组织机制。

在农村,环境治理经费一部分由上级单位拨款,另外一部分需要村民自筹,无法收取共同费用,则不可避免产生"搭便车"的行为。

(3)文化:农民话语缺失

由于乡村文化的式微,城市文化强势输出,农村人口结构失衡,精英流失等,导致农民群体的话语缺失。在环境治理问题上,农民是农村环境治理的最终受益人,环境污染导致的各种问题最终也由农民买单。农民失去话语权,因此这一群体对环境治理的参与度降低,或由参与者变为旁观者。城乡环境协同治理的城市和乡村之间变为不平等关系,农民成了需要被拯救的群体。农民话语权的缺失,导致环境治理不以农民的需求为主,而逐渐演变为城市主导的改造运动。

三、城乡协同环境治理效果及支付意愿的影响因素分析——基于天津市问卷的调查数据

1. 以农民为主体进行环境治理的必要性

改善农村人居环境,建设美丽宜居乡村,是实施乡村振兴战略的一项重要任务。2018年1月,《中共中央、国务院关于实施乡村振兴战略的意见》提出,要持续改善农村人居环境。同年2月,中共中央办公厅、国务院办公厅印发《农村人居环境整治三年行动方案》,要求东部地区、中西部城市近郊区等有基础、有条件的地区,人居环境质量全面提升,基本实现农村生活垃圾处置体系全覆盖,基本完成农村户用厕所无害化改造,厕所粪污基本得到处理或资源化利用,农村生活污水治理率明显提高,村容村貌显著提升,管护长效机制初步建立,同时要求各地区各部门结合实际情况认真贯彻落实。2019年3月,中共中央办公厅、国务院办公厅转发了《中央农办、农业农村部、国家发展改革委关于深入学习浙江"千村示范、万村整治"工程经验扎实推进农村人居环境整治工作的报告》,并发出通知,要求各地区各部门结合实际认真贯彻落实。"乡村兴则国家兴,乡村衰则国家衰。"乡村振兴,意义重大。农业强不强、农村美不美、农民富不富,决定着我国全面小康社会的成色和社会主义现代化的质量。农村人居环境整治是关系农村美不美的工具箱,是影响农业强不强的助推器,是体现农民富不富的晴雨表。

农民是农村环境治理的直接受益者,其对农村环境治理效果的满意度是评判环境治理效果最直接的反映,而农民对于环境治理是否有付费意愿,影响到环境政策的制定以及实施效果。但城乡之间的差异性一直存在,环境治理难度也存在诸多不同。随着城市化发展,传统农村各方面受到经济社会发展的影响,大城市郊区农村尤其受城市中心人口、经济等发展压力的影响,资源、环境和生态等正面临着巨大压力。①

农村环境治理需要城乡协同,需充分考虑不同地区、不同类型乡村对于环境治理效果的评价,能够完善环境治理政策和措施的实施,对城乡协同进行环境治理具有重要引导作用。

有学者从农户角度考察农村生活环境公共服务供给效果及其影响因素②,林丽梅等人从水源地入手,研究农村的生活环境治理效果和支付意愿,并考察不同收入层次的农户改变环境意愿的强度③。除了定量研究,还有从运用定性研究、个案研究的方法来梳理协同治理的城市生态文明建设路径。④ 总体来看,对农村环境治理的研究大多考察农户对于环境治理效果和支付意愿的影响因素,较少考虑城乡之间协同效果问题。本节通过对大城市(天津市)郊区农村的问卷调查,使用有序 probit 模型(ordered probit),主要考察城乡协同治理效果,研究农民对农村环境治理效果的满意度、支付意愿及其主要影响因素,旨在为下一步农村人居环境整治提出有效的政策建议。

2. 问卷调查基本情况与研究方法

(1)问卷调查基本情况

本文调研数据来自天津社会科学院"天津农村人居环境整治问题研究"课题小组于 2019 年 3 月至 7 月对天津市 9 个涉农区 15 个镇的 23 个村域 1204 名村

① 于水、帖明:《协同治理:推开城乡结合部生态环境治理的大门》,《环境保护》2012 年第 16 期。

② 罗万纯:《中国农村生活环境公共服务供给效果及其影响因素——基于农户视角》,《中国农村经济》2014 年第 11 期。

③ 冯庆等:《水源保护区农村公众生活污染支付意愿研究》,《中国生态农业学报》2008 年第 5 期;林丽梅等:《水源地保护区农村生活环境治理效果评价分析——基于农户收入异质性视角》,《生态经济》2016 年第 11 期。

④ 刘晓文:《基于协同治理的城市生态文明建设路径研究》,郑州大学硕士学位论文,2018 年;马云超、王珏:《近郊生态农业与西部生态城市建设协同发展研究》,《环境科学与管理》2017 年第 11 期。

民所做的问卷调查。这23个村的选取主要考虑因素如下：①地理位置多样性；②经济水平有优劣；③不涉及城镇化（离城区近的村已搬迁"上楼"）。确保选取出的村最能代表每个镇的情况。

经过一次小规模预调查，课题组成员对问卷初稿进行适当修正，最终确定问卷整体内容。问题采取单选、不定项选择、排序和自由发挥等形式，除对环境治理满意度和环境保护支付意愿外，内容还涉及个人及家庭基本情况、有关乡村卫生环境状况及对环境治理的认知等共24个问题。

每个村抽样调查约50名村民，采取随机抽取的方式，由调查员面对面询问、村民逐一回答问卷问题。23个村共1204名村民，其中对农村环境治理效果方面有效问卷1094份，占总调查数的90.86%；对农村环境治理支付意愿的有效问卷812份，占总调查数的67.44%。问卷录入后经过整理形成原始数据。

（2）被访者基本情况

被访问农民的基本特征如下：①个人基本特征（表5-2）。被访者中绝大多数为女性，占被访总数的60.7%；多数被访者年龄集中在41~70岁之间，占被访总数的73.5%，最低年龄为7岁，最高年龄为100岁，平均年龄为55.11岁；在受教育程度方面，被访者学历以初中以下的居多，占83.8%；政治面貌大多数为群众，占全体的85.8%。②农户基本特征。家庭人口以5人及以上为主，占被访问总数的35.8%；家庭年收入集中在1万~3万元的区间内，占被调查总数的36.3%。被访者家庭住址距离所在区中心的距离最近为8.1公里，最远为52公里，平均距离为20.3公里；距离所在中心镇的距离最近为0.2公里，最远为15公里，平均距离为3.97公里。

被访问者总体能够代表大城市郊区农民的基本特征，从问卷中能够反映农民对农村环境治理的知晓度、满意度、参与度，这对揭示城乡协同农村环境治理的满意度、付费意愿及其影响因素提供了良好的数据基础。

表 5 - 2　调查对象基本特征描述

统计指标		比例
性别	男	39.30%
	女	60.70%
年龄	30 岁以下	5.50%
	31~40 岁	9.80%
	41~50 岁	16.00%
	51~60 岁	29.60%
	61~70 岁	27.90%
	70 岁以上	11.20%
教育水平	小学及以下	43.60%
	初中	40.20%
	高中	11.80%
	大学	4.10%
	研究生及以上	0.40%
政治面貌	中共党员	11.50%
	共青团员	2.70%
	群众	85.80%
家庭常住人口	1 人	3.80%
	2 人	24.80%
	3 人	18.50%
	4 人	17.20%
	5 人及以上	35.80%
家庭年收入	10000 元以下	25.30%
	10001~30000 元	36.30%
	30001~50000 元	24.90%
	50001~80000 元	8.90%
	80001 元以上	4.70%

（3）研究方法

由于被解释变量为环境治理满意度和付费意愿,均为排序数据(ordered data),解释变量大多为虚拟变量,如果使用多分类 logit 模型将忽视数据内在排序,使用普通最小二乘法(OLS)会将排序视为基数处理。因此使用有序 probit 模型(ordered probit),并使用潜变量法推导最大似然估计法(MLE)估计量。

假设 y^* 为一个由式(1)决定的不可观测变量,x 是由 $x_1, x_2, \cdots, x_k$ 等自变量构成的向量,

$$y^* = x\beta + \varepsilon \tag{1}$$

假定 ε 独立于 x,且服从标准正态分布:$\varepsilon \sim N(0,1)$,其累积分布函数为 $\Phi(z)$。选择规则如下:

$$y = \begin{cases} 0, & \text{若 } y^* \leqslant r_0 \\ 1, & \text{若 } r_0 \leqslant y^* \leqslant r_1 \\ 2, & \text{若 } r_1 \leqslant y^* \leqslant r_2 \\ \quad \cdots\cdots \\ J, & \text{若 } r_{J-1} \leqslant y^* \end{cases} \tag{2}$$

其中 $r_0 < r_1 < \cdots < r_{J-1}$ 为待估参数,被称为"切点"(cutoff points),由(1)式和给定的假定,可以推导出 y 的响应概率:

$$P(y = 0 | x) = \Phi(r_0 - x\beta) \tag{3}$$

$$P(y = 1 | x) = \Phi(r_1 - x\beta) - \Phi(r_0 - x\beta) \tag{4}$$

$$P(y = 2 | x) = \Phi(r_2 - x\beta) - \Phi(r_1 - x\beta) \tag{5}$$

$$\cdots\cdots$$

$$P(y = J | x) = 1 - \Phi(r_{J-1} - x\beta) \tag{6}$$

由此可写出样本似然函数,并且得出 MLE 估计量,即有序 probit 模型(ordered probit)。

3. 变量说明

(1)被解释变量

选取环境治理满意度和付费意愿作为被解释变量(表5－3)。问卷中调查村民对八类农村人居环境治理措施的满意度,分别如下:生活垃圾治理,生活污水治理,"厕所革命",村容村貌改善(道路、路灯、绿化、卫生),畜禽养殖废弃物处理,地膜、秸秆等合理处置,合理使用农药,村整体环境规划。选项分为非常不满意、较不满意、不确定、比较满意、非常满意五个层次,分别赋值1、2、3、4、5。对环境治理总的满意度取问卷中八个问题的平均值。

对农村环境治理支付意愿分为0元、5元以下、5～10元、10～15元、15～20元、20元以上六个区间,分别赋值0、1、2、3、4、5。首先在询问被调查者支付意愿前设置问题"您是否愿意为自家的污水/垃圾处理支付一点费用?"剔除选择"随大流"的问卷,选择"否"的视作0元处理,剩余有效问卷812份,占总调查数的67.44%。

(2)解释变量

在综合研究目的、已有调研基础以及相关文献的基础上,从个人基本特征、家庭特征、环境治理参与情况三个方面选取12个解释变量(表5－3),包括4个连续变量,8个虚拟变量。其中超过2个选项的描述性变量初始格式为文本型,在模型处理过程中需转换为虚拟变量。

个人基本体特征包括性别、年龄、教育水平以及政治面貌;家庭特征包括家庭常住人口、家庭年收入、住宅距离所在区中心的距离、住宅距离所在镇中心的距离、所在区经济水平,其中所在区经济水平取该区人均GDP;环境治理参与情况包括环境治理参与度、对参与重要性认识、环境治理了解程度。住宅距离所在区和镇中心的距离能够代表城乡之间环境治理的协调性,理论上家庭住址距离区和镇越近,所享受的环境治理服务越充分,城乡之间环境治理的协调性越好。

参与度呈现两极分化的现象,选择"从没参加过"的占比最大,为52%,其次是选择"3次及以上",为33.5%。

问卷中设计问题为"是否有必要进行垃圾分类",来考察对环境治理参与重要性的认识。其中选择"非常没必要"的占7.5%,选择"没必要"的为21.7%,选择"不确定"的有8.9%,选择"有必要"的占比最多,为46%,选择"非常有必要"的占15.9%。

对环境治理的了解程度,选择"比较了解"的村民数量最多,达到41.39%,其次为"不确定",占有效百分比的27.4%。超过四分之一的被访问者对于环境治理的了解程度持模棱两可的态度。

表 5 – 3　变量说明和变量赋值

变量名称			变量赋值	变量类型
因变量	环境治理满意度 sat		1 = 非常不满意,2 = 较不满意,3 = 不确定,4 = 比较满意,5 = 非常满意	排序数据
	付费意愿 pay		0 = 0 元,1 = 5 元以下,2 = 5 – 10 元,3 = 10 ~ 15 元,4 = 15 – 20 元,5 = 20 元以上	排序数据
自变量	个人基本特征	性别 gender	1 = 男,0 = 女	虚拟变量
		年龄 age	被调查村民实际年龄	连续变量
		教育水平 edu	a = 小学及以下(参照值),b = 初中,c = 高中,d = 大学,e = 研究生及以上	虚拟变量
		政治面貌 cod	a = 中共党员,b = 共青团员,c = 群众(参照值)	虚拟变量

变量名称			变量赋值	变量类型
自变量	家庭特征	家庭常住人口 pop	a = 1 人(参照值),b = 2 人,c = 3 人,d = 4 人,e = 5 人及以上	虚拟变量
		家庭年收入 inc	a = 10000 元及以下(参照值),b = 10001 ~ 30000 元,c = 30001 ~ 50000 元,d = 50001 ~ 80000 元,e = 80001 元以上	虚拟变量
		住宅距离所在区中心的距离 dis_qu	家庭住址距离所在区中心的实际公里数	连续变量
		住宅距离所在镇中心的距离 dis_zhen	家庭住址距离所在镇中心的实际公里数	连续变量
		所在区经济水平 eco	村所在区人均 GDP(元)	连续变量
	环境治理参与情况	环境治理参与度 par	a = 从没参加过 52%(参照值),b = 1 次 5.6%,c = 2 次 8.8%,d = 3 次及以上 33.5%	虚拟变量
		对参与重要性认识 imp	a = 非常没必要 7.5%(参照值),b = 没必要 21.7%,c = 不确定 8.9%,d = 有必要 46%,e = 非常有必要 15.9%	虚拟变量
		环境治理了解程度 und	a = 非常不了解 3.9%(参照值),b = 较不了解 13.57%,c = 不确定 27.4%,d = 比较了解 41.39%,e = 非常了解 13.74%	虚拟变量

4. 农民满意度和支付意愿的实证分析

(1)村民对农村环境治理效果满意度的统计分析

调查结果显示,全部被访问农民的满意度评价中,23.82% 的农民对农村环境治理效果"非常满意",52.02% 的农民对治理效果表示"满意",16.84% 的农民表示"不确定"如何评价治理效果,5.81% 的被访问者认对治理效果"不满意",只有1.52%的农民对治理效果表示"非常不满意",所有被访问者的满意度评价平均值为3.86,接近"满意"。

(2)村民对农村环境治理付费意愿的统计分析

对环境治理支付意愿调查结果显示,选择"0 元"的农民最多,占全体有效问卷的40.99%,选择"5 元以下"的农民占全体有效问卷的28.15%,20.72%的被访问者选择"5~10 元",选择"10~15 元"的占3.60%,3.15%的被访问者选择"15~20 元"区间,3.38%的农民表示愿意为环境治理支付超过"20 元以上"。

表5-4 环境治理效果与支付意愿统计表

满意度	占总有效问卷百分比	支付意愿范围	占总有效问卷百分比
非常不满意	1.52%	0 元	40.99%
不满意	5.81%	5 元以下	28.15%
不确定	16.84%	5~10 元	20.72%
满意	52.02%	10~15 元	3.60%
非常满意	23.82%	15~20 元	3.15%
-	-	20 元以上	3.38%

(3)模型估计及结果分析

运用STATA 软件分析全部样本,即被访问者对天津市农村环境治理效果的评价高低的影响因素,使用有序 probit 回归分析,回归结果如表5-5 所示。同样对环境治理支付意愿进行有序 probit 回归分析,结果如表5-5 所示。由结果可见,两组分析模型的似然比统计量(LR)均较大(分别为510.85 和173.29),说明整个方程所有系数(除常数项外)的联合显著性很高;且对数似然比检验的显著性水平均小于0.01,表明该模型的整体拟合效果较为理想。有序 probit 模型中的系数并非边际效应,因此在此模型中该系数仅表示作用方向(正或负)。准 R^2 分别为0.1943 和0.0772,在有序 probit 模型中该值仅做参考。

表 5-5 环境治理效果满意度与支付意愿影响因素的有序 probit 回归结果

自变量		环境治理满意度	支付意愿
个人基本特征	男性	0.025	0.071
	年龄	0.005	-0.003
	初中	-0.196**	0.132
	高中	-0.178	0.282*
	大学	0.098	0.225
	研究生及以上	-0.224	-4.482
	中共党员	-0.088	0.078
	共青团员	0.222	-0.116
家庭特征	家庭成员 2 人	0.097	-0.078
	家庭成员 3 人	-0.041	-0.349
	家庭成员 4 人	0.006	-0.224
	家庭成员 5 人及上	0.064	-0.156
	家庭年收入 10001~30000 元	0.015	-0.032
	家庭年收入 30001~50000 元	0.017	0.198*
	家庭年收入 50001~80000 元	0.229	0.669***
	家庭年收入 80001 元以上	0.278	0.873***
	距离所在区中心的距离（公里）	0.007*	-0.030
	距离所在镇中心的距离	-0.058***	0.025
	所在区人均 GDP（元）	0.005	-0.033**

续表

自变量		环境治理满意度	支付意愿
环境治理参与情况	环境治理参与 1 次	-0.339 **	-0.286
	环境治理参与 2 次	0.365 ***	0.227
	环境治理参与 3 次及以上	0.186 **	0.232 **
	没必要进行垃圾分类	0.066	-0.075
	不确定是否要进行垃圾分类	-0.007	-0.101
	有必要进行垃圾分类	0.090	0.341
	非常有必要进行垃圾分类	0.199	0.272
	对环境治理政策较不了解	0.572 ***	0.115 **
	不确定是否了解环境治理政策	0.858 ***	-0.247
	对环境治理政策比较了解	1.493 ***	-0.041
	对环境治理政策非常了解	3.143 ***	0.467 **
对数似然值(Log likelihood)		-1059.4239	-1036.2946
准 R 方(Pseudo R^2)		0.1943	0.0772
似然比统计量 LR chi2(30)		510.85	173.29
Prob > chi2		0.0000	0.0000

注:表中 *** :$p \leqslant 0.01$; ** :$p \leqslant 0.05$; * :$p \leqslant 0.1$。

①环境治理满意度结果分析

从总体结果来看,教育水平(edu)、住宅距离所在区中心的距离(dis_qu)、住宅距离所在镇中心的距离(dis_zhen)、环境治理参与度(par)、环境治理了解程度(und)是影响农民对农村环境治理成效满意度的主要因素。

教育水平中,只有初中文化水平显著,和对照组小学文化水平相比,对农村环境治理效果的满意度产生负向影响,说明具有初中文化的农民相较具有小学水平的农民对农村环境治理效果的满意度更低。但具有更高教育水平对满意度无明显影响。

住宅距离所在区中心和镇中心的距离对满意度的影响分别在 10% 和 1% 的

水平显著,但作用方向相反,即住宅距离所在区中心越近满意度越低,而距离所在镇中心越近满意度越高。可能的原因是村庄所在乡镇能够提供给临近村庄较好的环境治理服务,农民满意度也较高;而距离所在区较近的农民虽然也享受更多的环境治理服务,却更能够直接感受到城市环境治理效果与农村治理效果之间的差距,从而产生心理落差。

环境治理参与度对满意度产生显著影响。其中(在过去一年中)参与环境治理一次相较从未参与环境治理的农民对环境治理效果的满意度更低,而参与两次和三次及以上的村民比从未参与过环境治理的村民满意度更高。究其原因,在现有乡村治理模式中,只参与过一次的村民更有可能是被临时指派任务,与参与两次、三次以及多次的村民相比缺乏村民主人翁意识。

对环境治理政策的了解程度在1%水平上显著,说明对环境治理政策了解越多,对政策实施的背景与难度有一定理解,更有可能对其产生的效果满意。而对政策不了解的村民,对于环境治理效果的不满意有可能是一种"抱怨",是对改善自身周边生活环境的诉求。

性别和年龄影响因素与满意度之间虽然显示为正相关关系,但在统计学水平上不显著。政治面貌变量对满意度无明显影响,说明无论是党员还是群众,对于环境治理的满意度没有明显区别。家庭成员人数与家庭收入水平对于满意度无明显影响。在实际调研过程中发现,一部分被访问对象对于家庭年收入有低报现象存在,很大程度是因为农民对于调查组员怀有陌生感,从而启动对于陌生人的某种自我保护机制,因此导致收入变量的结果有偏差。被调查者所在区的收入水平也对于满意度不显著,发达地区和落后地区对于环境治理效果的满意度没有差别。对参与重要性认识,即认为垃圾分类重要与否与满意度没有显示出相关性。

②环境治理付费意愿结果分析

从总体结果来看,教育水平(edu)、家庭年收入(inc)、所在区经济水平(eco)、环境治理参与度(par)、环境治理了解程度(und)是影响农民对农村环境治理付费意愿的主要因素。

教育水平中,只有高中文化水平显著,和对照组小学文化水平相比对农村环境治理的支付意愿产生正向影响,说明具有高中文化的农民相较具有小学水平的农民更愿意为获得农村环境治理服务付费。但具有更高教育水平对支付意愿无明显影响。

家庭年收入越高,环境治理付费意愿越明显。这符合主观认识,即使是部分被调查者存在低报收入的情况下,结果仍然可信。收入越高,环境治理付费占家庭总收入的比例越小,农民对价格越不敏感。

所在区经济水平对支付意愿的影响在5%上显著,产生负向影响,可能的原因是经济发达地区已经能够获得较好的环境治理服务,村民不愿意、觉得没必要额外再多付费用;而经济较不发达地区的环境治理成效还有待提升,村民亟待解决环境脏乱差的问题,因此愿意为环境治理付出一定费用。

环境治理参与度对支付意愿产生显著影响。其中参与一次在5%水平上显著,与从未参与环境治理的农民相比更有可能不愿意付费,而参与两次与三次分别在1%和5%水平上显著,与从未参与环境治理的农民相比更愿意为环境治理付一定费用。这与环境治理效果满意度的结果相似,未参与过环境治理的农民更有可能持有依赖政府的环保理念,而积极参与环境治理的农民对环境要求更高,自主意识更强。

对环境治理政策非常了解的农民与非常不了解的农民相比较,在5%水平上更愿意付费,说明对政策了解越多,更愿意支付金钱来改善生活环境。

男性和年轻人更愿意为环境治理支付更多费用,但在统计学上不显著。政治面貌变量对支付意愿无明显影响,说明无论是党员还是群众,对于环境治理的支付意愿没有明显区别。家庭成员越多,越有可能在经济方面更节俭,从而减少支付意愿,但在该模型中不显著。对环境治理参与的重要性认识与支付意愿之间没有显著相关性。

5. 对城乡协同环境治理的启示

(1)结论

本节基于天津市1204份问卷的调研数据,采用有序probit模型,分析了典型

大城市郊区农村的环境治理效果满意度及支付意愿的影响因素,主要结论为:

①农村地区主体居民年龄偏大,文化水平不高,部分村民对调查队员抱有怀疑态度,因此在询问收入时有所保留。超过四分之三的被调查者对于农村环境治理效果表示满意,而五分之二的农民明确表示不愿意为农村环境治理支付费用。

②从整体结果分析来看,农民受教育水平、环境治理参与度、环境治理了解程度对于环境治理满意度和支付意愿均有显著影响。农村与城镇距离能显著影响农民对农村环境治理成效满意度,却对环境治理支付意愿不明显。经济因素是影响农民对农村环境治理付费意愿的主要因素,无论是年家庭收入还是村所在区经济水平,均能够显著影响农民的支付意愿。

其他解释变量虽然对环境治理满意度和支付意愿有正或负向影响,但不显著。

(2)政策建议

对于如何提升农村环境治理成效,得到以下政策启示:

①以个人为基本单元,重视个体素质提升。提高农民受教育水平,提高环境保护基本知识的知晓度,加强农村精神文化建设,同时提高农民收入。鼓励农民参与环境治理,逐步培养农民作为环境治理主体的意识。

②经济较落后地区可引入环保付费制度,多方筹措资金,减少"马太效应"。经济发达地区由于财政宽裕,环境治理经费充足,而经济落后地区却经费紧张。农村环境治理不同于其他公共产品,后期需要持续管护,因资金缺乏的由政府主导治理模式后期不具有可持续性,在政府主导的治理模式下,有不少农户对诸如垃圾、污水处理的农村环境治理项目表现出"免费可享有、自费即拒绝、交费随大流"的心理状态。需要积极引导社会资本和村民力量,共同参与形成农村环境治理管理的长效机制。

③在城乡协同治理方面加强体制机制协作,努力减小城乡差距,构建开放、参与和合作的农村多元环境共治格局。现有治理模式大多遵循行政命令沿市—区—镇—村方向阶梯传递,这种由上级政府主导的治理模式虽然效率高,但存在

诸多缺点。村一级村民自治模式缺乏民意上行通道,在调查中表现为部分被调查者对环境治理效果不满意。基层村委会是提高农村环境治理效果的基本单元,在治理模式上应充分了解民意,利用好民主自治机制,打通民意上行通道,实现城乡间充分协同发展。同时加大环境治理宣传力度,使农民了解环境治理的背景、目的、方法和成效,打通政策宣传下行通道,提高农民对基层组织政策执行落实的满意度。

④对不同类型乡村分类治理。研究结果表明,乡村距离城镇距离不同,乡村类型不同,环境治理的需求也不同。就天津市而言,远郊山区与近郊平原农村在地理环境和环境治理面临的问题上各有不同。提升农村环境治理成效要在确定总体目标的基础上,充分研判不同类型农村对各类农村环境治理服务的需求情况,明确供给优先级别,改善供给方式,由城郊至远郊逐步扩大受益面,尽量保障各种类型农村的环境治理基本需求得到满足,进而提升农民对农村环境治理的满意度。

三、构建城乡协同环境治理模式的路径

构建城乡协同环境治理模式的路径,其基本目标是实现城乡环境治理协同发展新格局,关键在于实现城乡间人与自然的和谐共处,核心内容在于增强城乡关联。

城乡联系是多方面、非线性的城乡之间的互动,是人类可持续发展的重要工具,应充分利用各种互补要素平衡城乡之间的环境要求。为了解决城乡之间出现的各种环境问题,就必须加强城乡关联,扭转城市和农村之间分而治之的局面,加强城乡互动与融合。构建城乡伙伴关系,包括更加平等的关系、健全的体制、立法、规划结构和框架。实施措施有城乡环境基本公共服务的均等化、城乡要素流动、政策保障和多元主体参与。

1. 城乡环境基本公共服务的均等化

环境治理基本公共服务包括环境质量改善和污染治理服务,指在一定社会经济发展阶段,政府为了满足社会公众对良好的生产和生活环境的需要,整合公共权力和各种公共资源,通过各种方式和渠道,向社会公众提供物质形态或者非

物质形态的环境公共产品和服务的行为。① 公共服务均等化,要求政府向城乡居民提供在使用价值和形态上大体相同水平的公共服务。在任何社会中,政府作为社会公共权力机关,不仅承担提供公共产品和服务的职能,也肩负着促进社会公平的重任。②

　　环境基本公共服务的供给要求是需要满足城乡居民最基本、最低的环境要求,居民对环境的要求随着经济发展和生活水平逐渐提高,是一个动态变化的过程。例如农村人居环境整治中的厕所革命,就是基本的环境公共服务,曾经提供旱厕就已经能满足卫生要求,现在需要普及冲水卫生厕所。在城市已经普及冲水厕所的今天,农村地区还需要用"革命"来形容厕所这一生活必需品的供给。我国城乡环境公共服务供给水平差距较大,农村地区供给总量严重不足,旧的环境公共服务已经不能满足人民日益增长的美好生活需要,供给结构失衡,且不同区域的城乡环境公共服务也存在差距。

　　城乡环境基本公共服务的均等化,关键在于提供符合人民当前生活水平的、基本的环境公共服务,且在城乡之间实现均等化。城乡间虽然不可避免地存在经济差距,但基本公共服务不应该因城乡而区别对待,农村居民同样需要洁净方便的饮用水、干净卫生的水冲厕所、集中高效的垃圾处理方式和健康的空气。公共服务领域应首先实现破除城乡二元化,以均等化为目标,逐步缩小城乡间环境基本公共服务的差距。

　　2.城乡要素流动

　　建立城乡协同环境治理的制度框架,构建城市与乡村地区之间的伙伴关系,应围绕促进城乡要素合理的双向流动展开,确保乡村地区发展的要素支撑。增强城乡之间的要素流动,包括有形和无形两种形态。

　　有形的流动主要指资金的流动,城乡之间资金的流动通过财政拨款、市场调节和生态补偿体现。良好的环境为城乡居民生存与发展提供了不可估量的价

---

① 李广漪:《农村环境公共服务质量差距分析》,《乡村科技》(上)2018 年第 10 期。
② 王翠芳:《试探新农村建设中城乡基本公共服务均等化问题》,《经济问题》2007 年第 5 期。

值,生态补偿是保护生态系统、改善生态环境良好而经济相对落后地区、污染者向被污染者补偿的重要抓手。生态补偿需界定补偿主体、补偿程度和补偿方式,例如城市的垃圾焚烧厂建在城郊农村地区,那么城市必须考虑焚烧厂对周边居民的影响,应采用生态补偿的方式向农村地区支付费用。市场可以调节资本要素在城乡自由流动,合理引导环保资本向农村地区倾斜。

人在构建有形与无形的城乡联系中发挥着至关重要的作用。在劳动力要素流动方面,改变以往从城市到农村的单向流动,促进劳动力特别是人才双向流动,吸引环保人才在城乡间自由流动,既要使劳动力能够在农村有一席之地,又要使劳动力愿意留下来,从而提高农村地区的环境治理能力。

无形的流动包括信息和技术的流动。环境知识技术要素、环境管理服务要素,同样需要打通流通渠道,促进城乡间信息技术相互流动,建立城乡协调的制度框架,优化配置环保资源。新的信息和通信技术支撑了信息的流动,克服了空间和时间问题,加强了城乡之间的联系。城市往往有着先进的环境治理技术,农村缺乏技术和设备,促进技术在城乡间的流动,可以提高环境治理效率,同时在一定程度上节约资金。

3.政策保障

通过城乡规划等手段,与美丽乡村建设、精准扶贫、乡村振兴战略、农村人居环境整治等政策相结合,根据城乡间距离差异、农村不同类型,实施有空间差别的环境治理措施。

城乡建设规划属于问题导向的专项整治规划,其中包含环境治理规划,需要整体考虑城乡水、土、环境等综合整治的宏观战略、矛盾点和主要抓手,提出有针对性的环境治理技术方案和政策。通过区域性的土地规划和基础设施建设,促进环境治理、区域协同,发挥城乡各自的“比较优势”,提升城乡在经济、社会、文化和空间发展方面的凝聚力,弥合城乡之间发展的不平衡。

以推进“多规合一”为手段,逐步建立空间规划体系,实现城乡区域内一本规划、一张蓝图,将有利于整合城乡空间和发展要素、优化资源配置、强化城乡联系。在新的发展阶段,空间规划体系的建立和实施监督,既是生态文明建设的需要,也是加强城乡联系、重塑城乡空间格局的重要机遇。

尤其是一些典型问题村庄(如"无人村""老人村""癌症村"),要以现实问题为导向,探究实施村域水土资源、生态环境与社会保障综合治理战略,探明乡村传统生活功能向生产、生态功能转型途径。在家庭外迁、生态脆弱、环境污染等区域,不宜重建新村、再建新社区,亟须结合精准扶贫、生态文明建设提出整治与振兴新方向。

通过实施美丽乡村建设、精准扶贫、乡村振兴战略等政策,促进乡村地区的生产发展,通过把脱贫攻坚作为全面建成小康社会的突出短板和底线目标,从根本上解决城乡发展不平衡不充分问题,推进农村人居环境整治。

4. 多元主体参与模式

城乡协同环境治理需要多元主体的共同参与。

村委会在农村这样一个"熟人"社会中,具有很多行政组织、社会组织无法比拟的优势。由于熟悉农村情况,村委会能够及时了解当地的环境保护发展状态。而由于平时与村民的交往,村委会在实际环境保护工作中对于村民的工作也较容易做通、做好。此外,由于村委会本身就是村民自治机构,因此,对于环境保护,村委会比其他任何机构都更在意和关心农民的利益。

推进以"自下而上"为主和"自上而下"为辅的环境治理模式。受特殊国情和经济发展阶段的影响,中国的社会治理与政府干预密切相关。近年来,随着互联网技术的发展和乡村经济新业态的出现,乡贤精英、当地农户、产业化企业和各类协会组织参与乡村建设的范围和强度越来越大,"自下而上"和"自上而下"相结合的环境治理路径正趋形成。在此背景下,通过政府行为创设以激励机制和约束机制为核心的政策环境,对"自下而上"为主和"自上而下"为辅的环境治理路径搭建制度平台具有重要意义。

应综合运用宏观政策调动各层级行为主体的能动性,充分发挥市场在资源配置中的基础性作用,打通乡村"走出去"和城市"走进来"的双向通道。如鼓励和引导社会资本到农村参与环境治理工程,加大农村地区环保设备的信贷支持力度,满足农村环境治理事业的金融需求。在此基础上,城乡公共事务管理应给予城乡各行为主体平等的身份和地位来发挥各自的优势，引进企事业单位、农户、社会团队广泛参与环境治理激励机制，协同合作，互利互助，从而实现城乡共同发展，达到城乡利益和社会公共利益的最大化以及社会秩序和谐稳定的最终目标，推进形成多主体联动、多利益协调、多部门协作的新时代城乡协同环境治理新格局。

第三节　全球环境治理的协同与创新

环境问题不是单纯的区域性或者国家性问题，而是事关人类命运发展的全球性问题。当今，全球环境治理主体日益多元化。各个国家、机构或组织需要采取联合的、共同的行动，通过具有约束力的国际规则或是各种非正式的安排，解决全球性问题，维护全球性利益。近年来，我国顺应时代要求，积极参与全球环境治理；发时代之音，倡导全球协作共同致力于环境保护；做时代先行者，积极参与全球环境治理，为全球环境治理提供了中国智慧、中国实践、中国经验。

一、全球环境治理体系的发展历程

全球化的本质特征是在经济一体化的基础上，世界范围内产生一种内在的、不可分离的和日益加强的相互联系。随着全球化这种相互联系、相互影响的加深，复杂的全球性问题也随之出现。全球治理的兴起，是全球化发展的必然趋势，也是应对全球性挑战、发展与转型的重要政治选择。这既表明了全球化所诱发的全球性问题的不断累积和威胁，也反映出既有全球性体制的局限和不足。全球化进程的加速及其对传统国家主权的冲击，是全球治理变得日益重要的主要原因。当全球性问题发生时，各个国家、机构或组织内在的需要通过采取联合的、共同的行动，通过具有约束力的国际规则或是各种非正式的安排解决全球性问题，维护全球性的公共利益。全球问题反映了人类社会生活中的共同内容，全球问题所带来的挑战就是人类社会面临的共同挑战,其所涉及的利益就是人类社会的共同利益。全球环境问题作为全球性问题的重要组成部分,需要通过全球治理来避免环境的进一步恶化所可能导致的全球体系内的危机和动荡。

工业革命给人类社会带来了巨大的物质财富,同时也带来了严重的环境污染、资源短缺和生态破坏问题,尤其是近几十年来,人类活动对环境的影响几乎遍及全球每个角落。目前,世界范围内较为突出的环境问题主要有气候变化、臭氧层破坏、森林破坏、生物多样性减少、酸雨污染、土地沙漠化、有毒化学品污染和有害废物越境转移等。这些环境问题不是单纯的区域性或者国家性问题,而是事关全人类命运发展的全球性问题,对人类社会的生存与发展提出了严峻挑战。环境问题的弥散性和超国界性和孤立国家主权的狭隘与政府能力的不足,促使国际社会将环境问题作为一个整体来加以治理。[①]　全球环境治理体系也在此基础上从初步形成逐渐发展完善走向如今的平稳调整阶段。

国际环境运动的兴起始于 20 世纪六七十年代,全球环境治理的机制也随之发展起来,此后,1972 年在瑞典的斯德哥尔摩召开联合国人类环境会议,世界各国政府共同讨论当代环境问题,探讨保护全球环境战略。全球环境治理机制也随之开始形成。1992 年联合国在巴西的里约热内卢召开环境与发展大会,第一次把经济发展与环境保护结合起来,提出了可持续发展战略,通过了《里约环境与发展宣言》《21 世纪议程》等重要文件,签署了《联合国气候变化框架公约》《生物多样性公约》,取得了国际法层面的突破,直至 2002 年在南非约翰内斯堡召开了可持续发展世界首脑会议,全球环境治理机制逐步发展和完善。但是之后的几年,由于发达国家与发展中国家在"共同但有区别的责任"中的分歧越来越大,发达国家对改善国际环境方面的资金和技术援助远远不能达到其承诺的目标,全球环境治理的进程举步维艰。2012 年 6 月 20 日,联合国可持续发展大会(又称"里约 +20"峰会)在巴西的里约热内卢召开,产生了《我们期望的未来》宣言文件,全球环境治理体系也在复杂的利益博弈中不断调整和完善,呈现出治理主

---

① 庄贵阳、朱仙丽、赵行姝:《全球环境与气候治理》,浙江人民出版社 2009 年版。

体多元化、治理结构多极化、治理议题多样化、参与层面广泛化等特征。①

二、中国参与全球环境治理的发展历程

1978 年改革开放以后，中国积极投身到全球环境治理的实践中去，通过积极参与国际环境合作，以负责任的大国态度应对环境问题的处理，推进了全球环境治理的进程。

1. 参与国际环境大会

1972 年，中国代表团参与了在瑞典首都斯德哥尔摩召开的联合国人类环境会议，这是第一次以环境为主题的大会，签署了《人类环境宣言》，承诺与其他国家合作解决环境问题。这次大会宣告了国际社会向全球环境治理迈出了历史性的一步，同时也成为中国参与全球环境治理的起点。此外，斯德哥尔摩大会形成和丰富了中国进行国际环境合作的对外认知，此后中国逐步建立起进行国际环境合作的基本立场和原则。鉴于很多发展中国家担心节约资源使用和对环境保护的要求会阻碍自身的经济发展，此次大会呼吁发达国家承担起环境保护的主要责任，同时利用资金援助和技术支持等形式帮助发展中国家应对环境危机，这也是全球环境治理中"共同但有区别的责任"援助的雏形，也是中国至今一直坚持参与全球环境治理的基本原则。

1992 年，在巴西的里约热内卢召开了联合国环境与发展大会，中国签署了《里约宣言》《21 世纪议程》《关于森林问题的原则声明》三个文件，以及《联合国气候变化框架公约》和《生物多样性公约》。在里约大会之后，中国展开了国内可持续发展的行动，制定了《中国 21 世纪议程》，并于 1997 年向联合国大会提交了《中国可持续发展国家报告》，将国内环境保护行动纳入全球环境治理的框架。

即使此后国际环境合作的分歧渐多，全球环境治理的道路荆棘密布，中国仍然坚持参加了 2002 年南非约翰内斯堡召开的可持续发展大会和 2012 年的联合国可持续发展大会，即"里约 +20"峰会，中国参会代表的规模越来越大，体现了中国对环境保护、可持续发展和国际环境合作的高度重视，同时也体现出中国在

---

① 叶琪：《全球环境治理体系：发展演变、困境及未来走向》，《生态经济》2016 年第 9 期。

不断变革的全球环境治理机制中发挥了越来越重要的作用。

2. 签署国际环境公约

中国缔结和实施的国际环境公约和协定，主要包括防治大气污染、保护海洋环境、保护生物多样性以及控制危险物质等应对全球环境问题的方向。具体目录如表 5-6 所示：

表 5-6　中国加入的国际环境公约、协定目录

类别	名称	签署地	中国签署/生效时间
防治大气污染	保护臭氧层维也纳公约	维也纳	1989 年 12 月签署
	关于消耗臭氧层物质的蒙特利尔议定书	蒙特利尔	1992 年 8 月签署
	联合国气候变化框架公约	纽约	1993 年 1 月生效
	京都议定书	京都	2002 年 8 月生效
	巴厘路线图	巴厘岛	2007 年 12 月生效
	哥本哈根协定	哥本哈根	2009 年 12 月生效
	巴黎协定	巴黎	2016 年 4 月签署
保护海洋环境	国际油污损害民事责任公约	布鲁塞尔	1980 年 4 月生效
	南极条约	华盛顿	1983 年 6 月生效
	防止倾倒废弃物及其他物质污染海洋公约	伦敦	1985 年 12 月生效
	国际油污损害民事责任公约议定书	伦敦	1986 年 12 月生效
	干预公海非油类物质污染议定书	伦敦	1990 年 5 月生效
	联合国海洋法公约	蒙特哥湾	1996 年 5 月生效
保护生物多样性	国际捕鲸管制公约	华盛顿	1980 年 9 月生效
	濒危野生动植物种国际贸易公约修正案	华盛顿	1981 年 4 月生效
	保护世界文化和自然遗产公约	巴黎	1986 年 3 月生效
	关于水禽栖息的国际重要湿地公约	拉姆萨	1992 年 1 月生效
	生物多样性公约	里约热内卢	1993 年 12 月生效
	中白令海峡鱼资源养护与管理公约	华盛顿	1995 年 9 月生效

类别	名称	签署地	中国签署/生效时间
控制危险物质	核事故或辐射事故紧急情况援助公约	维也纳	1987 年 10 月生效
	核事故及早通报公约	维也纳	1988 年 12 月生效
	核材料实物保护公约	维也纳、纽约	1989 年 1 月生效
	控制危险废物越境转移及处置的巴塞尔公约	巴塞尔	1992 年 8 月生效
	核安全公约	维也纳	1996 年 7 月生效
	关于持久性有机污染物的斯德哥尔摩公约	斯德哥尔摩	2004 年 6 月生效

经过 40 多年的发展演化,全球环境治理经历了一系列深刻而复杂的变化,全球环境治理议题已经在很大程度上占据了国际政治议程的核心位置。近年来,中国不断在全球治理中发挥越来越重要的作用,角色定位也发生了重大转变,尤其是在国际气候治理这一全球环境治理的典型议题中,中国逐渐转变为重要的参与者、推动者、贡献者甚至是引领者。与此同时,习近平提出的新时代中国特色社会主义理论,从官方层面进一步宣告了中国对全球环境治理的重视和深度参与的决心。

中国是全球最大的发展中国家,中国国内生产总值(GDP)占全球经济总量的比重不断提升,在全球经济的影响力不断攀升,在全球治理中的地位日益凸显,国际竞争力也在不断提升。同时,中国也高度重视可持续发展理念和环境治理事业。从新中国成立之初的生态环境基础条件不好,到生态环境恶化、生态系统失衡,时至今日,中国的生态环境治理取得了举世瞩目的显著成就。

从 2012 年开始,中国的生态环境建设步入新的历史阶段,中国走绿色和谐发展的道路,环境质量趋稳向好,生态文明建设达到一定高度。党的十九大报告提出,建设生态文明是中华民族永续发展的千年大计,把生态文明上升到新的高度。生态文明建设不仅是"五位一体"总体布局不可或缺的组成部分,党中央更是要求将生态文明建设放在突出地位,融入经济建设、政治建设、文化建设和社会建设的各方面和全过程。新的发展理念要求创新、协调、绿色、开放、共享,系统形成并升华为习近平生态文明思想,成为习近平新时代中国特色社会主义思想的重要组成部分。

中国站在改革开放 40 年经济发展的基础上,解决生态环境难题,探索绿色发展和环境治理新经验,推动全球生态文明建设。全球治理正处在历史转折点上,中国经济发展和环境治理的理念、方案和经验,正在为全球提供有益经验和宝贵智慧。

三、人类命运共同体构建全球环境治理的中国方案

1. 和谐自然方式推动可持续发展

随着人类文明的不断进步,人与自然的关系经历了敬畏自然、认识自然、改造自然、尊重自然、顺应自然、保护自然,直至今日的人与自然和谐共生,指明了可持续发展的方向。虽然"天人合一"的思想古已有之,但工业社会以来,科学技术的进步,人类对自然的利用和改造活动愈演愈烈,对大自然的无序开发和对自然资源的疯狂掠夺换来了大自然的无情报复。全球变暖、臭氧层破坏、水资源短缺、生物多样性锐减、海洋污染、水土流失、荒漠化、森林破坏、有毒化学品污染和有害废物越境转移等全球性的生态环境问题频出,资源环境的承载能力堪忧,人类的生存和发展空间也在不断压缩,这些为人类社会敲响警钟的全球环境问题严重威胁着联合国 2030 年可持续发展目标的实现。而走出人类生存与发展的困境,尊重自然、保护自然也必将获得大自然的慷慨回报。

在气候变化这一典型的全球性议题中,中国作为最大的发展中国家,一直实施积极的应对气候变化国家战略,成立国家应对气候变化的专门机构,采取一系列减缓和适应气候变化的相关政策措施。中国致力于推动构建合作共赢、公平正义、包容互鉴的全球气候治理体系,坚定维护发展中国家的共同利益,帮助其他发展中国家提高应对气候变化的能力,为最不发达国家提供资金和技术支持,不断加强同发达国家的对话与合作,探索人类可持续的发展路径和治理模式,为应对气候变化国际合作提供了政治引导力和推动力。习近平出席 2015 年里程碑式的巴黎气候大会并发表重要讲话,提出全球气候治理的"中国方案",表明了在气候治理上的中国担当和中国智慧。中国对世界做出了 2030 年单位国内生

产总值二氧化碳排放比 2005 年下降 60% ~ 65%,非化石能源占一次能源消费比重达到 20% 左右的减排承诺,以及巨额的资金承诺,为达成 2020 年后全球合作应对气候变化的《巴黎协定》做出历史性的贡献,极大地提升了我国在全球气候治理中的影响力和引导力,彰显了大国风范的责任与担当。中国把应对气候变化作为构建人类命运共同体的一个重要载体,积极参与国际谈判进程和各项国际活动,为完善全球气候治理体系发挥了建设性作用,为推动全球应对气候变化的进程和发展做出了巨大贡献。

2. 生态文明思想构建环境治理基石

工业化的发展使得人民生活水平日益提高,物质生活和精神生活都得到了极大丰富。在此过程中,生态环境问题也逐渐凸显,生态文明建设也存在一定的缺失,尤其是城镇化的加速建设和工业化的迅猛发展进程中,不注重对生态环境的保护,甚者以破坏环境为代价换取一时的经济增长,这些做法导致了空气质量下降、土壤污染、水体污染等严重的不可持续发展的问题,对经济发展和社会生活以及人民的身体健康都造成了重大损失和影响。生态文明不是无意识的经济矛盾的产物,而是全球性的生态增长战略成功的结果。传统的商业化增长方式导致了环境污染和生态灾难,而全球性的生态增长实践则是积极而慎重的通向繁荣的道路。生态文明意味着人类活动不与自然为敌,而是包容于自然之中,与自然界保持动态的可持续性的平衡,同时我们的生活方式要做出顺应时代的根本性的改变,发展符合生态标准的增长,达到具有生态效率的增长。

党的十九大报告提出建设生态文明是中华民族永续发展的千年大计,把生态文明上升到新的高度。当今国际国内形势纷繁复杂并处于深刻变革中,我国生态环境治理明显加强,环境状况得到改善,引导应对气候变化国际合作,中国成为全球生态文明建设的重要参与者、贡献者、引领者。做出这一重要形势判断标志着我国在全球环境治理体系中的角色和定位正在发生深刻的变化,中国全面参与全球环境治理,发挥了大国性、变革性和引领性作用,解决生态环境难题,推动全球生态文明建设。

习近平在 2013 年生态文明贵阳国际论坛做出重要讲话。习近平指出,保护生态环境,应对气候变化,维护能源资源安全,是全球面临的共同挑战。中国将继续承担应尽的国际义务,同世界各国深入开展生态文明领域的交流合作,推动成果分享,携手共建生态良好的地球美好家园。

习近平在2018年5月18日召开的全国生态环境保护大会上发表了重要讲话,为新时代推进生态文明建设指明了新的坐标,显示了共谋全球生态文明建设的大国担当。讲话中强调,共谋全球生态文明建设,深度参与全球环境治理,形成世界环境保护和可持续发展的解决方案,引导应对气候变化国际合作。要实施积极应对气候变化国家战略,推动和引导建立公平合理、合作共赢的全球气候治理体系,彰显我国负责任大国形象,推动构建人类命运共同体。

全球环境治理体系正在发生重大变革,这也为中国参与全球环境治理机制的建设提供了良好的机会。抓住机遇,迎接挑战,中国在全球生态文明建设领域逐渐从过去的追随者、参与者转型为规则制定者和理念引领者,用生态文明的思想和理念构建了全球环境治理的重要基石,充分发挥中国作为世界第二大经济体和最大的发展中国家的地位和作用,明确了积极参与全球环境治理的战略选择,全面提升了中国在全球环境治理体系中的话语权,增强了中国在全球环境治理中的影响力,源源不断地为全球环境治理体系的变革贡献中国智慧和中国方案。

3. 绿色发展理念传递生态环保决心

工业化加速发展时期,以"高投入、高能耗、高污染、高排放"为特征的粗放型经济增长模式,对经济的持续、健康发展带来了巨大压力,资源环境的承载能力已经超过自然更替的能力,未来走高质量发展的道路必然要实现绿色低碳转型。绿色发展是以效率、和谐、持续为目标的经济增长方式和社会发展方式。绿色发展旨在降低能耗、减少污染、改善生态环境,促进生态文明建设、实现人与自然和谐共生。绿色发展理念既是中华民族天人合一传统文化的传承,又体现了人与自然和谐相处的价值取向。从内涵看,绿色发展是在传统发展基础上的一种模式创新,是建立在生态环境容量和资源承载力的约束条件下,将环境保护作为实现可持续发展重要支柱的一种新型发展模式。在新发展理念中,绿色是其中一大理念。党的十九大报告中明确提出,建立健全绿色低碳循环发展的经济体系,构建市场导向的绿色技术创新体系,构建清洁低碳、安全高效的能源体系。

绿色发展是遵循人类社会发展的共同价值,尊重自然生态的多样性需求的发展方式,为人类因为全球化的发展而面临的环境问题开辟了新的解决路径。中国在绿色发展方面的实践探索随着十九大的召开驶入了快车道,近年来取得的成就世界瞩目。北京的世界园艺博览会向世界全面展示了中国生态文明建设、走绿色发展之路的成果,让世界认识全新的中国。习近平在开幕式致辞中表达了希望这片园区所阐释的绿色发展理念能传导至世界各个角落,并呼吁共筑生态文明之基,通走绿色发展之路,在国际社会引起了强烈的共鸣,各界人士纷纷表示愿与中国携手合作,走可持续的绿色发展之路,共建美丽地球家园。

中国在共建"一带一路"的过程中,始终秉持着绿色发展的理念,担负起推动生态文明建设和可持续发展的历史使命感和大国责任感,促进沿线国家和地区探索绿色、循环、低碳、可持续的发展路径,超越经济发展与环境保护的库兹涅茨曲线,实现双赢。中国已与联合国环境规划署签署《关于建设绿色"一带一路"的谅解备忘录》,与30多个沿线国家签署了生态环境保护的合作协议。建设绿色丝绸之路已经成为落实联合国2030年可持续发展议程和应对气候变化《巴黎协定》的重要路径,首届"一带一路"国际合作高峰论坛期间倡议成立的"一带一路"绿色发展国际联盟,已经吸引了100多个来自相关国家和地区的合作伙伴,未来中国还将努力与更多国家签署建设绿色丝绸之路的合作文件,扩大"一带一路"发展国际联盟,建设"一带一路"可持续城市联盟。

绿色发展将全球环境治理与经济社会发展紧密相连,这也意味着全球环境治理对未来的全球经济乃至政治格局都将产生直接影响。中国积极向世界传递绿色发展理念,为各国打造绿色技术交流平台、绿色产业合作平台,促进了相关国家和地区形成生态环保与经贸合作相辅相成的良好绿色发展格局,这些行动对中国在未来世界秩序中的作用,包括为发展中国家争取更加公平的发展机会和权益,都有重要意义。

4.开放合作态度共建美好地球家园

当今世界面对百年未有之大变局,正在经历新一轮大发展大变革大调整,全球化既是客观事实,也是发展趋势,更成为这个时代最重要的特征之一,各国经济社会发展密切相关,全球治理体系和国际秩序变革加速推进,全球热点问题此起彼伏、持续不断,气候变化、能源资源安全、网络安全、公共卫生安全、恐怖主义等非传统安全威胁持续蔓延,人类面临许多共同挑战,保护主义、单边主义抬头,全球治理体系和多边机制面临深刻重塑的大势,国际竞争摩擦呈上升之势,地缘博弈色彩明显加重,国际社会信任和合作受到侵蚀,地区冲突和局部战争持续不断,恐怖主义仍然猖獗,逆全球化思潮正在发酵,保护主义的负面效应日益显现,收入分配不平等、发展空间不平衡已成为全球治理面临的突出问题。全球治理摒弃了有关世界政治和世界秩序的以国家为中心的传统概念,主要的分析单元是制定与执行权威性规则的全球的、区域的或跨国的体系。全球环境治理是全球治理体系中重要的组成部分,既关乎各国利益,也关乎人类的前途命运。

世界是开放的世界,只有开放合作,道路才能越走越宽,开放已经成为当代中国的鲜明标识。各国在全球环境治理中的互动关系,不仅仅是博弈竞争和对抗,更重要的是协调合作和共赢。中国在全球环境治理等全球事务中坚持构建以合作共赢为核心的新型国际关系,帮助发展中国家提高环境治理能力,履行国际公约义务,为最不发达国家提供资金、技术和能力建设,树立环境治理共同体意识,建立全方位多层次的环境战略合作伙伴关系,带领发展中国家在全球环境治理中发挥更加重要的作用,加强全球环境治理的团结协作,共同推动全球环境治理的进程,共享全球环境治理的成果。

2019年3月26日中法全球治理论坛闭幕式上,习近平发表了主题为"为建设更加美好的地球家园贡献智慧和力量"的讲话,提出面对严峻的全球性挑战,面对人类发展在十字路口何去何从的抉择,各国应该有以天下为己任的担当精神,积极做行动派、不做观望者,共同努力把人类前途命运掌握在自己手中。习近平对于持续不断的全球热点问题,提出要坚持公正合理,破解治理赤字,充分发挥全球和区域多边机制的建设性作用,共同推动构建人类命运共同体。

时隔一月的 4 月 25 日，习近平在北京召开的第二届"一带一路"国际合作高峰论坛上发表重要讲话，讲话中提出要支持共建"一带一路"合作坚持发展导向，支持全球发展事业特别是落实联合国 2030 年可持续发展议程，努力实现清洁低碳可持续发展。"一带一路"建设是构建责任、利益、生态和人类命运共同体的重要实践路径，沿着生态文明的足迹，追寻人类命运共同体的建设，中国携手沿线国家共同参与建立多元化的交流协作和发展机制，推进"一带一路"的繁荣发展。

人类正处在大发展大变革大调整时期，也正处在一个挑战层出不穷、风险日益增多的时代。回首过去 100 多年的历史，全人类的共同愿望，就是和平与发展。宇宙只有一个地球，人类共有一个家园。让和平的薪火代代相传，让发展的动力源源不断，让文明的光芒熠熠生辉，是各国人民的期待，也是我们这一代政治家应有的担当。中国方案是：构建人类命运共同体，实现共赢共享。构建人类命运共同体，用五个"坚持"建设更好的世界：一要坚持对话协商，建设一个持久和平的世界；二要坚持共建共享，建设一个普遍安全的世界；三要坚持合作共赢，建设一个共同繁荣的世界；四要坚持交流互鉴，建设一个开放包容的世界；五要坚持绿色低碳，建设一个清洁美丽的世界。

第六章　多元化环境治理体系的实现机制

在以上各章中,我们分别探讨了政府、市场、社会等相关主体参与环境治理的作用价值及其在多元化环境治理体系中的应然地位,同时分别从该主体的角度出发探讨了如何通过一系列创新举措提升它们的参与作用。本章将结合《关于构建现代环境治理体系的指导意见》的有关内容以及对以上各章内容的总结,进一步梳理多元化环境治理体系构建的现实路径与政策建议。

第一节　构建多元化环境治理体系的基本路径

从以上各章的分析中可以看出,多元化环境治理体系的构建是一项系统性工程,需要顶层设计、上下互动、系统推进。多元化环境治理体系从其构建的领域来看,涉及政府自身管理体制机制的完善,市场主体环境治理责任的引导、激发和落实,公众和各类社会主体参与治理的体制机制保障等诸多领域;从其构建的层次来看,涉及从价值认同到法治确认,从体制改革到机制创新和政策完善,最终形成全新的社会组织模式的多层次进化体系和复杂进化过程;从其构建的推进动力来看,需要党的统一领导,需要中央和地方的深入配合,需要市场和社会主体的充分支持。由此可见,多元化环境治理体系构建具有复杂性、多元化特点,其构建过程本身就应当遵循多元主体充分参与决策、参与创新、参与实践的多元参与式发展进程。

从国家视角来看,2020 年 3 月,中共中央办公厅、国务院办公厅印发了《关于构建现代环境治理体系的指导意见》(以下简称《指导意见》),围绕构建党委领导、政府主导、企业主体、社会组织和公众共同参与的现代环境治理体系问题提出了一系列目标、要求。其中,《指导意见》提出,现代环境治理体系要"以坚持党的集中统一领导为统领,以强化政府主导作用为关键,以深化企业主体作用为根本,以更好动员社会组织和公众共同参与为支撑"。同时,《指导意见》还提出了坚持党的领导、坚持多方共治、坚持市场导向、坚持依法治理四项基本原则。以上有关"统领""关键""根本""支撑"的系列论断,实际上指明了我国多元化环境治理体系制度完善的侧重点以及制度设计的方向。环境治理四项基本原则,既是现代环境治理体系内在应该坚持的基本原则,也是在构建过程中应当坚持的原则。

综合学理和国家双重视角,可以明确:我国多元化环境治理体系构建要遵循在党的集中统一领导下,以落实政府治理责任为基,以发挥市场机制作用、激发市场及社会主体的责任自觉和规制遵从为主,以培育和规范社会主体共同有序参与为支撑,以法治完善为保障,以体制机制改革创新为突破的基本路径。其中法治完善和制度改革应贯穿于多元环境治理体构建的各个领域和各个层面。

第二节　总体遵循:坚持党的统一领导

党的领导具体体现在三个方面:

一是体现在中国多元化环境治理体系的发展方向,要坚持中国特色社会主义的根本方向,在思想意识层面,要坚持以习近平新时代中国特色社会主义思想为指导,全面贯彻党的十九大和十九届二中、三中、四中、五中全会精神,深入贯彻落实习近平生态文明思想。有关多元化环境治理体系的制度、理念不能偏离中国特色社会主义这个大前提。我们在第二章中已经提到,中国特色社会主义制度是推进环境治理的重要优势。多元化环境治理体系的构建,不仅仅是法律、政策技术性问题,在吸收和借鉴国外先进经验、做法的同时,要坚持制度发展的根本方向,要坚持环境治理制度同国家根本制度的匹配。

二是体现在国家环境治理体系的完善过程,要遵循党中央的统一设计、统一部署、统一推动。党中央、国务院统筹制定生态环境保护包括环境治理体系改革的大政方针,提出总体目标,谋划重大战略举措。中央和地方各系统、各部门、各层级机关要认真落实中央统一决策部署,贯彻党中央关于生态环境保护的总体要求和生态文明建设的总体指导,积极推进现代环境治理体系建设和治理能力提升。

三是体现在党的领导责任统领,实行党政同责,党政一把手负总责。这是坚持党的统领,特别是在地方坚持党对环境治理以及环境治理体系建设统领作用落到实处的重要保障,同时也是落实政府环境治理责任的重要保证。

第三节　先行基座:落实政府环境治理责任

《指导意见》之所以强调"以强化政府主导作用为关键",原因就在于政府发挥主导作用是环境治理的基础。任何其他主体都难以离开政府的作为而单独发挥作用,因此,落实政府治理责任相当于环境治理体系的基座。从治理体系的角度来看,落实政府治理责任的重心在于合理划分府际关系,以及完善多层次、全方位的监督制约机制。具体而言:

一是构建科学合理的分工格局。一方面,在工作机制上要合理划分,坚持党中央、国务院提出环境保护的总体责任,省级党委和政府对本地区环境治理负总体责任,市县党委和政府承担具体责任,统筹做好监管执法、市场规范、资金安排、宣传教育等工作的工作格局。另一方面,在财政投入上要合理划分,明确中央和地方财政支出责任。制定实施生态环境领域中央与地方财政事权和支出责任划分改革方案,除全国性、重点区域流域、跨区域、国际合作等环境治理重大事务外,主要由地方财政承担环境治理支出责任。按照财力与事权相匹配的原则,在进一步理顺中央与地方收入划分和完善转移支付制度改革中统筹考虑地方环境治理的财政需求。此外,在条块、层级管理体制上要合理划分,推进环境管理体制改革。进一步落实生态环境保护大部制管理体系。统一实行生态环境保护执法,加强整合相关部门污染防治和生态环境保护执法职责、队伍。全面完成省以下生态环境机构监测监察执法垂直管理制度改革。推动跨区域跨流域污染防治联防联控。

二是完善多层次的政府责任考核监督体系。首先,从政府内部工作机制上要完善政府评价考核机制,着力扭转政府官员政绩观。要着眼环境质量改善,合理设定约束性和预期性目标,纳入国民经济和社会发展规划、国土空间规划以及相关专项规划。完善生态文明建设目标评价考核体系。其次,从顶层监督方面,深化环保督察机制,实行中央和省(自治区、直辖市)两级生态环境保护督察体制。以解决突出生态环境问题、改善生态环境质量、推动经济高质量发展为重点,推进例行督察,加强专项督察,严格督察整改。进一步完善排查、交办、核查、约谈、专项督察"五步法"工作模式,强化监督帮扶,压实生态环境保护责任。此外,从全方位监督方面,要加强各级人大监督制度、司法监督制度和公众有序监督制度。

三是创新政府环境治理信用机制与信息公开机制建设。建立健全环境治理政务失信记录,将地方各级政府和公职人员在环境保护工作中因违法违规、失信违约被司法判决、行政处罚、纪律处分、问责处理等信息纳入政务失信记录,并归集至相关信用信息共享平台,形成社会监督。完善政府信息公开机制,制定环境治理信息公开目录,完善信息公开平台,建立环境保护定期新闻发布会制度、重大环境政策公共参与制度。

第四节 内核驱动:健全环境治理市场机制

在现代社会,要协调好多元主体的利益、需求,激发多元主体的责任自觉和规制遵从自觉,不能再依赖政府的强制性管理,也不能单纯依赖严格的法律规定,关键在于能够建立一套合理的市场奖惩调节机制,自动引导理性市场主体和社会主体趋向承担自身的环境治理责任,趋向多元合作共赢。政府调动社会多元力量参与环境建设的主要手段也在于市场机制的引导,甚至政府环境规制手段在现代也越来越倾向于以市场机制引导为内核。因此,就多元化环境治理体系的构建而言,表层是多元主体的责任义务分配、参与权益授予等问题,实质内核则是多元主体之间相互联结的市场机制构建问题。打通了环境治理的市场机制,建立了完备的环境治理市场体系,政府就能在环境治理中真正发挥牵动全局的作用,企业才能在环境治理方面体现优胜劣汰和公平竞争,公众才能通过有序参与,合法有效地实现自身的环境权益诉求或主张,多方主体的利益才能有一个趋向合作多赢的诉求对话机制和利益调整机制。因此,坚持市场导向,全方位创新、完善环境治理的有关市场机制,应该成为未来构建多元化环境治理体系的重心,也是推进多元环境体系日益科学完备的核心机制。从治理体系的角度来看,完善环境治理市场机制要从以下几个方面展开:

一是推进环境治理成本内部化、市场化,落实市场主体责任。严格执行环境保护税法,促进企业降低大气污染物、水污染物排放浓度,提高固体废物综合利用率。进一步完善排污许可管理制度和排污权交易制度。推进生产服务绿色化,依法依规淘汰落后生产工艺技术,加大清洁生产推行力度,落实生产者责任延伸制度。加强企业环境治理责任制度建设,督促企业严格执行法律法规,接受社会监督。重点排污企业要安装使用监测设备并确保正常运行,坚决杜绝治理效果和监测数据造假。

二是培育壮大环保产业和环保企业主体,健全环境治理市场体系。构建规范开放的环保产业市场,深入推进"放管服"改革,引导各类资本参与环境治理投资、建设、运行,规范市场秩序,加快形成公开透明、规范有序的环境治理市场环境。强化环保产业支撑,做大做强龙头企业,培育一批专业化骨干企业,扶持一批专特优精中小企业。鼓励企业参与绿色"一带一路"建设,带动先进的环保技术、装备、产能走出去。为了给环保产业营造更好的发展空间,激发市场需求,一方面,要积极推行新的市场化环境治理模式。特别是积极推行环境污染第三方治理,通过开展园区污染防治第三方治理示范,探索统一规划、统一监测、统一治理的一体化服务模式。在各地区广泛开展小城镇环境综合治理托管服务试点,强化系统治理,实行按效付费。对工业污染地块,鼓励采用"环境修复 + 开发建设"模式。另一方面,要健全价格收费机制,严格落实"谁污染、谁付费"的环境成本内化机制和政策导向,将"污染者付费"同第三方治理等机制有效衔接起来,完善并落实污水处理、垃圾处理、能源生产收费政策。

三是创新环境治理市场激励机制。进一步推动绿色金融改革,用金融机制引导企业加大环境治理投入,对企业污染排放行为展开金融制约。设立国家绿色发展基金,推动国内绿色债券市场发展,规范引导绿色 PPP 等商业模式运行。推动环境污染责任保险发展,在环境高风险领域研究建立环境污染强制责任保险制度。开展排污权交易,探索对排污权交易进行抵质押融资。鼓励发展重大环保装备融资租赁。进一步发挥税收政策以及政府采购政策的杠杆作用,加大对环保行业的结构性激励以及对企业环保行为的显性市场激励。通过税收优惠等措施鼓励企业与环保公益组织、社区以及其他环境治理企业开展公益合作。进一步完善绿色消费和生产政策,通过绿色标识制度、绿色税收优惠制度、绿色供应链管理制度等,提升企业和消费者对环境治理的市场辨识与市场认可,使产品和服务的市场供需、价格调节能够充分反映环境治理的投入。

　　四是完善市场主体信用体系建设。规范和引导排污企业通过企业网站等途径依法公开主要污染物名称、排放方式、执行标准以及污染防治设施建设和运行情况,并对信息真实性负责。鼓励排污企业在确保安全生产的前提下,通过设立企业开放日、建设教育体验场所等形式,向社会公众开放。完善企业环保信用评价制度,依据评价结果实施分级分类监管。建立排污企业黑名单制度,将环境违法企业依法依规纳入失信联合惩戒对象名单,将其违法信息记入信用记录,并按照国家有关规定纳入全国信用信息共享平台,依法向社会公开。建立完善上市公司和发债企业强制性环境治理信息披露制度。进一步完善个人环境保护信用管理制度,将个人与环境保护有关的违法违规行为信息纳入个人信用管理体系。

第五节　加固支撑:培育社会力量规范有序参与

　　公众、社会组织、专家、媒体等社会主体的参与是多元环境治理不可或缺的重要组成,同时又是我国当前环境治理的薄弱环节和突出短板。社会力量薄弱,组织不规范,社会主体参与环境治理的行动能力较弱,参与机制不完善,是制约多元化环境治理体系构建和运行的重要障碍。因此,培育社会力量,引导社会力量有序参与成为补齐多元化环境治理体系短板,加固整个环境治理体系结构的重要支撑。

　　从实现机制的角度来看,培育社会力量引导社会主体有序参与环境治理的重点在于赋能与规范两种机制,即一方面加强社会主体的治理参与能力建设,赋予其更多的参与权益,为其提供更多的意见表达平台和诉求主张机制,为其提供更充分的合法权益救济保障机制;另一方面也要加强对社会主体的规范化引导,提升其履行环境责任的自觉,强化对参与秩序和规则的自律,提高其自我组织管理的规范化。具体而言,涉及以下几个方面:

一是提高公民的环保素养。加强环境教育,构建系统化的环境教育培训体系,把环境保护纳入国民教育体系和党政领导干部培训体系,推进环境保护宣传教育进学校、进家庭、进社区、进工厂、进机关,加大环境公益广告的宣传力度,引导公民自觉履行环境保护责任,逐步转变落后的生活风俗习惯,广泛掌握日常所需的基本环境保护知识和技能,结合市场机制的引导和社会行为规范的制定,在公众中积极开展垃圾分类,践行绿色生活方式,倡导绿色出行、绿色消费。

二是积极培育社会力量,发展环保公益组织和环保公益活动。要发挥各类社会团体的作用,特别是工会、共青团、妇联等社会中坚群团组织要积极动员广大职工、青年、妇女参与环境治理。行业协会、商会也要发挥桥梁与纽带作用,促进行业自律。加强对各类环境保护组织的管理和指导,积极推进能力建设,进一步完善相关法律法规和管理规则,使环境保护组织的发展有序可依,要积极引导市场主体同环保组织结合开展公益性合作,积极探索市场与社会相联合的公益性环境治理模式。大力发挥环保志愿者作用,特别是发挥各领域专家、学者、专业工作者的公益参与作用,提升公益活动的专业水平。

三是畅通社会环境保护监督渠道。完善公众监督和举报反馈机制,加强舆论监督,鼓励新闻媒体对各类破坏生态环境问题、突发环境事件、环境违法行为进行曝光。畅通环境保护公众知情渠道,进一步完善环境信息公开制度,进一步明确生态环保信息发布的主体、义务、发布的程序规范、违法惩处机制等,确保政府、企业相关环境信息披露的充分、及时、准确。同时,健全环境信息大数据平台建设,方便公众查询、监督和使用环境信息。完善社会主体环境决策和立法参与机制,进一步完善环境听证制度,扩大听证的适用范围,建立多层次的公众—政府交流对话机制。进一步完善信访、监察、检举的公众参与制度,充分保护公众的合法监督检举权利。

四是加强社会主体环境权益救济保障机制。推进环境损害赔偿等重要法律法规内容的立法完善,完善环境民事、行政诉讼制度,引导具备资格的环保组织依法开展生态环境公益诉讼等活动。

总之,构建多元化环境治理体系要通过一系列制度创新来突破。在这一过程中,需要关注的是,每一个领域的制度创新都与其他领域的改革发展密切关联。任何一个领域出现停滞、短板,都会导致多元化环境治理体系整体的不协调、不稳固。因此,强化制度创新的协同性、系统性是多元化环境治理体系加速形成的重要前提,包括在政策创新的同时,强化立法、司法的同步完善,是维护多元化环境治理体系发展进步的重要保障。

参考文献

[01] Tietenberg, T. H. Emissions Trading, an Exercise in Reforming Pollution Policy[M]. New York:*RFF Press*,1985.

[02] Salamon. Lester M. and Helmut K. Anheier. Defining the Nonprofit Sector [M]. Manchester:*Manchester University Press*,1997.

[03] United Nations Development Programme et al,World Resources 2002—2004:Decisions for the Earth:Balance,Voice,and Power[M]. *World Resources Institute*,2003.

[04] Anderson, T. W. and C. Hsiao. Formulation and Estimation of Dynamic Models Using Panel Data[J]. *Journal of Econometrics*, 1982, 18(1).

[05] Arora, S. and S. Gangopadhyay. Toward a Theoretical Model of Voluntary Over-Compliance[J]. *Journal of Economic Behavior and Organization*,1995,28(12).

[06] Cohen, M. A. Empirical Research on the Deterrent Effect of Environmental Monitoring and EnforcementJ. *The Environmental Law Reporter*,2000,(30).

[07] Crona, Beatrice I, Parker, John N, Learning in Support of Governance: Theories,Methods,and a Framework to Assess How Bridging Organizations Contribute to Adaptive Resource Governance[J]. *Ecology And Society*,2012,17(1).

[08] Fernández-Kranz, D. and J. Santaló. When Necessity Becomes a Vir-

tue：The Effect of Product Market Competition on Corporate Social Responsibility[J]. *Journal of Economics and Management Strategy*,2010, 19(5)

［09］ Innes, R. A Theory of Consumer Boycotts under Symmetric Information and Imperfect Competition[J]. *The Economic Journal*,2006, 116(4).

［10］ Li, Wanxin. Environmental Governance：Issues and Challenges [J]. *Environmental Law Reporter*,2006(36).

［11］ Maxwell, J., T. P. Lyon., and S. C. Hackett. Self-Regulation and Social Welfare：The Political Economy of Corporate Environmentalism[J]. *Journal of Law and Economics*,2000,43(10).

［12］ Videras, J. and A. Alberini. The Appeal of Voluntary Environmental Programs：Which Firms Participate and Why J. *Contemporary Economic Policy*, 2000,18(10).

［13］ Wang, H. and D. Wheeler. Financial Incentives and Endogenous Enforcement in China's Pollution Levy System J. *Journal of Environmental Economics and Management*,2005,49(1).

［14］ 贺雪峰.新乡土中国[M].北京:北京大学出版社,2013.

［15］ 李冰强,侯玉花.循环经济视野下的企业环境责任研究[M].北京:中国社会出版社,2011.

［16］ 李晓西.绿色抉择:中国环保体制改革与绿色发展40年[M],广东:广东经济出版社,2017.

［17］ 屠启宇,苏宁,邓智团,等.国际城市发展报告(2019):丝路节点城市2.0:"一带一路"建设重心与前沿[M].北京:社会科学文献出版社,2019.

［18］ 王宝贞,王琳.水污染治理新技术[M].北京:科学出版社,2004.

［19］ 习近平.在十八届中央政治局常委会会议上关于化解产能过剩的讲话 [N/OL]. http://cpc. people. com. cn/xuexi/n1/2018/0228/c385476 – 29838811. html,2013 年 9 月 22 日.

［20］ 俞可平.治理与善治[M].社会科学文献出版社,2000.

[21] 张贵祥.首都跨界水源地：经济与生态协调发展模式与机理[M].北京:中国经济出版社,2011.

[22] 庄贵阳,朱仙丽,赵行姝.全球环境与气候治理[M].浙江人民出版社,2009.

[23] 董珍.生态治理中的多元协同:湖北省长江流域治理个案[J].湖北社会科学,2018(03).

[24] 张文明."多元共治"环境治理体系内涵与路径探析 J.行政管理改革,2017,(02).

[25] 田章琪,杨斌,椋埏渝.论生态环境治理体系与治理能力现代化之建构[J].环境保护,2018,46(12).

[26] 梅宏.排污许可制度改革的法治蕴涵及其启示[J].环境保护,2017,45(23).

[27]肖汉雄.不同公众参与模式对环境规制强度的影响——基于空间杜宾模型的实证研究[J].财经论丛,2019(01).

[28] 李龙强.公民环境治理主体意识的培育和提升[J].中国特色社会主义研究,2017(04).

[29] 许阳.中国海洋环境治理政策的概览、变迁及演进趋势——基于1982—2015 年 161 项政策文本的实证研究[J].中国人口·资源与环境,2018,28(01).

[30] 郑石明,方雨婷.环境治理的多元途径:理论演进与未来展望[J].甘肃行政学院学报,2018,(01).

[31] 谭斌,王丛霞.多元共治的环境治理体系探析[J].宁夏社会科学,2017(06).

[32] 李奇伟,秦鹏.城市污染场地风险的公共治理与制度因应[J].中国软科学,2017(03).

[33] 张文明."多元共治"环境治理体系内涵与路径探析[J].行政管理改革,2017(02).

[34] 杨志安,邱国庆.区域环境协同治理中财政合作逻辑机理、制约因素

及实现路径[J].财经论丛,2016(06).

[35]臧晓霞,吕建华.国家治理逻辑演变下中国环境管制取向:由"控制"走向"激励"[J].公共行政评论,2017,10(05).

[36] 梁甜甜.多元化环境治理体系中政府和企业的主体定位及其功能——以利益均衡为视角[J].当代法学,2018,32(05).

[37] 陈文斌,王晶.多元化环境治理体系中政府与公众有效互动研究[J].理论探讨,2018(05).

[38] 杜焱强,吴娜伟,丁丹,刘平养.农村环境治理PPP模式的生命周期成本研究[J].中国人口·资源与环境,2018,28(11).

[39] 毛科,秦鹏.环境管理大部制改革的难点、策略设计与路径选择[J].中国行政管理,2017(03).

[40] 王喆,周凌一.京津冀生态环境协同治理研究——基于体制机制视角探讨[J].经济与管理研究,2015,36(07).

[41] 包国宪,保海旭,张国兴.中国政府环境绩效治理体系的理论研究[J].中国软科学,2018(06).

[42] 吕忠梅,吴一冉.中国环境法治七十年:从历史走向未来[J].中国法律评论,2019(05).

[43] 周文翠,于景志.共建共享治理观下新时代环境治理的公众参与[J].学术交流,2018(11).

[44] 梁贤英,王腾.大数据时代环境协同治理机制构建研究[J].合作经济与科技,2019(7).

[45] 马晓河.从国家战略层面推进京津冀一体化发展[J].国家行政学院学报,2014(4).

[46] 马云超,王珏.近郊生态农业与西部生态城市建设协同发展研究[J].环境科学与管理,2017,42(11).

[47] 叶琪.全球环境治理体系:发展演变、困境及未来走向[J].生态经济,2016,32(09).

后 记

　　《多元化环境治理体系：理论框架与实现机制》是天津社会科学院 2018 年度院重点课题项目（18YZD－08）的最终成果，由资源环境与生态研究所课题组集体研究撰写。其中，张新宇同志为全书主编，负责研究框架设计、组织文稿撰写以及最终统稿审定，牛桂敏同志为全书研究顾问。

　　本书相关章节具体撰稿人分工如下：第一章，杨志、牛桂敏；第二章第一节，张新宇；第二章第二节，郭珉媛；第二章第三节，席艳玲；第三章第一、四节，郭珉媛；第三章第二、三节，赵文霞；第四章第一节，张雪筠；第四章第二节，屠凤娜；第四章第三节，席艳玲；第五章第一节，屠凤娜、王丽；第五章第二节，常烃；第五章第三节，侯小菲；第六章，张新宇。

　　本书的研究与写作同时得到了天津社会科学院科研组织处、图书馆等部门及院内外多位学者的支持和帮助。同时，参考和借鉴了国内外许多学者的相关论著。天津社会科学院出版社相关人员为该书的编辑、出版做了大量工作。值此一并致谢！

　　由于时间和水平有限，加之文献资料和相关实践经验积累不足，本书在一些方面还存在不当之处，诚请广大读者批评指正。

课题组
2020 年 10 月